全国高等职业教育"十三五"规划教材

U0337181

工程图样的识读与绘制

主　编　庞　成　秦江涛

副主编　黄文祥　张恩正

　　　　罗　乐　赵　雪

中国矿业大学出版社

内 容 提 要

本书为全国高等职业教育"十三五"规划教材之一。在编写过程中,注意将机械制图的主要原理和工程实际相结合,突出了工程图样的识读与绘制技能培养。全书主要内容有:制图基本知识和技能、投影基础、组合体的三视图、轴测图、物体的表达方式、标准件及常用件、零件图、装配图、建筑施工图、道路工程图、环境工程图、化工工艺图等。

本教材适用于高职高专非机械类专业,尤其对建筑、路桥、隧道、监理、环境、化工、安全等专业更具针对性,也适用于近机械类专业。

图书在版编目(C I P)数据

工程图样的识读与绘制/庞成,秦江涛主编 . —徐州:中国矿业大学出版社,2017.9

ISBN 978 - 7 - 5646 - 3626 - 5

Ⅰ.①工… Ⅱ.①庞…②秦… Ⅲ.①工程制图—高等学校—教材 ②工程制图—识图—高等学校—教材 Ⅳ.①TB23

中国版本图书馆 CIP 数据核字(2017)第 171644 号

书　　名	工程图样的识读与绘制
主　　编	庞　成　秦江涛
责任编辑	何晓明
出版发行	中国矿业大学出版社有限责任公司
	(江苏省徐州市解放南路　邮编 221008)
营销热线	(0516)83885307　83884995
出版服务	(0516)83885767　83884920
网　　址	http://www.cumtp.com　E-mail:cumtpvip@cumtp.com
印　　刷	江苏淮阴新华印刷厂
开　　本	787×1092　1/16　**本册印张** 16.25　**本册字数** 410 千字
版次印次	2017 年 9 月第 1 版　2017 年 9 月第 1 次印刷
总 定 价	48.00 元(共两册)

(图书出现印装质量问题,本社负责调换)

前　言

　　在工程技术中,为了准确地表达机械、仪器、建筑物等的形状、结构和大小,根据投影原理、标准或有关规定表示工程对象,并有必要的技术说明的图,叫作图样。图样是工程类和技术管理类专业的语言,对于指导工程生产、建设和管理具有不可替代的作用。为使工程建设类专业和环境化工类专业学生能更好地掌握工程图样的识读与绘制技能,我们从针对性和实用性出发编写了本教材。

　　本教材适用于高职高专非机械类专业,尤其对建筑、路桥、隧道、监理、环境、化工、安全等专业更具针对性,也可适用于近机械类专业。在本书的编写过程中,特别注意将机械制图的主要原理和工程实际相结合,突出了工程图样的识读与绘制技能的培养。

　　本教材主要由重庆工程职业技术学院的相关专业教师所编写,编者既具有相关专业背景,又具有多年从事工程制图的教学经验,从而保证了教材的实用性和专业针对性。本书共分十二章。其中,第一章、第二章由庞成编写,第三章、第七章、第九章由秦江涛编写,第五章、第八章由黄文祥编写,第四章、第十章由张恩正编写,第六章、第十二章由罗乐编写,第十一章由赵雪编写。全书由庞成负责统稿。

　　由于作者水平有限,书中肯定存在不少问题甚至错误,欢迎大家在使用本教材的过程中,随时把发现的问题以及建议和意见反馈给我们,以便进一步修订和改进。

编　者

2017 年 4 月

目　　录

第一章　制图基本知识和技能

【知识要点】　国家标准有关图幅、图框格式、标题栏、比例、字体、图线的基本规定,尺寸的组成部分及标注要求,圆弧连接,尺寸分析,线段分析。

【技能要求】　完整、正确、清晰标注平面图形的尺寸;用尺规抄绘平面图形。

第一节　制图的基本规范

一、制图国家标准

图样作为工程界技术交流的共同语言,必须有统一的规范,否则会给生产过程和技术交流带来混乱和障碍。因此,我国国家质量监督检验检疫总局、住房和城乡建设部、国家标准化管理委员会等部门发布了《技术制图》(GB/T 10609 系列)和《机械制图》(GB/T 4458 系列)、《建筑制图标准》(GB/T 50104—2010)、《电气技术用文件的编制》(GB/T 6988 系列)等一系列制图相关国家标准。其中,《技术制图》(GB/T 10609 系列)是一项基础技术标准,在技术内容上具有统一性、通用性,在制图标准体系中处于最高层次;其余则是专业制图标准,是按照具体专业要求进行的补充和完善,其技术内容是专业性和具体性的。

以《技术制图 标题栏》(GB/T 10609.1—2008)为例进行说明:"GB/T"是推荐性国家标准代号,一般简称"国标",其中"G"是"国家"一词汉语拼音的第一个字母,"B"是"标准"一词汉语拼音的第一个字母,"T"是"推"字汉语拼音的第一个字母;10609.1 表示标准编号;2008 表示该标准发布的年份。

二、图幅和图框

图纸宽度与长度组成的图面,称为图纸幅面。而图框是图纸上限定绘图区域的线框。图纸幅面和图框尺寸见表 1-1。基本幅面尺寸关系如图 1-1 所示。

表 1-1　　　　　　　　　　　　　　　图纸幅面及图框尺寸　　　　　　　　　　　　　单位:mm

尺寸代号 \ 幅面代号	A0	A1	A2	A3	A4
$b \times l$	841×1 189	594×841	420×594	297×420	210×297
c	10			5	
a	25				

基本幅面共有五种,其代号由"A"和相应的幅面号组成。幅面代号的几何含义实际上就是对 0 号幅面的对开次数。如 A1 中的"1",表示将全张纸(A0 幅面)沿长边对折 1 次所得的幅面;A4 中的"4",表示将全张纸长边对折 4 次所得的幅面。

一项工程设计,每个专业采用的工程图纸不宜多于两种图幅。依据工程图样的大小,在

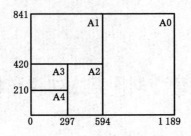

图 1-1　图纸幅面尺寸关系

上述规格的图纸幅面不能满足工程需要时,可按规定加长。图纸的短边一般不应加长,长边可加长,一般可按照长边尺寸的 1/4 逐步增加。

图纸使用可采用横式和立式布置,图纸以短边作为垂直边称为横式,图纸以短边作为水平边称为立式。一般 A0～A3 图纸宜横式使用,必要时也可立式使用,A4 图纸宜立式使用。图幅、图框格式如图 1-2 所示。

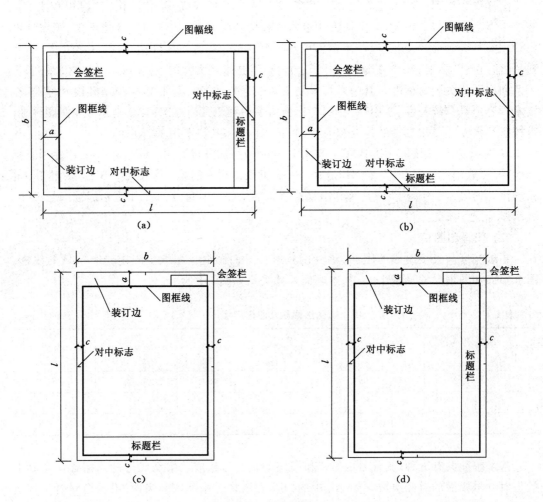

图 1-2　图幅和图框

(a) A0～A3 横式幅面(一);(b) A0～A3 横式幅面(二);(c) A0～A4 立式幅面(一);(d) A0～A4 立式幅面(二)

三、标题栏

每张图样都必须画出标题栏。绘制工程图样时,标题栏格式和尺寸应按《技术制图 标题栏》(GB/T 10609.1—2008)中的规定绘制。在校学生的制图作业,建议采用图1-3所示的简化标题栏和明细栏的格式。

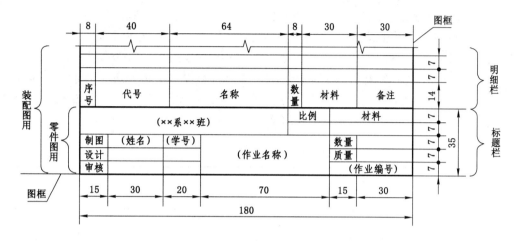

图1-3 简化标题栏和明细栏的格式

需要说明的是,标题栏中的文字方向应为看图方向。

四、比例

图样中图形与实物相应要素的线性尺寸之比,称为比例。具体的比例要求可参见《技术制图 比例》(GB/T 14690—1993)的规定。常用比例系列见表1-2。为了从图样上直接反映出实物的大小,绘制时应尽量采用原值比例。

表1-2 常用比例系列

种类	定义	常用比例
原值比例	比值为1的比例	$1:1$
放大比例	比值大于1的比例	$5:1, 2:1, 5 \times 10^n:1, 2 \times 10^n:1, 1 \times 10^n:1$
缩小比例	比值小于1的比例	$1:2, 1:5, 1:10$ $1:5 \times 10^n, 1:2 \times 10^n, 1:1 \times 10^n$

注:n为正整数。

比例一般应标注在标题栏的"比例"栏内。图中所标注的尺寸数值必须是实物的实际大小,与图形的绘图比例无关。

五、字体

1. 基本要求

(1)图样中书写的字体必须做到:字体工整、笔画清楚、间隔均匀、排列整齐。

(2)字体高度(用h表示)的公称尺寸(mm)系列为:1.8、2.5、3.5、5、7、14、20,字体高度按$\sqrt{2}$的比率递增。字体高度代表字体号数。

(3) 汉字应写成长仿宋体，并采用国家正式公布推行的简化字。汉字的高度 h 不应小于 3.5 mm，其字宽一般为 $h\sqrt{2}$。书写长仿宋体字的要领是：横平竖直、起落分明、笔锋满格、结构匀称。

(4) 字母和数字分 A 型和 B 型。A 型字体的笔画宽度（d）为字高（h）的 1/14，B 型字体的笔画宽度（d）为字高（h）的 1/10。在同一图样上，只允许选用一种形式的字型。

(5) 字母和数字可写成斜体或直体。斜体字字头向右倾斜，与水平基准线夹角为 75°。需要说明的是，在 CAD 制图中数字与字母一般以斜体输出，汉字以正体输出。

(6)《CAD 工程制图规则》（GB/T 18229—2000）中规定字体与图纸幅面的关系见表 1-3。在机械工程的 CAD 制图中，汉字的高度一般降至与数字高度相同；在建筑工程的 CAD 制图中，汉字高度允许降至 2.5 mm，字母和数字相应地降至 1.8 mm。

表 1-3　　　　　　　　　　　字体与图幅的关系

图幅　　　　字体 h	A0	A1	A2	A3	A4
汉字	7	7	7	5	5
字母和数字	5	5	3.5	3.5	3.5

2. 字体示例

(1) 汉字

10 号字

字体工整笔画清楚间隔
均匀排列整齐

7 号字

装配时作斜度深沉最大小球厚直网纹均匀布水平镀
抛光研视图向旋转前后表面展开两端中心孔推销键

5 号字

技术要求对称不同轴垂线相交行径跳动弯曲形位移允许偏差内外左右
检验数值范围应符号等级精热处理淬退回火渗透碳硬有效总圈并紧其
余未注明按全部倒角

(2) 字母

ABCDEFGHIJKLMNOPQRSTU
VWXYZabcdefghijklmnopqrstu
vwxyz

（3）数字

1234567890αβγ

六、图线

图线是指起点和终点以任意方式连接的一种几何图形,形状可以是直线或曲线、连续线或不连续线。《机械制图 图样画法 图线》(GB/T 4457.4—2002)规定了常用的 9 种图线,其应用示例如图 1-4 所示。机械制图中具体应选用的图线见表 1-4。

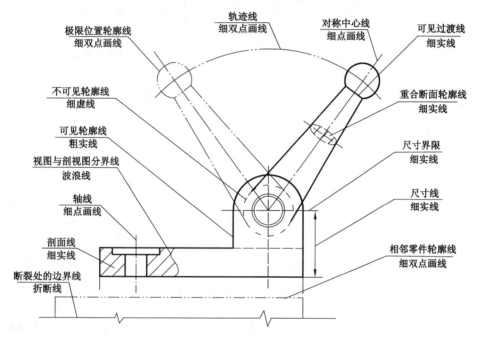

图 1-4　图线的应用示例

表 1-4　图　线

代码	基本线型	名称	线宽	应用
01.1	———————	细实线	$d/2$	过渡线、尺寸界限、指引线和基准线、剖面线、重合断面的轮廓线、短中心线、螺纹牙底线、尺寸线的起止线、表示平面的对角线、零件形成前的弯折线、范围线及分界线、重复要素表示线、锥形结构的基面位置线、叠片结构位置线、辅助线、不连续同一表面连线、成规律分布的相同要素连线、投射线、网格线
	〜〜〜	波浪线	$d/2$	
	4d 24d 6d 30°	折断线	$d/2$	断裂处边界线、视图与剖视图的分界线

续表 1-4

代码	基本线型	名称	线宽	应用
01.2	———————	粗实线	d	可见棱边线、可见轮廓线、相贯线、螺纹牙顶线、螺纹长度终止线、齿顶圆(线)、表格图中的主要表示线、系统结构线(金属结构工程)、模样分型线、剖切符号用线
02.1	$12d$ $3d$ - - - -	细虚线	$d/2$	不可见棱边线、不可见轮廓线
02.2	▬ ▬ ▬ ▬	粗虚线	d	允许表面处理的表示线
04.1	$6d$ $24d$ —·—·—	细点画线	$d/2$	轴线、对称中心线、分度圆(线),孔系分布的中心线、剖切线
04.2	▬·▬·▬	粗点画线	d	限定范围表示线
05.1	$9d$ $24d$ —··—··—	细双点画线	$d/2$	相邻辅助零件的轮廓线、可动零件的极限位置的轮廓线、重心线、成型前轮廓线、剖切面的结构轮廓线、轨迹线、毛坯图中制成品的轮廓线、特定区域线、延伸公差带表示线、工艺用结构的轮廓线、中断线

在机械制图中采用粗、细两种线宽,它们之间的比例为 2:1,即粗实线(粗虚线、粗点画线)线宽为 0.7 mm 时,细实线、波浪线、折断线、细虚线、细点画线、细双点画线的线宽为 0.35 mm,这也是优先采用的图线组别。

手工绘制时,同类图线的宽度应基本一致。细(粗)虚线、细(粗)点画线及细双点画线的线段长度和间隔应各自大致相等。当两条以上不同类型的图线重合时,应遵循的优先顺序为:可见轮廓线和棱线(粗实线)——→不可见轮廓线和棱线(细虚线)——→(细点画线)——→轴线和对称中心线(细点画线)——→假想轮廓线(细双点画线)——→尺寸界线和分界线(细实线)。

需要注意的是:在手工绘图时,图线的首、末两端应是线段,不应是点;细虚线与细虚线、细点画线与细点画线相交时,都应以线段相交,而不应该是点或间隔相交;细虚线是粗实线的延长线(或细虚线圆弧与粗实线相切)时,细虚线应留出间隔,如图 1-5 所示。图线画法的正误对比,如图 1-6 所示。

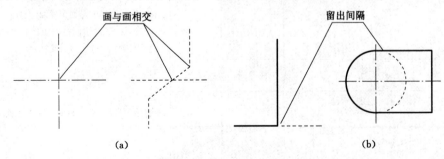

(a)   (b)

图 1-5　图线相交的画法

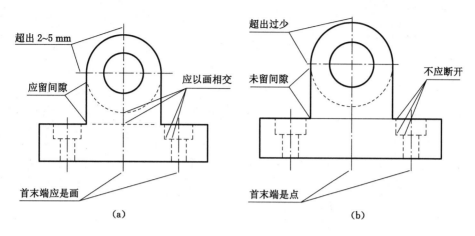

图 1-6　图线画法的正误对比
（a）正确画法；（b）错误画法

画圆的中心线时，圆心应是线段的交点，细点画线的两端应超过轮廓线 2～5 mm，如图 1-6（a）所示；当圆的图形较小（直径小于 12 mm）时，允许用细实线代替细点画线。

第二节　尺 寸 标 注

图样中的尺寸是加工制造零件的主要依据。如果尺寸标注错误、不完整或不合理，将给生产带来困难，甚至生产出废品而造成浪费。

一、基本规则

尺寸是用特定长度或角度单位表示的数值，并在技术图样上用图线、符号和技术要求表示出来，具体要求可见《机械制图 尺寸注法》（GB/T 4458.4—2003）。标注尺寸的基本规则如下：

（1）物件的真实大小应以图样上所注的尺寸数值为依据，与图形的大小及绘图的准确度无关。

（2）图样中所标注的尺寸，为该图样所示物件的最后完工尺寸，否则应另加说明。

（3）物件的每一尺寸一般只标注一次，并应标注在反映该结构最清晰的图形上。

二、尺寸的组成

每个完整的尺寸一般由尺寸界线、尺寸线和尺寸数字组成，通常称为尺寸三要素，如图 1-7 所示。

1. 尺寸界线

尺寸界线表示尺寸的度量范围。尺寸界线用细实线绘制，由图形的轮廓线、轴线或对称中心线处引出，也可利用这些线作为尺寸界线。尺寸界线一般应与尺寸线垂直，且超过尺寸线箭头 2～5 mm。必要时也允许倾斜。如图 1-8 所示。

2. 尺寸线

尺寸线表示尺寸的度量方向。尺寸线必须用细实线绘制，且不能用图中的任何图线来代替，也不得画在其他图线的延长线上。

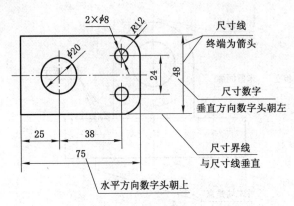

图 1-7　尺寸三要素

图 1-8　尺寸界线的画法

线性尺寸的尺寸线应与所标注的线段平行；尺寸线与尺寸线之间应尽量避免相交。因此，在标注尺寸时，应将小尺寸放在里面，大尺寸放在外面，如图 1-9 所示。

在机械图样中，尺寸线终端一般采用箭头的形式，如图 1-10 所示。

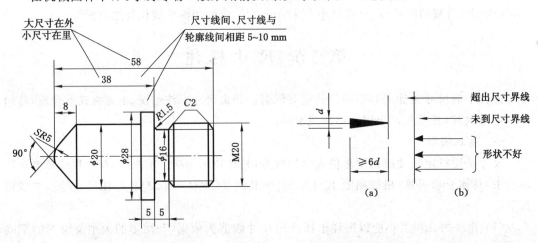

图 1-9　尺寸线的画法

图 1-10　箭头的画法
(a) 正确画法；(b) 错误画法

3. 尺寸数字

尺寸数字表示物件的实际大小，一般用 3.5 号标准字体书写。线性尺寸的尺寸数字，一般应填写在尺寸线的上方或中断处，如图 1-11(a) 所示；线性尺寸数字的水平书写方向字头朝上、竖直方向字头朝左（倾斜方向要有向上的趋势），并应尽量避免在 30°（网格线）范围内标注尺寸，如图 1-11(b) 所示；当无法避免时，可采用引出线的形式标注，如图 1-11(c) 所示。

尺寸数字不允许被任何图线所通过，当不可避免时，必须把图线断开，如图 1-12 所示。

三、常用的尺寸注法

1. 圆、圆弧及球面尺寸的注法

(1) 标注整圆的直径尺寸时，以圆周为尺寸界线，尺寸线通过圆心，并在尺寸数字前加注直径符号"ϕ"，如图 1-13(a) 所示。标注大于半圆的圆弧直径，其尺寸线应画至略超过圆

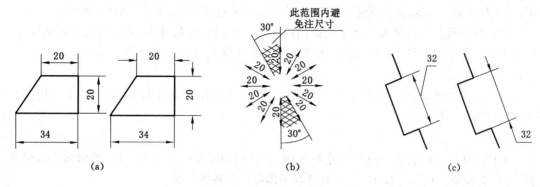

图 1-11 线性尺寸的注写方向

(a) 一般注法;(b) 数字书写方向;(c) 倾斜尺寸引出标注

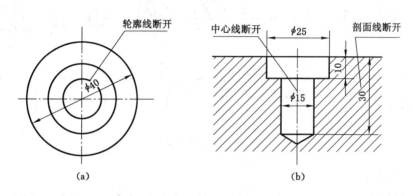

图 1-12 任何图线不能通过尺寸数字

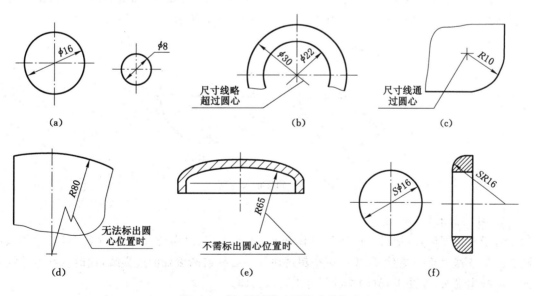

图 1-13 圆、圆弧及球面尺寸的注法

心,只在尺寸线一端画箭头指向圆弧,如图 1-13(b)所示。

(2) 标注小于或等于半圆的圆弧半径时,尺寸线应以圆心出发引向圆弧,只画一个箭头,并在尺寸数字前加注半径符号"R",且尺寸线必须通过圆心,如图 1-13(c)所示。

(3) 当圆弧的半径过大或在图纸范围内无法标出圆心位置时,可采用折线的形式标注,如图 1-13(d)所示。当不需标出圆心位置时,则尺寸线只画靠近箭头的一段,如图 1-13(e)所示。

(4) 标注球面的直径或半径时,应在尺寸数字前加注球直径符号"$S\phi$"或球半径符号"SR",如图 1-13(f)所示。

2. 小尺寸的注法

如图 1-14 所示,标注一连串的小尺寸时,可以用小圆点代替箭头,但最外两端箭头仍应画出;当直径或半径尺寸较小时,箭头和数字都可以布置在外面。

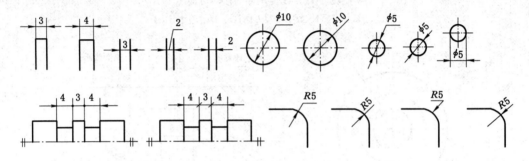

图 1-14　小尺寸的注法

3. 角度的尺寸注法

标注角度尺寸的尺寸界线应沿径向引出,尺寸线是以角度顶点为圆心的圆弧。角度的数字一律写成水平方向,角度尺寸一般注在尺寸线的中断处,如图 1-15(a)所示。必要时可以写在尺寸线的上方或外面,也可引出标注,如图 1-15(b)所示。

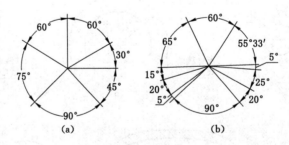

图 1-15　角度的尺寸注法

4. 对称图形的尺寸注法

对于对称图形,应把尺寸标注为对称分布,如图 1-16(a)中的尺寸 22、44。当对称图只画出一半或略大于一半时,尺寸线应略超过对称中心线或断裂处的边界线,此时仅在尺寸线的一端画出箭头,如图 1-16(a)中的尺寸 36、44、ϕ10。

四、尺寸的简化注法

1. 常用的符号和缩写词

标注尺寸时,应尽可能使用符号和缩写词。常用的符号和缩写词见表 1-5。

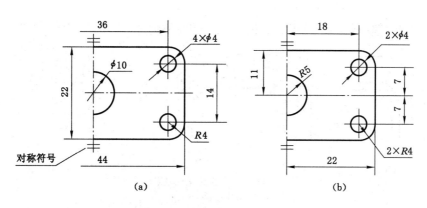

图 1-16　对称图形的尺寸注法

(a) 正确注法；(b) 错误注法

表 1-5　　　　　　　　　　　　常用的符号和缩写词

名称	符号和缩写词	名称	符号和缩写词	名称	符号和缩写词
直径	ϕ	厚度	t	深孔	⊔
半径	R	正方形	□	埋头孔	∨
球直径	$S\phi$	45°倒角	C	均布	EQS
球半径	SR	深度	↓	弧长	⌒

2. 简化注法

(1) 标注尺寸时,可使用单边箭头,如图 1-17(a)所示;也可采用带箭头的指引线,如图 1-17(b)所示;还可采用不带箭头的引导线,如图 1-17(c)所示。

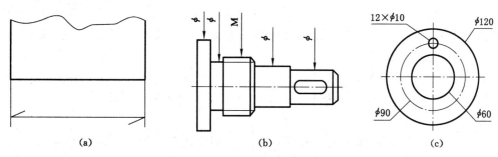

图 1-17　尺寸的简化注法(一)

(a) 使用单边箭头；(b) 带箭头的指引线；(c) 不带箭头的指引线

(2) 一组同心圆弧、圆心位于一条直线上的多个不同心圆弧、一组同心圆,它们的半径或直径尺寸可采用共用的尺寸线和箭头依次表示,如图 1-18 所示。

(3) 在同一图形中,对于尺寸相同的孔、槽等组成要素,可仅在一个要素上注出其尺寸

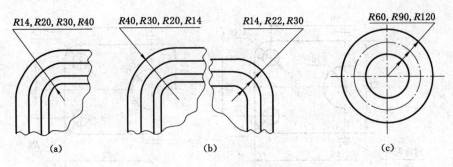

图 1-18　尺寸的简化注法（二）

(a) 一组同心圆弧；(b) 一条直线上的不同心圆弧；(c) 一组同心圆

和数量，并用缩写词"EQS"表示均匀分布，如图 1-19（a）所示。当组成要素的定位和分布情况在图形中已明确时，可不标注其角度，并省略"EQS"，如图 1-19（b）所示。

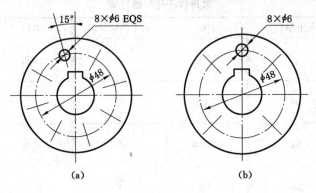

图 1-19　尺寸的简化注法（三）

第三节　几何作图

物体的轮廓形状基本上是由直线、圆、圆弧或其他平面曲线所组成的几何图形。掌握几何图形的作图方法，不仅是手工绘制工程图样的重要技能，也是计算机绘图的基础。

一、等分圆周及作正多边形

1. 三角板与丁字尺配合作正六边形

【例 1-1】　用 30°～60°三角板和丁字尺配合，作圆的内接正六边形。

作图：

(1) 过点 A，用 60°三角板画斜边 AB；过点 D，画斜边 DE，如图 1-20（a）所示。

(2) 翻转三角板，过点 D 画斜边 CD；过点 A 画斜边 AF，如图 1-20（b）所示。

(3) 用丁字尺连接两水平边 BC、FE，即得圆的内接正六边形，如图 1-20（c）、（d）所示。

2. 用尺规作圆的内接正三（六）边形

【例 1-2】　用尺规作圆的内接正三（六）边形。

作图：

(1) 以点 B 为圆心、R 为半径作弧，交圆周得 E、F 两点，如图 1-21（a）所示。

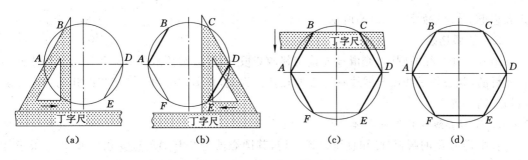

图 1-20　正六边形作法

（2）依次连接 D、E、F、D 各点，即得到圆的内接正三边形，如图 1-21(b) 所示。

（3）若作圆的内接正六边形，则再以点 D 为圆心、R 为半径画弧，交圆周得 H、G 两点，如图 1-21(c) 所示。

（4）依次连接 D、H、E、B、F、G、D 各点，即得到圆的内接正六边形，如图 1-21(d)所示。

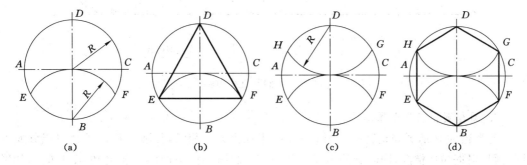

图 1-21　用尺规作圆的内接正三（六）边形

3. 用尺规作圆的内接正五边形

【例 1-3】　用尺规作圆的内接正五边形。

作图：

（1）以 A 点为圆心、OA 为半径画弧，得点 M、N，连接 MN，与 OA 交点 E，如图1-22(a)所示。

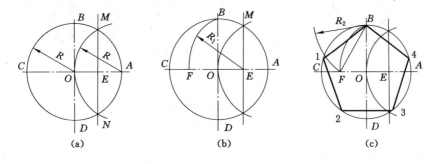

图 1-22　五等分圆周与圆的内接正五边形

（2）以点 E 为圆心、EB 为半径画弧，交 OC 于点 F，如图 1-22(b)所示。

（3）以 B 为起点、BF 为弦长，将圆周五等分，得点 1、2、3、4，依次连接各点得圆的内接

正五边形 $B1234$,如图 1-22(c)所示。

二、圆弧连接

用一已知半径的圆弧,光滑地连接相邻两线段(直线或圆弧),称为圆弧连接。要使连接是光滑的,就必须是线段与线段在连接处相切。因此,作图时必须先求出连接弧的圆心并确定切点的位置。

1. 圆与直线相切作图原理

若半径为 R 的圆,与已知直线 AB 相切,其圆心轨迹是与 AB 直线相距 R 的一条平行线。切点是自圆心 O 向 AB 直线所作垂线的垂足,如图 1-23 所示。

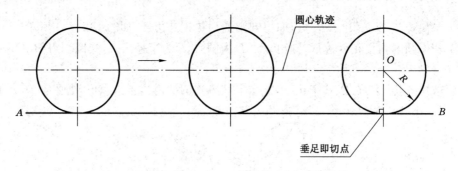

图 1-23　圆与直线相切

2. 圆与圆相切作图原理

若半径为 R 的圆,与已知圆(圆心为 O_1,半径为 R_1)相切,其圆心 O 的轨迹是已知圆的同心圆。根据相切情况,同心圆的半径分别为:两圆外切时,为两圆半径之和($R+R_1$),如图 1-24(a)所示;两圆内切时,为两圆半径之差(R_1-R),如图 1-24(b)所示。

两圆相切时的切点为两圆的圆心连线与已知圆弧的交点。

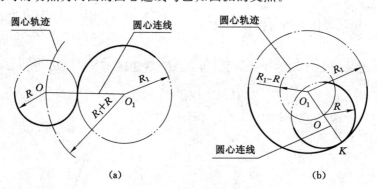

(a)　　　　　　　　　　(b)

图 1-24　圆与圆相切
(a) 两圆外切;(b) 两圆内切

3. 圆弧连接的作图步骤

(1) 求连接弧的圆心。

(2) 定出切点的位置。

(3) 准确地画出连接弧。

【例 1-4】 已知直线 AB、CD,如图 1-25 所示,用半径为 R 的圆弧连接。

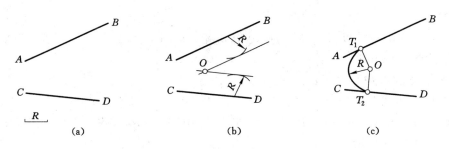

图 1-25 圆弧连接两相交直线

作图：

(1) 以半径 R 为距离作已知直线 AB、CD 的平行线，使两直线交于点 O。

(2) 自 O 点向 AB、CD 引垂线，交点 T_1、T_2 即为切点。

(3) 以 O 点为圆心、R 为半径作圆弧连接 T_1、T_2，即为所求。

【例 1-5】 已知直线 AB、半径为 R_1 的圆弧，如图 1-26 所示，用半径为 R 的圆弧连接。

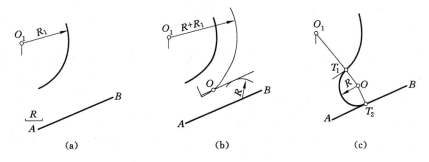

图 1-26 圆弧连接直线和已知圆弧

作图：

(1) 以半径 R 为距离作已知直线 AB 的平行线，以 O_1 为圆心、以 $R+R_1$ 为半径作圆弧，交平行线于点 O。

(2) 连接 OO_1，交已知圆弧于点 T_1，自 O 向 AB 引垂线交于点 T_2。

(3) 以 O 点为圆心、R 为半径作圆弧连接切点 T_1、T_2，即为所求。

【例 1-6】 已知半径为 R_1、R_2 两圆弧，连接圆弧半径为 R，求作一圆弧与两已知圆弧内切连接，如图 1-27 所示。

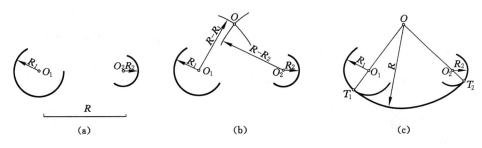

图 1-27 两圆弧内切连接

作图：

(1) 以 O_1 为圆心、以 $|R-R_1|$ 为半径作圆弧，再以 O_2 为圆心、以 $|R-R_2|$ 为半径作圆弧，两圆弧交于一点 O。

(2) 连接 OO_1、OO_2 并延长，交两已知圆弧于 T_1、T_2。

(3) 以 O 点为圆心、R 为半径作圆弧，连接切点 T_1、T_2，即为所求。

【例 1-7】 已知半径为 R_1、R_2 两圆弧，连接圆弧半径为 R，求作一圆弧与两已知圆弧外切连接，如图 1-28 所示。

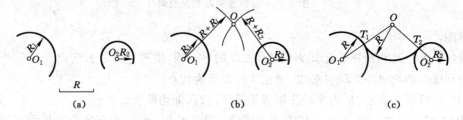

图 1-28　两圆弧外切连接

作图：

(1) 以 O_1 为圆心、以 $R+R_1$ 为半径作圆弧，再以 O_2 为圆心、以 $R+R_2$ 为半径作圆弧，两圆弧交于一点 O。

(2) 连接 OO_1、OO_2，交两已知圆弧于 T_1、T_2。

(3) 以 O 点为圆心，R 为半径作圆弧，连接切点 T_1、T_2，即为所求。

【例 1-8】 已知半径为 R_1、R_2 两圆弧，连接圆弧半径为 R，求作一圆弧与两圆内外切连接，如图 1-29 所示。

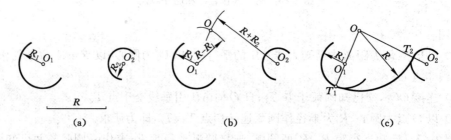

图 1-29　两圆弧内外切相连接

作图：

(1) 以 O_1 为圆心、以 $|R-R_1|$ 为半径作圆弧，再以 O_2 为圆心、以 $R+R_2$ 为半径作圆弧，两圆弧交于一点 O。

(2) 以 O 点为圆心、R 为半径作圆弧，与已知半径为 R_1、R_2 两圆弧相切于 T_1、T_2，此圆弧即为所求。

三、斜度和锥度

1. 斜度

棱体高之差与垂直一个棱面的两个截面之间的距离之比，称为斜度，用"S"表示。可以把斜度简单理解为一个平面(或直线)对另一个平面(或直线)倾斜的程度，如图 1-30 所示。

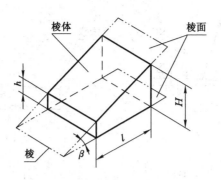

图 1-30　斜度的概念

如最大棱体高 H 与最小棱体高 h 之差,对棱体长度 L 之比,用关系式表示为:

$$S = \frac{H-h}{L} = \tan \beta$$

通常把比例的前项化为 1,以简单分数 $1:n$ 的形式来表示斜度。

【例 1-9】　按图示尺寸逐步画出图 1-31 所示的楔键图形。

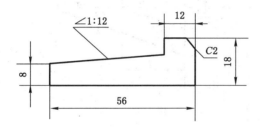

图 1-31　楔键

作图:

(1) 根据图 1-31 中的尺寸,画出已知的直线部分。

(2) 过点 A,按 $1:12$ 画出直角三角形,求出斜边 AC,如图 1-32(a)所示。

(3) 过已知点 E,作 AC 的平行线,如图 1-32(b)所示。

(4) 描深加粗楔键图形,标注斜度符号,如图 1-32(c)所示。

斜度符号的底线应与基准面(线)平行,符号的尖端方向应与斜面的倾斜方向一致,斜度符号的画法如图 1-32(d)所示。

2. 锥度

锥度是指正圆锥底直径与圆锥高度之比。如果是圆台,则为上、下底圆直径差与圆台高之比。如图 1-33 所示,用关系式表示为:

$$锥度 = \frac{D}{L} = \frac{D-d}{l} = 2\tan \alpha$$

四、椭圆的画法

椭圆是常见的非圆曲线。已知椭圆长轴和短轴,可用不同的画法画出椭圆。

1. 四心近似画法

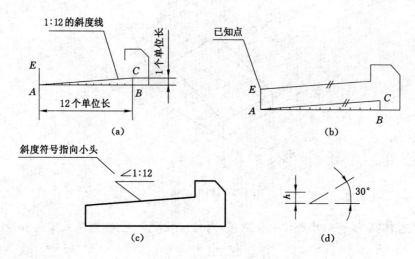

图 1-32 楔键斜度的画法及标注

(a) 画直角三角形求斜度线;(b) 过已知点作斜度线的平行线;(c) 完成作图并标注;(d) 斜度符号的画法

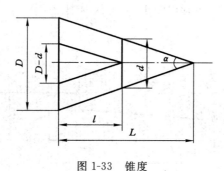

图 1-33 锥度

【例 1-10】 已知椭圆长轴 AB 和短轴 CD,用四心近似画法画椭圆,如图 1-34 所示。

作图:

(1) 连接 A、C,以 O 为圆心、OA 为半径画弧,与 DC 的延长线交于点 E,以 C 为圆心、CE 为半径画弧,与 AC 交于点 E_1。

(2) 作 AE_1 的垂直平分线,与长短轴分别交于点 O_1、O_2,再作对称点 O_3、O_4,O_1、O_2、O_3、O_4 即为四段圆弧的圆心。

(3) 分别作圆心连线 O_1O_4、O_2O_1、O_2O_3、O_3O_4 并延长。

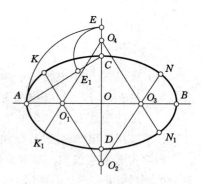

图 1-34 椭圆的近似画法

(4) 分别以 O_1、O_3 为圆心,O_1A 或 O_3B 为半径画小圆弧 K_1AK 和 NBN_1,分别以 O_2、O_4 为圆心,O_2C 或 O_4D 为半径画大圆弧 KCN 和 N_1DK_1(切点 K、K_1、N_1、N 分别位于相应的圆心连线上),即完成近似椭圆的作图。

2. 同心圆画法

【例 1-11】 已知椭圆长轴 AB 和短轴 CD,用同心圆法画椭圆,如图 1-35 所示。

作图：

（1）长轴 *AB*、短轴 *CD* 相交于点 *O*，以 *O* 点为圆心，以长轴 *AB*、短轴 *CD* 为直径作同心圆。

（2）过圆心 *O*，作适当数量的直径（本例作 4 条直径）与两圆相交。

（3）过直径与大圆的交点引垂直线，过直径与小圆的交点引水平线，使垂直线和水平线产生交点，这些交点即为椭圆上的点。

（4）用曲线板光滑地连接诸点即得椭圆。

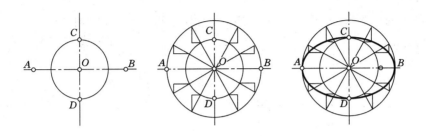

图 1-35　同心圆法画椭圆

第四节　平面图形的分析和画法

平面图形是由几何图形和一些线段组成的。分析平面图形就是根据图形及尺寸标注，分析各几何图形和线段的形状、大小和它们之间的相对位置，解决画图的程序问题。

一、尺寸分析

平面图形中所注的尺寸，按其作用可分为以下两类：

（1）定形尺寸：确定平面图形各组成部分的形状和大小的尺寸，如圆的直径、圆弧的半径，线段的长度、角度的大小等。例如，图 1-36 中的 $R49$、$R8$，直线尺寸 40、24、7 以及圆的大小尺寸 $\phi8$ 都是定形尺寸。

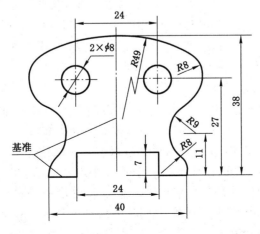

图 1-36　平面图形

(2) 定位尺寸:确定平面图形中各组成部分之间相对位置的尺寸。例如,图 1-36 中的 24、27 是圆的定位尺寸。

对平面图形来说,一般需要两个方向的定位尺寸。需要指出的是,有些尺寸既可以是定形尺寸,又可以是定位尺寸,如图 1-36 中的 24、7 等。

在标注定位尺寸时,必然与尺寸基准相关联。尺寸基准就是标注尺寸的出发点。在平面图形中,应有水平方向(或称 X 方向)和铅直方向(或称 Y 方向)的尺寸基准。通常以图形的对称线、主要轮廓线和大直径圆的中心线为尺寸基准,如图 1-36 所示。

二、线段分析

平面图形的线段(直线、圆弧),根据其尺寸的完整程度可分为三种:

(1) 已知线段:尺寸完整(有定形、定位尺寸),能直接画出的线段。如图 1-36 中的 $2 \times \phi8$、$R49$、40 等。

(2) 中间线段:有定形尺寸,但定位尺寸不齐全,必须依赖附加的一个几何条件才能画出来的线段。如图 1-36 中的 $R9$ 圆弧只有一个定位尺寸 11,另一个定位尺寸必须根据与下方的已知 $R8$ 圆弧相外切的几何条件求出。

(3) 连接线段:只有定形尺寸而没有定位尺寸的线段。如图 1-36 中右上方的 $R8$ 圆弧,没有圆心的定位尺寸,画图时要根据它与 $R49$ 圆弧内切、与 $R9$ 圆弧外切的条件,求出圆心和连接点才能画出,故此圆弧属于连接线段。

三、平面图形的画图步骤

如图 1-37 所示,平面图形的画图步骤为:① 分析图形,确定线段性质;② 选定基准,确定已知线段的位置,画已知的圆和线段;③ 画中间弧;④ 画连接弧;⑤ 擦去多余线段,按线型要求描深。

画图的一般步骤有以下几个方面:

(1) 准备工作:

① 分析图形。

② 选定比例、图幅,并固定图纸。

③ 备齐绘图工具和仪器,修好铅笔。

画圆或圆弧时,要注意调整钢针在固定腿上的位置,使两腿在合拢时针尖比铅芯稍长些,如图 1-38(a)所示;按顺时针方向转动圆规,并稍向前倾斜,此时,要保证针尖和笔尖均垂直于纸面,如图 1-38(b)所示;画大圆时,可接上延长杆后使用,如图 1-38(c)所示。

绘图时应采用绘图铅笔,绘图铅笔有软硬两种,用字母"B"和"H"表示,B(或 H)前面的数字越大,表示铅芯越软(或越硬)。字母"HB"表示软硬适中的铅芯。绘图时,常用 2H 或 H 铅笔画底稿线和加深细线;用 HB 或 H 铅笔写字和画箭头;用 HB 或 B 铅笔画粗线。

铅笔尖端根据作图线型不同可削成锥状或铲状。画底稿线、细线和写字用的铅笔,笔芯应削成锥型尖端,如图 1-39(a)所示;画粗线时,铅芯宜削成呈梯形棱柱状的头部,线型易于一致,如图 1-39(b)所示;铅笔尖的修磨可用砂纸或小刀处理,如图 1-39(c)所示。

(2) 画底稿:画底稿时一般用削尖的 2H 或 H 铅笔准确、轻轻地绘制。画底稿的步骤是:先画图框、标题栏,后画图形。画图形时,首先要根据其尺寸布置好图形的位置,画出基准线、轴线、对称中心线,然后再画图形,并遵循"先主体、后细部"的原则。

(3) 按线型要求描深底稿:

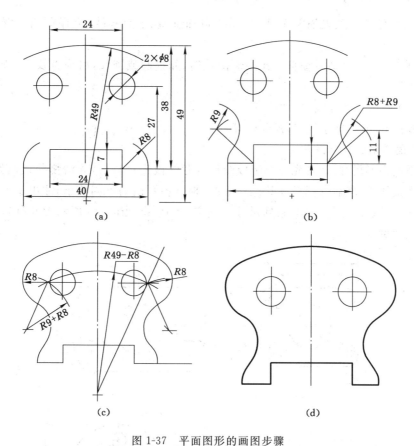

图 1-37　平面图形的画图步骤

(a) 画已知的圆和线段；(b) 画中间弧；(c) 画连接弧；(d) 擦去多余线段,按线型要求描深

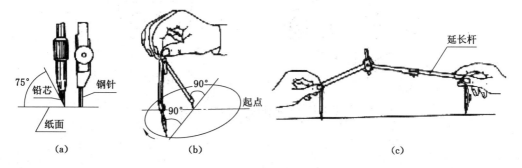

图 1-38　圆规的用法

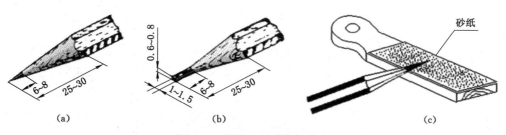

图 1-39　铅笔尖的形状与修磨

① 先粗后细。一般先描深全部粗实线，再描虚线、细点画线，以保证同一线型的规格一致。

② 先曲后直、先水平后垂直。在描深图线时，先描圆或圆弧，后描直线，并顺次连接以保证连接光滑。

（4）一次画出尺寸界线、尺寸线。

（5）画箭头，填写尺寸数字、标题栏等。

四、平面图形的尺寸注法

标注平面图形尺寸时，首先应对组成图形的各线段进行分析，弄清哪些是已知线段、中间线段和连接线段，然后选择尺寸基准。最后，根据各图线的不同要求，注出平面图形的全部定形尺寸和必要的定位尺寸，做到尺寸不重复、不遗漏。图 1-40 所示为几种常见平面图形尺寸标注示例。

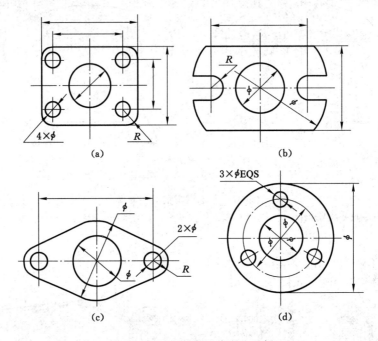

图 1-40　平面图形尺寸注法示例

第二章 投影基础

【知识要点】 投影法及其分类,正投影的性质,三视图的形成及三等规律,点的投影特性,点的投影与坐标,投影面平行线和垂直线的投影特性,投影面平行面和垂直面的投影特性,点、直线和平面的从属关系,基本几何体(棱柱、棱锥、圆柱、圆锥、球体)三视图的形成,投影分析及表面取点。

【技能要求】 作点的投影并能判定点与点间的方位关系,作直线的投影,判定直线和平面的类别,判定点与直线、点(直线)与平面的从属关系,补全多边形的投影,作几何体表面上点的投影。

第一节 投影法和视图的基本概念

在阳光或灯光照射下,物体会在地面上留下一个灰黑的影子,这个影子只能反映出物体的轮廓,却表达不出物体的形状和大小。人们根据生产活动的需要,对这种现象经过科学的抽象,总结出了影子和物体之间的几何关系,逐步形成了投影法。

一、投影概念

空间物体在光线照射下,在地面或墙上产生物体的影像,这种现象就是投影。

如图 2-1 所示,将三角形 ABC(以下简称 △ABC)放在平面 P 和光源 S 之间,自光源 S 通过 A、B、C 三点的光线 SA、SB、SC 延长后分别与平面 P 交于 a、b、c 三点。平面 P 称为投影面,点 S 称为投影中心,SAa、SBb、SCc 称为投射线,△abc 称为 △ABC 在投影面 P 上的投影。

这种投射线通过物体,向选定的投影面投射,并在该投影面上得到图形的方法叫作投影法。

由此可以看出,要获得投影,必须具备光源、物体和投影面这三个基本条件。

二、投影法的分类

根据投射线平行或汇交,投影法可分为中心投影法和平行投影法两大类。

1. 中心投影法

中心投影法是投射线汇交一点的投影法(投射中心位于有限远处)。如图 2-2 所示,通过投射中心 S 作出 △ABC 在投影面 P 上的投影;投影线 SA、SB、SC 分别与投影面 P 交出点 A、B、C 的投影 a、b、c,而 △abc 即为 △ABC 在投影面 P 上的投影。

在中心投影法中,△ABC 的投影 △abc 的大小随投射中心 S 距离 △ABC 的远近或者 △ABC 距离投影面 P 的远近而变化。

2. 平行投影法

平行投影法是投射线相互平行的投影法(投射中心位于无限远处)。平行投影法又分为斜投影法和正投影法。

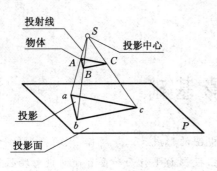

图 2-1　投影

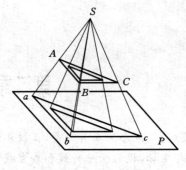

图 2-2　中心投影

（1）斜投影法

斜投影法是投射线与投影面相倾斜的平行投影法。根据斜投影法所得到的图形，称为斜投影（斜投影图），如图 2-3 所示。

（2）正投影法

正投影法是投射线与投影面相垂直的平行投影法。根据正投影法所得到的图形称为正投影（正投影图），如图 2-4 所示。为了叙述方便，在以后的章节中把正投影简称为投影。

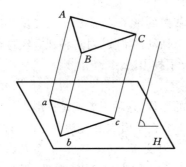

图 2-3　斜投影

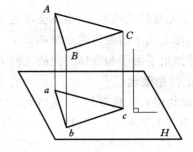

图 2-4　正投影

采用正投影法作投影度量性好，作图简便，容易表达出空间物体的形状和大小，在工程图件绘制中被广泛采用。机械图样中基本是采用正投影法绘制的，因此可以说，正投影法是机械制图的主要理论基础。

用中心投影法所得的投影大小，随着投影面、物体、投射中心三者之间距离的变化而变化，不能反映物体的真实形状和大小，且度量性差，作图比较复杂，在工程图件绘制中已很少采用。

三、正投影的基本性质

1. 显实性

当平面（直线）平行于投影面时，其投影反映实形（实长），这种性质称为显实性，如图 2-5 所示。

2. 积聚性

当平面（直线）垂直于投影面时，其投影积聚成一直线（一点），这种性质称为积聚性，如图 2-6 所示。

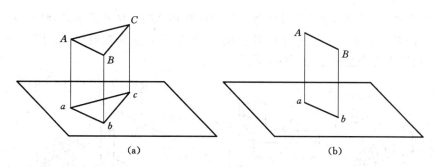

图 2-5 显实性

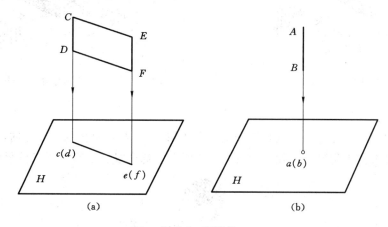

图 2-6 积聚性

3. 类似性

当平面(直线)倾斜于投影面时,投影类似反映其形状大小(变短),这种性质称为类似性,如图 2-7 所示。

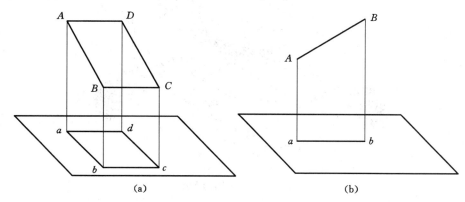

图 2-7 类似性

四、视图的基本概念

用正投影法绘制物体的图形时,可把人的视线假想成相互平行且垂直于投影面的一组投射线,进而将物体在投影面上的投影称为视图,如图 2-8 所示。

从图 2-8 中可以看出,这个物体的视图只能反映物体的长度和高度,而没有反映出物体的宽度。从图 2-9 中可以看出,两个物体的结构形状不同,但其视图相同。因此,在一般情况下,一个视图不能完全确定物体的形状和大小。

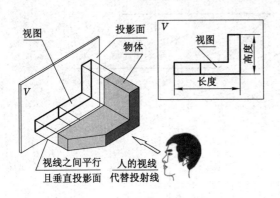

图 2-8   视图的概念   图 2-9   一个视图不能确定物体的形状

五、三视图的形成

将物体置于三个相互垂直的投影面构成的投影空间内,从物体的三个方向进行观察,就可以在三个投影面上得到三个视图,如图 2-10 所示。这个投影空间也叫三投影面体系。

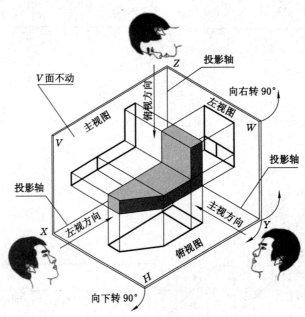

图 2-10   三视图的形成

1. 三投影面

三投影面相互垂直,分别叫正立投影面(简称正立面或 V 面)、水平投影面(简称水平面或 H 面)、侧投影面(简称侧立面或 W 面)。

2. 三投影轴

相互垂直的投影面之间的交线,称为投影轴,它们分别是:

(1) OX 轴(简称 X 轴),是 V 面与 H 面的交线,它代表长度方向。

(2) OY 轴(简称 Y 轴),是 H 面与 W 面的交线,它代表宽度方向。

(3) OZ 轴(简称 Z 轴),是 V 面与 W 面的交线,它代表高度方向。

三个投影轴相互垂直,其交点称为原点,用 O 表示。

3. 三视图

(1) 主视图——由前向后投影在正立面所得的视图。

(2) 俯视图——由上向下投影在水平面所得的视图。

(3) 左视图——由左向右投影在侧立面所得的视图。

这三个视图统称为三视图。

为把三个视图画在同一张图纸上,必须将相互垂直的三个投影面展开在一个平面上。展开方法如图 2-10 所示,具体展开过程为:V 面保持不动,将 W 面和 H 面沿 OY 轴裁开,将 H 面绕 OX 轴向下旋转 90°,将 W 面绕 OZ 轴向右旋转 90°,就得到展开后的三视图,如图 2-11 所示。实际绘图时,应去掉投影面边框和投影轴,如图 2-12 所示。

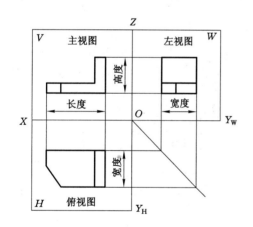

图 2-11　投影面的展开

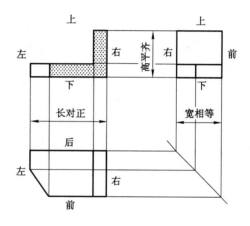

图 2-12　三视图

由此可知,三视图之间的相对位置是固定的,不能随意移动或变换。

4. 三视图的三等规律

从三视图的形成过程可以看出,每一个视图只能反映出物体两个方向的尺度,即:

(1) 主视图:反映物体的长度(X)和高度(Z)。

(2) 俯视图:反映物体的长度(X)和宽度(Y)。

(3) 左视图:反映物体的高度(Z)和宽度(Y)。

由此可以归纳出主、俯、左三个视图之间的投影规律(简称三等规律),即:主、俯视图长对正;主、左视图高平齐;俯、左视图宽相等。三视图之间的三等规律,是画图和看图的依据。

5. 三视图与物体方位的对应关系

物体有左、右、前、后、上、下六个方位。从视图中可以看出,每一个视图中只能反映物体的四个方位,即:主视图反映了物体的上、下和左、右位置关系;俯视图反映了物体的前、后和左、右位置关系;左视图反映了物体的上、下和前、后位置关系。

特别需要注意的是:画图与看图时,要特别注意俯视图和左视图的前、后对应关系。在三个投影面的展开过程中,由于水平面向下旋转,俯视图的下方表示物体的前面,俯视图的上方表示物体的后面;当侧立面向右旋转后,左视图的右方表示物体的前面,左视图的左方表示物体的后面。因此,应以主视图为参考,在俯、左视图上远离主视图的一边,表示物体的前面;靠近主视图的一边,表示物体的后面。

六、三视图的作图方法和步骤

根据物体(或轴测图)画三视图时,应先选好主视图的投影方向,然后摆正物体(使物体的主要表面尽量平行于投影面),再根据图纸幅面和视图的大小,画出视图的定位线,三视图的具体作图步骤如图 2-13 所示。

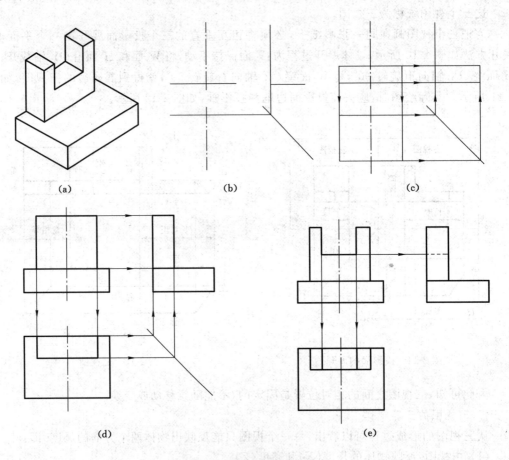

图 2-13　三视图的作图步骤

(a) 轴测图;(b) 画对称中心线、基准线;(c) 先画底板

(d) 再画出立板;(e) 最后画缺口

第二节　点、直线、平面的投影

点、直线、平面是构成物体表面的最基本的几何要素,因此为了快速而正确地画出物体的三视图,必须首先掌握这些几何元素的投影规律。

一、点的投影

1. 点的三面投影规律

如图 2-14(a)所示,空间点 A 置于三投影面体系中,过点 A 分别向三个投影面作垂线(即投射线),三个垂足 a、a'、a'' 分别是点 A 在 H 面、V 面和 W 面的投影。

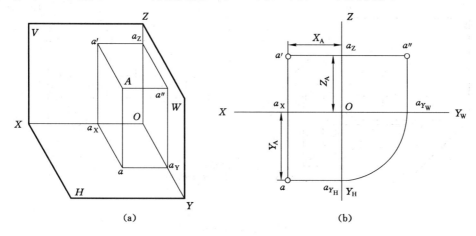

图 2-14 点的投影与直角坐标

需要说明的是:空间点用大写字母 A、B、C 表示,空间点在 H 面上的投影用其相应的小写字母 a、b、c 表示,在 V 面上的投影用字母 a'、b'、c' 表示,在 W 面上的投影用字母 a''、b''、c'' 表示。

移去空间点 A,将投影面展开,并去掉投影面的边线框,便得到如图 2-14(b)所示的点的三面投影图。由图 2-14 可知,点 A 的空间位置分别由它到三投影面的距离确定。三投影面体系相当于直角坐标系,因此空间一点的位置可用该点的直角坐标表示,如 $A(X_A, Y_A, Z_A)$。

通过点的三面投影的形成过程,可总结出点的投影规律。

(1) 点的两面投影的连线,必定垂直于相应的投影轴,即:

$$aa' \perp OX \text{ 轴}, a'a'' \perp OZ \text{ 轴}, aa_{Y_H} \perp OY_H \text{ 轴}, a''a_{Y_W} \perp OY_W \text{ 轴}$$

(2) 点的投影到投影轴的距离,等于空间点到相应投影面的距离,即:

$$\left.\begin{array}{l} a'a_X = a''a_Y = A \text{ 点到 } H \text{ 面的距离 } Aa \\ aa_X = a''a_Z = A \text{ 点到 } V \text{ 面的距离 } Aa' \\ aa_Y = a'a_Z = A \text{ 点到 } W \text{ 面的距离 } Aa'' \end{array}\right\} \text{影轴距}=\text{点面距}$$

2. 点的投影与直角坐标的关系

三投影面体系可以看成是空间直角坐标系,即把投影面作为坐标面,投影轴作为坐标轴,三个轴的交点 O 即为坐标原点。

由图 2-14 可知,空间点 A 到三个投影面的距离,就是空间点到坐标面的距离,也就是点 A 的三个坐标。

3. 两点的相对位置关系

两点在空间的相对位置,可以由两点的坐标关系来确定,两点的左、右相对位置由 X 坐标确定,X 坐标值大者在左;两点的前、后相对位置由 Y 坐标确定,Y 坐标值大者在前;两点的上、下相对位置由 Z 坐标确定，Z 坐标值大者在上。

从图 2-15 中可以看出，由于 $x_A > x_B$，所以点 A 在点 B 的左方；由于 $y_B > y_A$，所以点 A 在点 B 的后方；由于 $z_B > z_A$，所以点 A 在点 B 的下方，即点 A 在点 B 的左、后、下方。

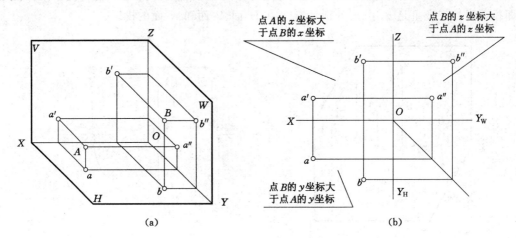

图 2-15　两点的相对位置

4. 重影点及其投影的可见性

当空间两点连线垂直于某一投影面时，则此两点在该投影面上的投影重合为一点，此两点称为对该投影面的重影点。对 V 面而言，在前的点可见；对 H 面而言，在上的点可见；对 W 面而言，在左的点可见。不可见点的投影加小括号表示。

如图 2-16 所示，点 A、点 B 对于 V 面而言，点 A 可见，点 B 不可见，点 B 在 V 面的投影表示为 (b')；点 C、点 D 对于 H 面而言，点 C 可见，点 D 不可见，点 D 在 H 面的投影表示为 (d)；点 E、点 F 对 W 面而言，点 E 可见，点 F 不可见，点 F 在 W 面的投影表示为 (f'')。

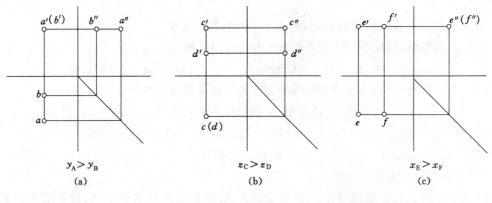

图 2-16　重影点

二、直线的投影

1. 直线的三面投影

一般情况下，直线的投影一般是直线。空间任一直线可由该线上的任意两点所确定。因此，要作直线的投影，只需作出直线上任意两点的三面投影，并将该两点在同一投影面上的投影（简称同面投影）用直线连接起来，即得直线的三面投影。例如，已知空间直线上的两

点 $A(20,12,5)$ 和 $B(5,4,15)$,其投影图的作法如图 2-17 所示。

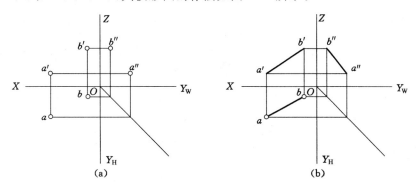

图 2-17　直线的投影作法

2. 点从属于直线

如果一个点在直线上,则此点的投影必在该直线的同面投影上。反之,如果点的三面投影都在直线的同面投影上,则该点一定在直线上。同理,如果一个点的三面投影中,有一面投影不在直线的同面投影上,则可判定该点一定不在该直线上。

如图 2-18 所示,点 K 在直线 AB 上,则 k 在 ab 上,k' 在 $a'b'$ 上,k'' 在 $a''b''$ 上。

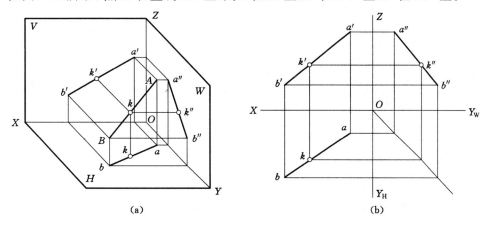

图 2-18　直线上点的投影

3. 各种位置直线的投影特性

这里所说的直线位置,指的是直线与投影面体系之间的关系,共有三种情形:平行、垂直和倾斜(既不平行也不垂直)。直线与它的水平投影、正面投影、侧面投影的夹角,分别称为该直线对投影面 H、V、W 的倾角,本书中分别用 α、β、γ 表示。

(1)一般位置直线及投影特性

与三个投影面都倾斜的直线称为一般位置直线。由正投影的基本特性(类似性)可知,一般位置直线的三面投影均不反映实长,而且小于实长,其投影与投影轴的夹角也不能反映其倾角。如图 2-19 所示的棱锥的棱线 AS 即为一般位置直线。

(2)特殊位置直线及其投影特性

① 投影面平行线

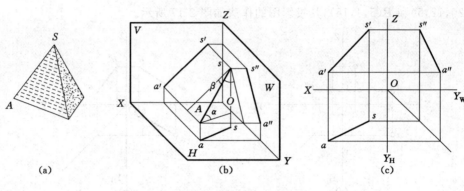

图 2-19　一般位置直线

平行于一个投影面,而与另两个投影面倾斜的直线,称为投影面平行线。其中,只平行于 H 面的直线,称为水平线;只平行于 V 面的直线,称为正平线;只平行于 W 面的直线,称为侧平线。其投影特性见表 2-1。

表 2-1　　　　　　　　　　投影面平行线的投影特性

直线的位置	直观图	投影图	投影特性
正平线			1. 正面投影 $a'b'$ 反映线段实长,它与 OX 轴、OZ 轴的夹角分别为 α、γ; 2. 水平投影 $ab\,/\!/\,OX$ 轴; 3. 侧面投影 $a''b''\,/\!/\,OZ$ 轴
水平线			1. 水平投影 ab 反映线段实长,它与 OX 轴、OY_H 轴的夹角分别为 β、γ; 2. 正面投影 $a'b'\,/\!/\,OX$ 轴; 3. 侧面投影 $a''b''\,/\!/\,OY_W$ 轴
侧平线			1. 侧面投影 $a''b''$ 反映线段实长,它与 OY_W 轴、OZ 轴的夹角分别为 α、β; 2. 正面投影 $a'b'\,/\!/\,OZ$ 轴; 3. 水平投影 $ab\,/\!/\,OY_H$ 轴

② 投影面垂直线

垂直于一个投影面的直线,称为投影面垂直线,其中垂直于 H 面的直线称为铅垂线;垂直于 V 面的直线称为正垂线;垂直于 W 面的直线称为侧垂线。其投影特性见表 2-2。

表 2-2　　　　　　　　　　　　　投影面垂直线的投影特性

直线的位置	直观图	投影图	投影特性
正垂线	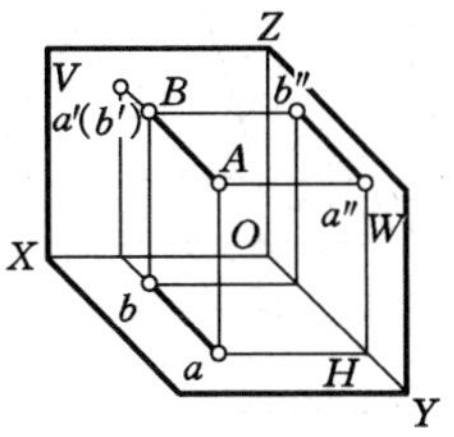	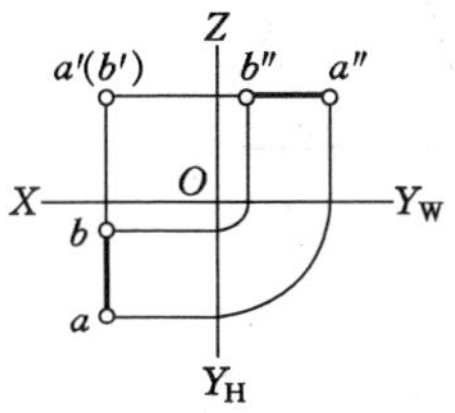	1. 正面投影 $a'(b')$ 积聚成一点； 2. 水平投影 $ab \perp OX$ 轴，侧面投影 $a''b'' \perp OZ$ 轴，并且都反映线段实长
铅垂线	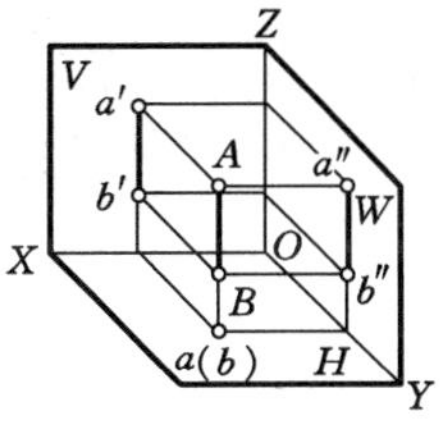	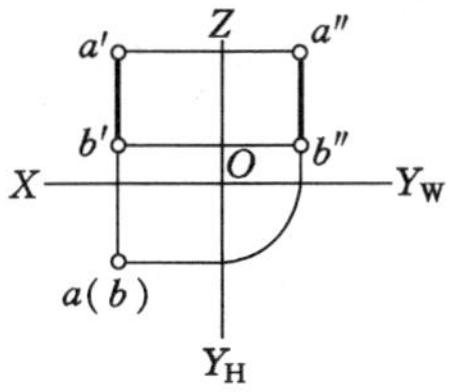	1. 水平投影 $a(b)$ 积聚成一点； 2. 正面投影 $a'b' \perp OX$ 轴，侧面投影 $a''b'' \perp OY_W$ 轴，并且都反映线段实长
侧垂线	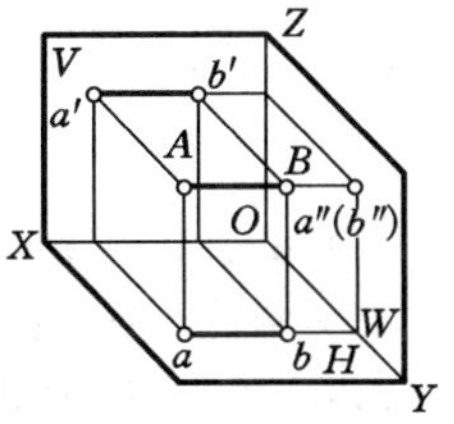	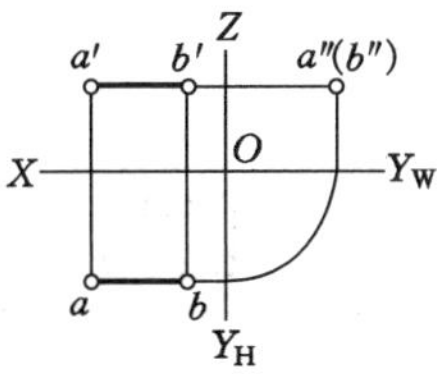	1. 侧面投影 $a''(b'')$ 积聚成一点； 2. 正面投影 $a'b' \perp OZ$ 轴，水平投影 $ab \perp OY_H$ 轴，并且都反映线段实长

三、平面的投影

1. 平面的表示法

不属于同一直线的三点、直线和直线外一点、两相交直线、两平行直线、任一平面图形都可确定一个平面。在投影中，常用平面图形来表示空间的平面。

2. 各种位置平面的投影

在投影面体系中，平面相对于投影面来说，也有平行、垂直和一般位置（既不平行也不垂直）等三种情况。

（1）一般位置平面

对三个投影面都倾斜的平面，称为一般位置平面。如图 2-20(a)所示，正棱锥的左侧面与三个投影面均倾斜，是一般位置平面。△SAB 的水平投影 sab、正面投影 $s'a'b'$、侧面投影 $s''a''b''$ 均为三角形，如图 2-20(b)所示。

一般位置平面的投影特性为：一般位置平面的三面投影，都是小于原平面图形，为原平面图形的类似形。

（2）投影面平行面

平行于一个投影面的平面，称为投影面平行面。平行于 H 面的平面，称为水平面；平行于 V 面的平面，称为正平面；平行于 W 面的平面，称为侧平面。投影面平行面的投影特性见表 2-3。

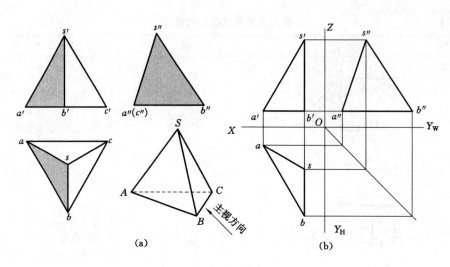

(a)　　　　　　　　　　　　　　(b)

图 2-20　一般位置平面的投影

表 2-3　　　　　　　　　　　　投影面平行面的投影特性

名称	直观图	投影图	投影特性
正平面			1. V 面投影反映实形； 2. H 面投影、W 面投影积聚成直线,分别平行于投影轴 OX、OZ
水平面			1. H 面投影反映实形； 2. V 面投影、W 面投影积聚成直线,分别平行于投影轴 OX、OY_W
侧平面			1. W 面投影反映实形； 2. V 面投影、H 面投影积聚成直线,分别平行于投影轴 OZ、OY_H

（3）投影面垂直面

垂直于一个投影面,与其他两个投影面倾斜的平面,称为投影面垂直面。垂直于 H 面的平面,称为铅垂面;垂直于 V 面的平面,称为正垂面;垂直于 W 面的平面,称为侧垂面。投影面垂直面的投影特性见表 2-4。

表 2-4　　　　　　　　　　　　　投影面垂直面的投影特性

名称	直观图	投影图	投影特性
正垂面	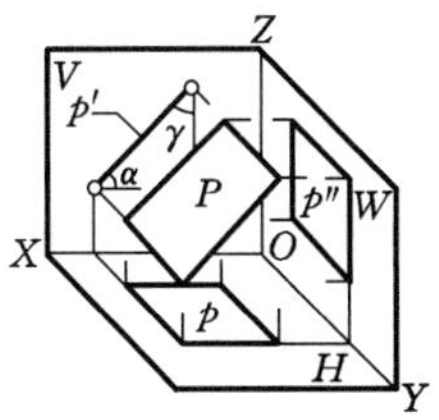	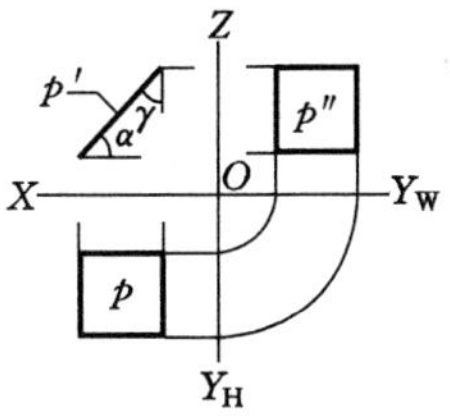	1. V 面投影积聚成一直线,并反映与 H、W 面的倾角 α、γ; 2. 其他两投影为面积缩小的类似形
铅垂面	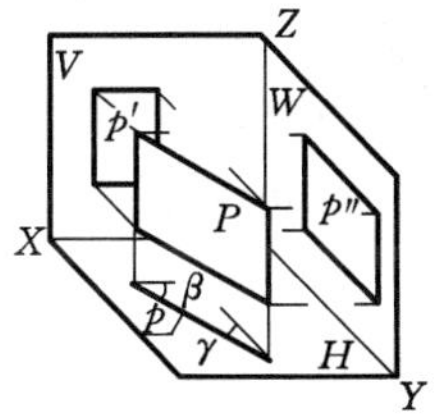	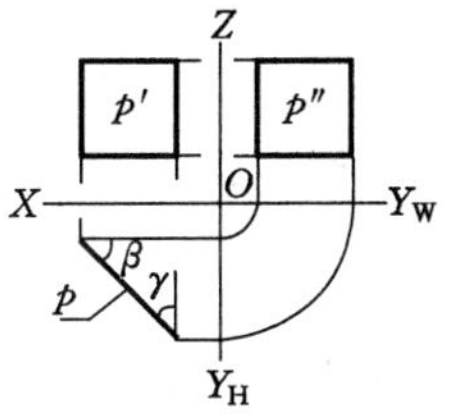	1. H 面投影积聚成一直线,并反映与 V、W 面的倾角 β、γ; 2. 其他两投影为面积缩小的类似形
侧垂面	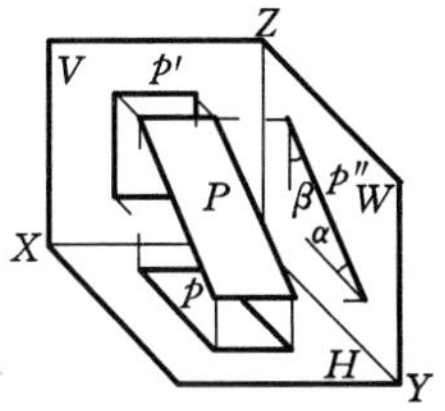	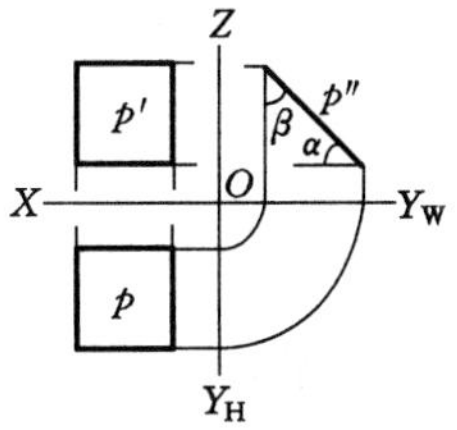	1. W 面投影积聚成一直线,并反映与 H、V 面倾角 α、β; 2. 其他两投影为面积缩小的类似形

四、平面上直线和点的投影

1. 平面上的直线

在平面上取直线的几何条件是:① 一直线经过平面上的两点;② 一直线经过平面上的一点,且平行于平面上的另一已知直线。

2. 平面上的点

在平面上取点的条件是:若点在直线上,直线在平面上,则点一定在该平面上。因此,在平面上取点时,应先在平面上取直线,再在该直线上取点。

【例 2-1】　已知△ABC 上的直线 EF 的正面投影 $e'f'$,如图 2-21(b)所示。求水平投影 ef。

分析:如图 2-21(a)所示,因为直线 EF 在△ABC 平面内,延长 EF,可与△ABC 的边线交于 M、N,则直线 EF 是△ABC 上直线 MN 的一部分,它的投影必属于直线 MN 的同面投影。

作图:

(1) 延长 $e'f'$ 与 $a'b'$ 和 $b'c'$ 交于 m'、n',由 $m'n'$ 求得 m、n,连接 m、n,如图 2-21(c)所示。

(2) 在 mn 上由 $e'f'$ 求得 ef,如图 2-21(d) 所示。

【例 2-2】　如图 2-22(a)所示,已知 △ABC 上点 E 的正面投影 e' 和点 F 的水平投影 f,求作它们的另一面投影。

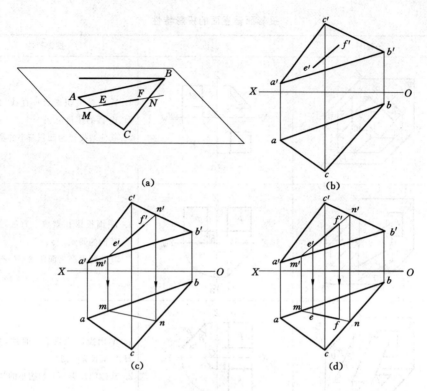

图 2-21   在平面上求直线的投影

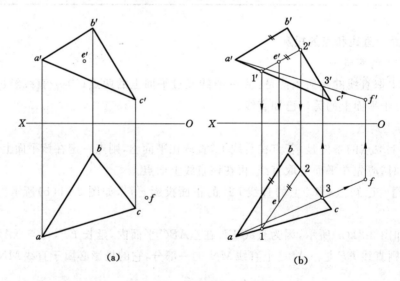

图 2-22   求平面内点的投影

分析：因为点 E、F 在 △ABC 上，故过 E、F 在 △ABC 平面上各作一条辅助直线，则点 E、F 的两个投影必定在相应的辅助直线的同面投影上。

作图：

(1) 如图 2-22(b) 所示，过 e′ 作一条辅助直线 Ⅰ Ⅱ 的正面投影 1′2′，使 1′2′∥a′b′，求出水平投影 12。然后过 e′ 作 OX 轴的垂线与 12 相交，交点 e 即为点 E 的水平投影。

（2）过 f 作辅助直线 FA 的水平投影 fa，fa 交 bc 于 3，求出正面投影 $a'3'$，过 f 作 OX 轴的垂线与 $a'3'$ 的延长线相交，交点即为点 F 的正面投影 f'。

【例 2-3】 完成图 2-23(b)所示五边形的水平投影。

分析：因为五边形的五个顶点在同一平面上，已知 A、B、C 三点的两面投影，可在 $\triangle ABC$ 所确定的平面上应用在平面上取点的方法，求 D、E 的水平投影，从而完成五边形的水平投影。

作图：

（1）求 E 的水平投影。在 $\triangle ABC$ 上作辅助线 AF，延长 $a'e'$，与 $b'c'$ 交于 f'，由 f' 求得 f，连接 af，由 e' 求得 e，如图 2-23(a)、(c) 所示。

（2）求 D 的水平投影。在 $\triangle ABC$ 上作辅助线 $DG//BC$；过 d' 作 $d'g'//b'c'$ 得 g'，由 g' 求得 g；作 $dg//bc$，由 d' 求得 d，如图 2-23(a)、(d) 所示。

（3）连接 ae、ed 和 dc，完成五边形 $ABCDE$ 的水平投影。

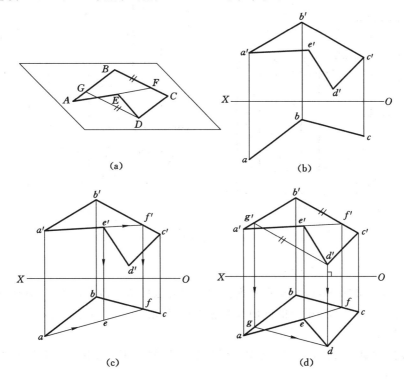

图 2-23　补全多边形的投影

第三节　基本几何体的投影

几何体分为平面立体和曲面立体。表面均为平面的立体，称为平面立体；表面由曲面或曲面与平面组成的立体，称为曲面立体。

一、平面立体

平面立体上相邻两面的交线称为棱线。平面立体主要有棱柱和棱锥两种。

平面立体的各种表面都是平面图形,而平面图形是由直线段所围成的,直线段又是由两端点所确定的,因此,绘制平面立体的投影实际上是画出个平面间的交线和各顶点的投影。

1. 棱柱

(1) 三棱柱的三视图

图 2-24(a)所示为一个正三棱柱的投影。它的顶面和底面为水平面,三个矩形侧面中,后表面为正平面,左、右两面为铅垂面,三条侧棱为铅垂线。

画三棱柱的视图时,先画顶面和底面的投影:在水平投影中,它们均反映实形(三角形)且重影;其正面和侧面投影都有积聚性,分别为平行于 X 轴和 Y 轴的直线;三条侧棱的水平面投影都有积聚性,为三角形的三个顶点,它们的正面和侧面投影均平行于 Z 轴,且反映了棱柱的高。画完这些面和棱线的投影,即得该三棱柱的三视图,如图 2-24(b)所示。

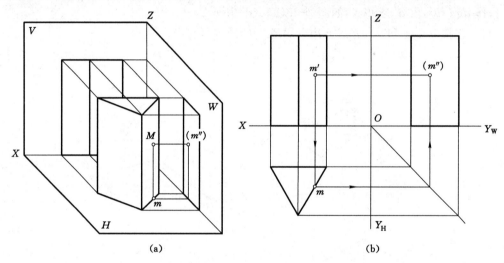

(a)　　　　　　　　　　　　(b)

图 2-24　正三棱柱的三视图及其表面上点的求法

(2) 棱柱表面上的点(表面取点)

求体表面上点的投影,应根据在平面上取点的方法作图。但需判别点的投影的可见性:若点所在表面的投影可见,则点的同面投影也可见;反之,为不可见。对不可见的点的投影,需加小括号表示。

【例 2-4】　如图 2-24(b)所示,已知三棱柱上一点 M 的正面投影 m',求其水平投影 m 和侧面投影 m''。

分析:按 m' 的位置和可见性,可判定点 M 在三棱柱的右侧棱面上。因点 M 所在平面为铅垂面,其水平面投影 m 必落在该平面有积聚性的水平面投影上。根据 m' 和 m 即可求出侧面投影 m''。由于点 M 在三棱柱的右侧棱面上,该棱面的侧面投影不可见,故 m'' 不可见。

2. 棱锥

(1) 棱锥的三视图

图 2-25(a)所示为正三棱锥的投影。它由底面 $\triangle ABC$ 和三个棱面 $\triangle SAB$、$\triangle SBC$ 和 $\triangle SAC$ 所组成。底面为水平面,其水平面投影反映实形,正面和侧面投影积聚成直线。棱面 $\triangle SAC$ 为侧垂面,侧面投影积聚成直线,水平面投影和正面投影都是类似形。棱面 $\triangle SAB$ 和 $\triangle SBC$ 为一般位置平面,其三面投影均为类似形。棱线 SB 为侧平线,棱线 SA、SC 为一般位

置直线,棱线 AC 为侧垂线,棱线 AB、BC 为水平线。它们的投影特性大家可自行分析。

　　画正三棱锥的三视图时,先画出底面 $\triangle ABC$ 的各面投影,如图 2-25(b)所示;再画出锥顶 S 的各面投影,连接各顶点的同面投影,即为正三棱锥的三视图,如图 2-25(c)所示。

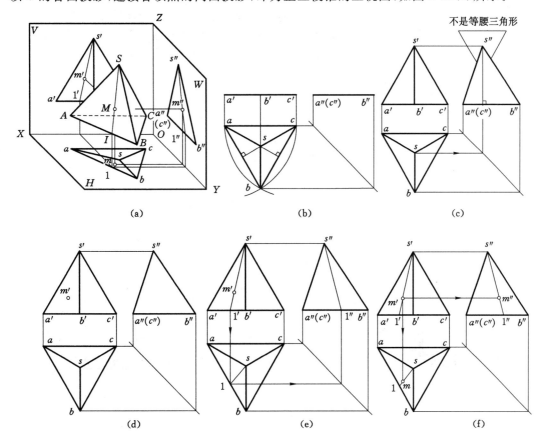

图 2-25　正三棱锥的三视图及其表面上点的求法

　　(2)棱锥表面上的点(表面取点)

　　正三棱锥的表面有特殊位置平面,也有一般位置平面。特殊位置平面上点的投影,可利用该平面投影的积聚性直接作图;一般位置平面上点的投影,可通过在平面上作辅助线的方法求得。

　　【例 2-5】　如图 2-25(d)所示,已知三棱锥棱面 $\triangle SAB$ 上一点 M 的正面投影 m',求其水平投影 m 和侧面投影 m''。

　　分析:棱面 $\triangle SAB$ 是一般位置平面,故过锥顶 S 及点 M 作一辅助线 SI,即过 m' 作 $s'1'$,其水平投影为 $s1$,如图 2-25(e)所示。根据点在直线上的投影特性,作出其水平投影 m,再由 m、m' 作出 m'',如图 2-25(f)所示。也可过 M 作一平行于 AB 或 SB 或 SA 的辅助线求解。

　　当然,棱锥表面取点,也需判定点的可见性。

　　二、曲面立体

　　1. 圆柱体

　　圆柱体是由圆柱面和顶圆平面、底圆平面所围成的。如图 2-26 所示,圆柱面可以看作是一条直母线绕与它平行的轴线旋转而成。在直母线绕轴线(可称为柱轴)旋转的过程中，属于圆柱面并与柱轴平行的一系列直线统称之为素线，所有的素线相互平行。图 2-27(a)所示为圆柱体轴线垂直于水平投影面三面投影的空间状况。图 2-27(b)所示为该圆柱体的三面投影图。圆柱面的所有素线和轴线平行，且都垂直于水平投影面，所以圆柱面的水平投影是一个有积聚性的圆，同时这个圆(水平面)还反映圆柱体上、下底面圆的实形，而上、下底面圆在正面投影和侧面投影中均积聚为一直线段。

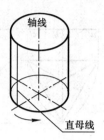

图 2-26　圆柱体的形成图

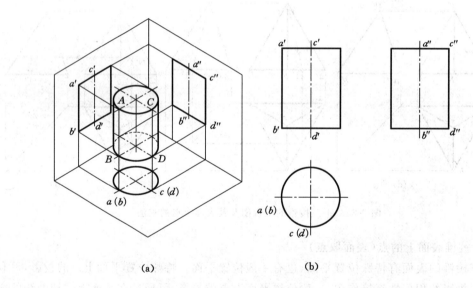

图 2-27　圆柱体的投影

(1) 投影分析

① 俯视图：圆面为圆柱顶、底圆平面的重合投影，反映实形；圆周为圆柱面(各素线)的积聚投影。竖直的对称线可看为圆柱左、右分界面的积聚投影，水平的对称线可看为圆柱前、后分界面的积聚投影。

② 主视图：矩形上、下两边代表圆柱顶、底圆平面的积聚投影，左、右两边代表最左、最右两条轮廓素线的投影，矩形面代表前、后两半圆柱面的重合投影，对称线可看为圆柱左、右分界面的积聚投影。

③ 左视图：矩形上、下两边代表圆柱顶、底圆平面的积聚投影，左、右两边代表最后、最前两条轮廓素线的投影，矩形面代表左、右两半圆柱面的重合投影，对称线可看为圆柱前、后

分界面的积聚投影。

（2）圆柱表面上取点

轴线处于特殊位置的圆柱，圆柱面在轴线所垂直的投影面上的投影有积聚性，其顶、底圆平面的另两个投影有积聚性。因此，对于圆柱表面上的点，其投影均可直接作出，并标明可见性。

【例 2-6】　如图 2-28 所示，已知圆柱面上点 E、点 F 和点 G 的正面投影 e'、f' 和 (g')，试分别求出它们另两个投影。

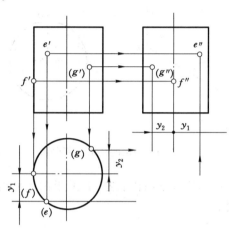

图 2-28　圆柱表面取点

作图：

① 求 e、e''。由 e' 的位置及其可见性，得知点 E 在左前圆柱面上，所以 e'' 也可见。利用圆柱面有积聚性的投影特性，先求出点 E 的水平投影 (e)，再由 e' 和 (e) 求出侧面投影 e''。

② 求 f、f''。由 f' 的位置可知点 F 在圆柱的最左轮廓线素上，其水平投影 (f) 在圆柱面水平投影（圆）的最左点，其侧面投影 f'' 重合在轴线上，且 f'' 可见。

③ 求 g、g''。由 (g') 的位置及其可见性，得知点 G 在右后圆柱面上，其侧面投影不可见。利用圆柱面有积聚性的投影特性，先求出点 G 的水平投影 (g)，再由 (g') 和 (g) 求出侧面投影 (g'')。

2. 圆锥体

圆锥体是由圆锥面和底面所围成的。圆锥面可看作由一条直母线与它斜交的轴线回转而成。图 2-29 所示为轴线垂直于 H 面时圆锥的直观图和投影图。

（1）投影分析

① 俯视图：圆面为圆锥底圆平面的显实性投影，也为锥面的类似性投影；圆周为底圆圆周的显实性投影。竖直的对称线可看为圆锥左、右分界面的积聚投影，水平的对称线可看为圆锥前、后分界面的积聚投影。

② 主视图：三角形左、右两边代表圆锥最左、最右两条轮廓素线的投影，底边代表底圆平面的积聚性投影，三角形线框所围平面代表前、后两半圆锥面的重合投影，对称线可看为圆锥左、右分界面的积聚投影。

③ 左视图：三角形左、右两边代表圆锥最后、最前两条轮廓素线的投影，底边代表底圆

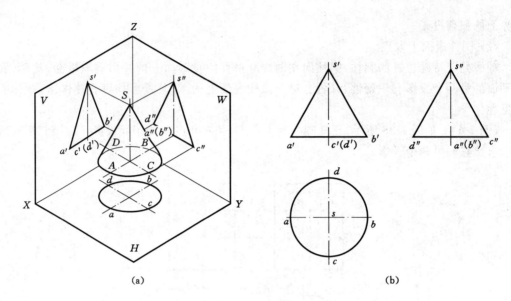

图 2-29　圆锥的视图及其分析

平面的积聚性投影，三角形线框所围平面代表左、右两半圆锥面的重合投影，对称线可看为圆锥前、后分界面的积聚投影。

（2）圆锥表面上取点

由于圆锥面的各个投影都没有积聚性，因此要在圆锥锥面上取点，必须用辅助线法作图。圆锥底面的两个投影具有积极性，其投影可直接作图。

如果点所在的表面其投影可见，则点的相应投影也可见；反之，不可见。

【例 2-7】　如图 2-30 所示，已知圆锥面上 K 点正面投影 k'，求作其余两面的投影 k 和 k''。

分析：根据 k' 的位置及可见性，可判断 K 点位于左、前圆锥面上，可利用辅助线法求其投影。

作图：

① 辅助素线法：如图 2-30（a）、（b）所示，过锥顶 S 和锥面上 K 点作一条直线 SA，作出其水平投影 sa，即可求出 K 点的水平投影 k，再根据 k' 和 k 求得 k''。

由于圆锥面的水平投影均是可见的，故 k 点也是可见的。因 K 点位于圆锥面的左半部分，所以 k'' 点也是可见的。

② 辅助圆法：如图 2-30（c）、（d）所示，在圆锥面上过 K 点作一垂直于轴线的圆，则 K 点的各个投影必在此圆的相应投影上，利用点和圆的从属关系，即可求得点 k、k''。

3. 圆球体

圆球面是由半圆（称为曲母线）绕它的直径（称为轴线）旋转一周所形成的，而圆球体（简称球体）是由完全封闭的圆球面围成的。在曲母线绕轴线旋转的过程中，属于圆球面的一系列半圆统称为素线。如图 2-31 所示。

（1）投影分析

如图 2-31（a）所示为圆球体三面投影的空间状况。

如图 2-31（b）所示为该圆球体的三面投影图，球体的三个投影均为直径相等的圆。正

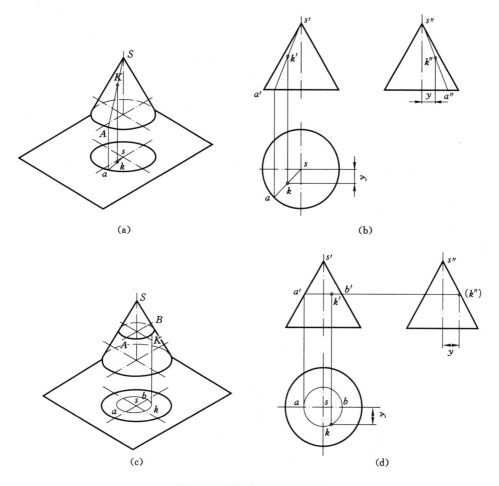

图 2-30 圆锥表面上点的求法

（a）辅助素线法；（b）作辅助素线求点 K 的投影；（c）辅助圆法；（d）作辅助圆求点 K 的投影

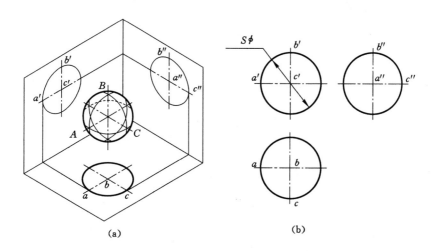

图 2-31 圆球体的投影

面投影中的圆是球体平行于 V 面的最大圆的投影,是前半球和后半球的分界圆(称为圆球对 V 面的转向轮廓线),该圆在其他两投影面的投影和中心线重合,如该圆上点 A、B 的正面投影在圆的轮廓线上,两点的水平和侧面投影均在轴线上。水平投影中的圆是球体平行于 H 面的最大圆(赤道圆)的投影,是上半球和下半球的分界圆(称为圆球对 H 面的转向轮廓线),同样该圆在其他两投影面的投影和中心线重合,如该圆上点 A、C 的水平投影在圆的轮廓线上,而其正面和侧面投影均在轴线上。侧面投影中的圆是球体平行于 W 面的最大圆的投影,是左半球和右半球的分界圆(称为圆球对 W 面的转向轮廓线),同样该圆在其他两投影面的投影和中心线重合,如该圆上点 B、C 的侧面投影在圆的轮廓线上,而水平和侧面投影均在轴线上。

(2)圆球表面上取点

由于圆球的三个投影均无积聚性,所以在圆球表面上取点,除属于转向轮廓线上的特殊点可直接求出之外,其余一般位置点都需要作辅助圆作图,并标明可见性。

【例 2-8】 如图 2-32 所示,已知圆球表面上点 E、F、G 的正面投影 e'、f'、(g'),试求出另两个投影。

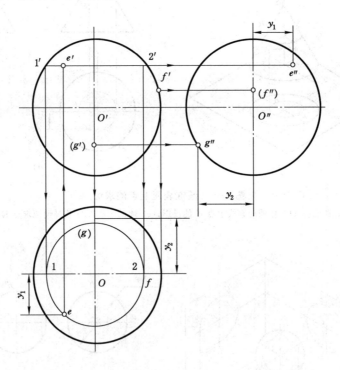

图 2-32 圆球表面上点的求法

作图:

① 求 e、e''。由于 e' 是可见的,且为前半个圆球面上的一般位置点,故可作纬圆(正平圆、水平圆或侧平圆)求解。如过 e' 作水平线(纬圆)与圆球正面投影(圆)交于 $1'$、$2'$,以 $1'2'$ 为直径在水平投影上作水平圆,则点 E 的水平投影 e 在该纬圆的水平投影上,再由 e、e' 求出 e''。因点 E 位于上半个圆球面上,故 e 为可见,又因为 E 在左半个圆球面上,故 e'' 也为可见。

② 求 f、f'' 和 g、g''。由于点 F、G 是圆球面上特殊位置的点,故可直接作图求出。由于 f' 可见,且在圆球正转向轮廓线的正面投影(圆)上,故水平投影 f 在水平对称中心线上,侧面投影(f'')在垂直对称中心线上。因点 F 在上半球面上,故 f 为可见。又因点 F 在右半球面上,故(f'')为不可见。由于(g')为不可见,且在垂直对称中心线上,故点 G 在后半球面的侧视转向轮廓线上,可由(g')先求出 g'',为可见;再求出(g),为不可见。

第三章　组合体的三视图

【知识要点】　形体分析法,组合形式及表面关系,截交线及其画法,相贯线及其画法,组合体视图选择及画法步骤,基本形体和组合体的尺寸标注,看组合体视图的方法和步骤,补画视图。

【技能要求】　绘制基本几何体的截交线和圆柱的相贯线,根据实物或轴测图绘制组合体三视图,标注基本形体和组合体的尺寸,补画组合体的视图或视图中的漏线。

第一节　组合体的形体分析

任何复杂的物体,从形体角度看,都可认为是由若干基本形体(如柱、锥、球体等)按一定的连接方式组合而成的。由两个或两个以上基本形体组成的物体,称为组合体。

一、形体分析法

如图 3-1(a)所示的轴承座,可看成是由两个尺寸不同的四棱柱和一个半圆柱叠加起来后,再切去一个较大圆柱体和两个小圆柱体而成的组合体。

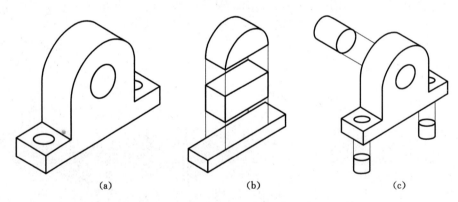

(a)　　　　　　　　　　(b)　　　　　　　　　　(c)

图 3-1　轴承座的形体分析

画组合体的三视图时,就可以采用"先分后合"的方法,即先假想将组合体分解成若干个基本形体,然后按其相对位置逐个画出各基本形体的投影,综合起来即得到整个组合体的视图。通过分析,将物体分解成若干个基本形体,并搞清楚它们之间相对位置和组合形式的方法,称为形体分析法。

二、组合体的组合形式

组合体的组合形式,可粗略地分为叠加型、切割型和综合型三种。讨论组合体的组合形式,关键是要搞清楚相邻两形体的接合形式,以利于分析接合处分界线的投影。

1. 叠加型

叠加型是两种形体组合的基本形式,按照形体表面结合的方式不同,又可细分为共面、相切、相交和相贯等几种形式。

（1）共面与非共面

如图 3-2 所示，当两形体的邻接表面不共面时，在两形体的连接处应有交线；如图 3-3 所示，当两形体的邻接表面共面时，在共面处没有交线，如图 3-3（b）所示。

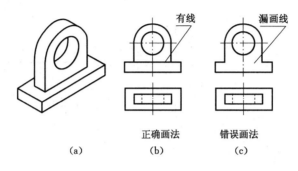

图 3-2　两形体非共面的画法

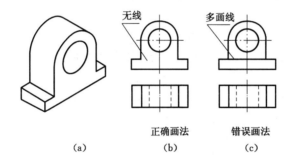

图 3-3　两形体共面的画法

（2）相切

图 3-4（a）中的组合体由耳板和圆筒组成。耳板前、后两平面与圆柱左前、左后圆柱面光滑连接，即相切。在水平投影中，表现为直线和圆弧相切。在其正面和侧面投影中，相切处不画线，耳板上表面的投影只画至切点处，如图 3-4（b）所示。

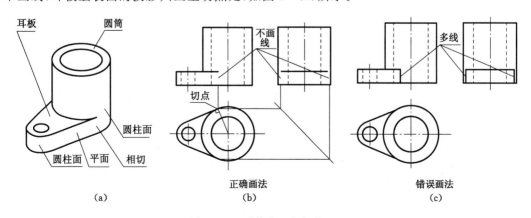

图 3-4　两形体表面相切的画法

（3）相交

图 3-5(a)中的组合体也由耳板和圆筒组成,但耳板前后两平面平行,与圆柱柱面相交。在水平投影中,表现为直线和圆弧相交。在其正面和侧面投影中,应画出交线,如图3-5(b)所示。

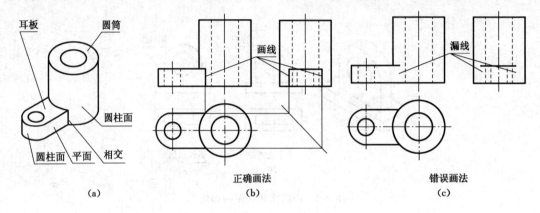

（a）　　　　正确画法　　　　错误画法
　　　　　　　（b）　　　　　　（c）

图 3-5　两形体表面相交的画法

（4）相贯

两回转体的表面相交称为相贯,相交处的交线称为相贯线,如图 3-6(a)所示。

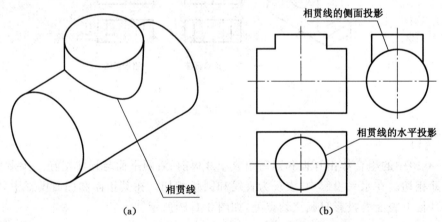

（a）　　　　　　　　　（b）

图 3-6　两圆柱直径正交时的相贯线

可采用简化画法作出相贯线的投影,画法如图 3-7 所示：

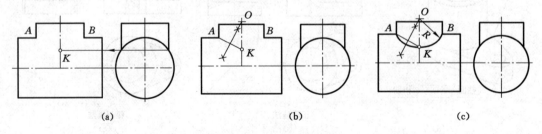

（a）　　　　　　　（b）　　　　　　　（c）

图 3-7　相贯线的简化画法

① 求出相贯线的最低点 K,如图 3-7(a)所示。

② 作 AK 的垂直平分线与小圆柱轴线相交,得到点 O,如图 3-7(b)所示。

③ 以点 O 为圆心,OA 长为半径画出圆弧即为所求,如图 3-7(c)所示。

2. 切割型

对于不完整的形体,以采用切割的概念对其进行分析为宜,如图 3-8(a)所示的物体,可看成是长方体经切割而形成的。画图时,可先画出完整长方体的三视图,然后再逐个画出被切割部分的投影,如图 3-8(b)所示。

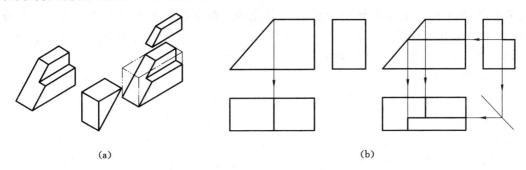

| (a) | (b) |

图 3-8 切割型组合体的画法

(a) 切割型组合体的形成;(b) 画出被切部分的投影

3. 综合型

大部分组合体既有叠加又有切割,属综合型。画图时,一般可先画叠加各形体的投影,再画被切各形体的投影。如图 3-9(a)所示的组合体,就是按底板、四棱柱叠加后,再切掉两个 U 形柱、半圆柱和一个小圆柱的顺序画出的,具体如图 3-9(b)～(f)所示。

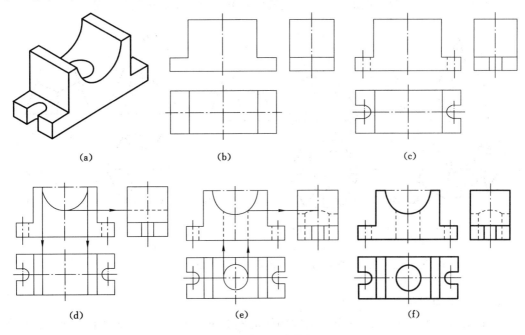

图 3-9 综合型组合体的画法

第二节　基本几何体表面交线

在机械零件(或工程设施)上常见到一些交线。在这些交线中,有的是平面与立体表面相交而产生的交线(截交线),有的是两立体表面相交而形成的交线(相贯线)。

一、截交线

当立体被平面截断成两部分时,其中任何一部分均称为截断体,用来截切立体的平面称为截平面,截平面与立体表面的交线称为截交线。截交线具有两个基本性质:① 共有性——截交线是截平面与立体表面的共有线;② 封闭性——由于任何立体都有一定的范围,所以截交线一定是闭合的平面图形。

1. 平面切割棱锥

【例 3-1】 求作图 3-10(a)所示的正六棱锥截交线的投影。

分析:由图 3-10(a)中可见,正六棱锥被正垂面 P 截切,截交线是六边形,六个顶点分别是截平面与六条棱的交点。由此可见,平面立体的截交线是多边形;多边形的每一条边是截平面与平面立体各棱面的交线;多边形的各个顶点就是截平面与平面立体棱线的交点。求平面立体的截交线,实质上就是求截平面与各被截棱线交点的投影。

作图:

(1) 利用截平面的积聚性投影,先找出截交线各顶点的正面投影 a'、b'、c'、d'(B、C 各为前后对称的两个点);再依据直线上点的投影特性,求出各顶点的水平投影 a、b、c、d 及侧面投影 a''、b''、c''、d'',如图 3-10(b)所示。

(2) 依次连接各顶点的同面投影,即为截交线的投影,如图 3-10(c)所示。

最后成图时,要注意检查正六棱锥右边棱线在侧面投影中的可见性问题。

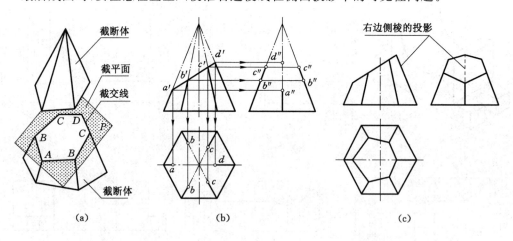

图 3-10　正六棱锥截交线的画法

2. 平面截切圆柱

平面截切圆柱时,根据截平面与圆柱轴线的相对位置的不同,截交线有三种不同的形状,见表 3-1。

表 3-1   平面与圆柱相交

类型	截平面与轴线平行	截平面与轴线垂直	截平面与轴线倾斜
立体图			
投影图			
截交线的形状	截交线为矩形	截交线为圆	截交线为椭圆

【例 3-2】 补全图 3-11(a)所示的开槽圆柱的三视图。

分析:由图 3-11(b)可见,开槽部分是由两个侧平面和一个水平面截切而成的,圆柱面上的截交线都分别位于被切出的各个平面上。由于这些面均为投影面平行面,其投影具有积聚性或显实性,故截交线的投影应依附于这些面的投影,不需另行求出。

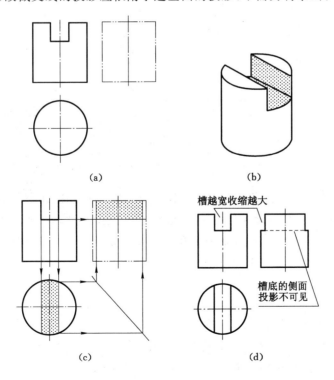

(a)   (b)

(c)   (d)

图 3-11   开槽圆柱三视图的画法

作图：

（1）先画出完整圆柱的三视图。再按槽宽、槽深依次画出正面和水平面投影，如图 3-11（c）所示。

（2）再依据直线、平面的投影规律求出侧面投影，并判断可见性，如图 3-11（d）所示。

需要注意的是：① 左视图中开槽部位以上的左、右外形轮廓线不是圆柱最前、最后轮廓素线；② 左视图中槽底平面的侧面投影积聚为一直线，中间部分不可见。

3．平面截切圆锥

平面截切圆锥时，根据截平面与圆锥轴线相对位置的不同，其截交线有五种不同的形状，见表 3-2。

表 3-2　　　　　　　　　平面与圆锥相交

类型	截平面垂直于轴线	截平面倾斜于轴线	截平面平行于一条素线	截平面平行于轴线（平行于两条素线）	截平面通过锥顶
立体图					
投影图					
截交线的形状	截交线为圆	截交线为椭圆	截交线为抛物线	截交线为双曲线	截交线为两素线

【例 3-3】　如图 3-12（a）所示，圆锥被倾斜于轴线的平面截切，求圆锥的截交线。

分析：如图 3-12（b）所示，截交线上任一点 M 可看成是圆锥表面某一素线 SI 与截平面 P 的交点。因 M 点在素线 SI 上，故 M 点的三面投影分别在素线的同面投影上。由于截平面 P 为正垂面，截交线的正面投影积聚成一直线，故只需求作截交线的水平投影和侧面投影。

作图：

（1）求特殊位置点。C 为最高点，根据 c' 可作出 c 及 c''；A 为最低点，根据 a' 可作出 a 及 a''；B 为最前、最后点（前后对称点），根据 b' 可作出 b''，进而求出 b。如图 3-12（c）所示。

（2）求一般位置点。作辅助素线 $s'1'$ 与截交线的正面投影相交，得 m'，求出辅助素线的其余两投影 $s1$ 及 $s''1''$，进而求出 m 和 m''。如图 3-12（d）所示。

（3）擦去多余图线，将各点依次连接成光滑的曲线，即得到截交线的水平投影和侧面投

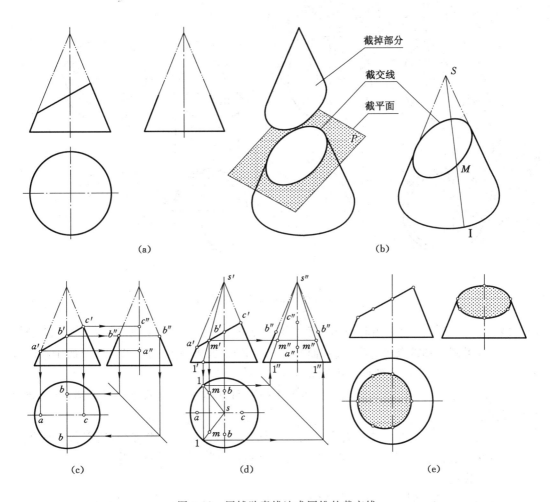

图 3-12 用辅助素线法求圆锥的截交线

影。如图 3-12(e)所示。

4. 平面截切圆球

平面与球面相交,不管截平面的位置如何,其截交线的形状均为圆。但截交线的投影可分为三种情况:

(1)当截平面平行于投影面时,截交线在该投影面上的投影反映圆的实形,其余投影积聚为直线。

(2)当截平面垂直于投影面时,截交线在该投影面上具有积聚性,其他两投影为椭圆。

(3)截平面为一般位置时,截交线的三个投影都是椭圆。

【例 3-4】 补全平面截切圆球的三视图,如图 3-13 所示。

分析:如图 3-13 所示,圆球被一个正垂面截切,截交线在其垂直的投影面上的投影积聚为直线,而其余两个投影均为椭圆。

作图:

(1)求特殊位置点。点Ⅰ、Ⅱ、Ⅴ、Ⅵ、Ⅶ、Ⅷ分别是圆球三个方向轮廓素线圆上的点。其中点Ⅰ、Ⅱ是最高、最低点,同时也是最右、最左点。根据点Ⅰ、Ⅱ、Ⅴ、Ⅵ、Ⅶ、Ⅷ的正面投

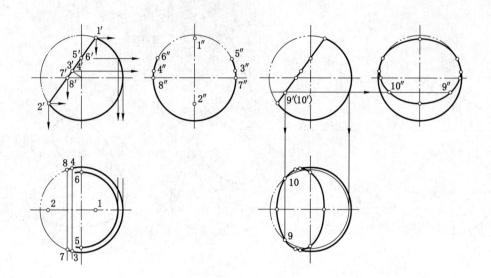

图 3-13　求平面截切圆球的截交线

影 1′、2′、5′、6′、7′、8′,可求出相应的水平投影 1、2、5、6、7、8 及侧面投影 1″、2″、5″、6″、7″、8″。

（2）求椭圆长轴端点Ⅲ、Ⅳ。其正面投影 3′、（4′）积聚成一点,位于直线 1′2′的中点。可通过 3′4′作水平圆,求其余两面的投影 3、4 和 3″、4″。

（3）求一般位置点。在圆球的正面投影上任取两点,再通过这两点作水平圆,求其余两面的投影。

（4）判断可见性并光滑连接各点。由于被切去的是圆球的左上部分,所以截交线的水平投影和侧面投影都可见。依次连接各点的同面投影,即得截交线的投影。

二、相贯线

两立体表面相交时产生的交线,称为相贯线。相贯线具有以下基本性质:

（1）共有性。相贯线是两个回转体表面的共有线,也是两回转体表面的分界线,所以相贯线上的所有点都是两回转体表面上的共有点。

（2）封闭性。相贯线一般为封闭的空间曲线,在特殊情况下,相贯线是平面曲线或直线。

【例 3-5】　如图 3-14 所示,求作两圆柱正交的相贯线。

分析:相贯线的水平投影和侧面投影已知,可利用表面取点法求共有点。

作图:

① 求出相贯线上的特殊点 A、B、C、D 的投影。

② 求出若干个一般点Ⅰ、Ⅱ等的投影。

③ 光滑且顺次地连接各点,作出相贯线,并且判别可见性。

④ 整理轮廓线。

在一般情况下,两回转体的相贯线是空间曲线。但在特殊情况下,也可能是平面曲线或直线,如图 3-15 所示。

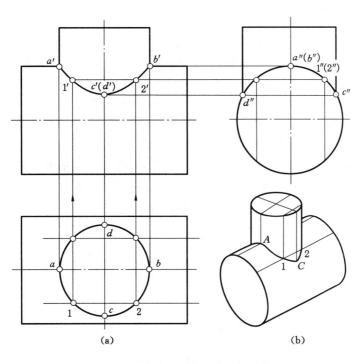

图 3-14 求作两圆柱正交的相贯线

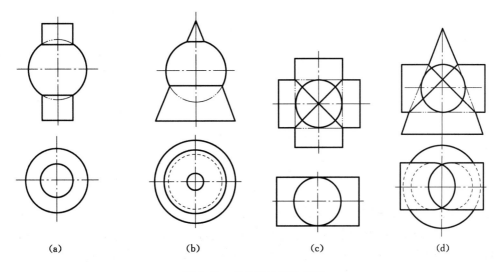

图 3-15 相贯线的特殊情况

第三节 组合体视图的画法

形体分析法是复杂形体简单化的一种思维方法。因此,画组合体视图一般采用形体分析法。下面结合图例,具体说明利用形体分析法绘制组合体视图的方法和步骤。

一、形体分析

看到组合体实物（或轴测图）后，首先应对它进行形体分析，要搞清楚它的前后、左右和上下等六个面的形状，并根据其结构特点，想一想大致可以分成几个组成部分，各部分之间的相对位置关系如何，是什么样的组合形式，等等，以便为后面的工作做准备。

图 3-16 所示的轴承座由凸台、圆筒、支承板、加强肋板和底板等组成。圆柱和凸台的内、外表面都有相贯线，圆柱的外圆柱以曲面与加强肋板、支承板的顶面相接，它们的左、右端面都不平齐；支承板的前、后两侧面与圆筒的外圆柱面相切，与底板的前、后两侧面都相交；加强肋板的前、后两侧面与圆筒的外圆柱面相交；支承板的右面和底板的右面平齐。轴承座在宽度方向上具有前、后对称面，组成轴承座的五个部分在宽度方向上都处于居中位置。底板上的前、后两个圆柱孔及两个与圆柱通孔同轴线的四分之一圆柱面在轴承座宽度方向上处于对称位置。

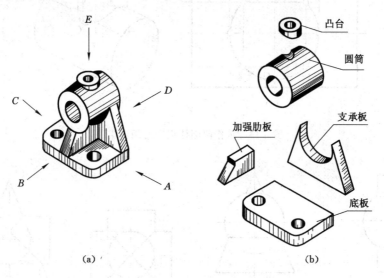

图 3-16　轴承座的形体分析

二、视图选择

1. 主视图的选择

主视图是组合体视图中最主要的视图，要能较多地反映各组成部分的形状特点和相互位置关系，并且三视图各视图中的虚线要尽可能少。选择主视图就是确定主视图的投射方向和相对于投影面的位置问题。主视图投影方向的比较如图 3-17 所示。

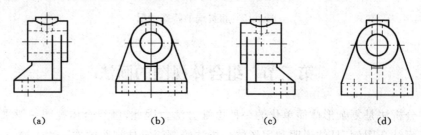

图 3-17　主视图投影方向的比较

2. 确定视图数量

在组合体形状表达完整、清晰的前提下,其视图数量越少越好。从图 3-16(a)和图 3-18 可以看出,该组合体(轴承座)以投射方向 A 所画出的视图作为主视图,并按其工作位置安放较好。同时也要兼顾使其他视图上的虚线少,如果取图 3-16 中的投射方向 C 为主视图的投射方向,就会使左视图上的虚线增多。因此,最后确定的三视图如图 3-18 所示。

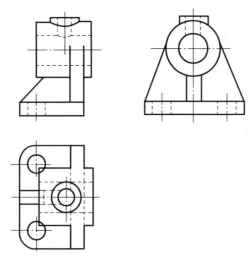

图 3-18　轴承座三视图

三、画图的方法与步骤

首先根据组合体的大小,选比例、定图幅、考虑标注尺寸所需的位置,均匀地布置视图。

1. 画作图基准线

通常选择组合体上的主要对称平面、底面(上或下)、端面(左、右、后、前)、回转轴线的投影,作为画各视图的基准线。

2. 画各个基本形体的三视图

通常是先画外部较大的、整体叠加组合的基本形体,后画内部较小的、细部切割组合的基本形体。在画每一基本形体的三视图时,必须画完一个基本形体的三视图后,才能画下一个基本形体。为提高作图的准确性和效率,一般应先画投影为圆的视图,后画与其对应的非圆的视图。

3. 检查加深

完成底稿图时,特别要注意检查各基本形体表面间的连接、相交、相切等处的合理性,是否符合投影原则,经全面检查、修改,确定无误后,擦去多余底稿图线,然后方可加深成图。

【例 3-6】　绘制如图 3-19(a)所示组合体的三视图。

分析:该组合体是由底板、正立板和右侧立板叠加而成的。四棱柱与半圆柱组合的正立板叠加在四棱柱底板上面,它们的左、右、后表面都平齐,它们的右表面与叠加在四棱柱底板上的直角梯形四棱柱右底面也都平齐,直角梯形四棱柱最前棱面与四棱柱底板的前表面平齐,正立板上切割一个小圆柱孔,组合体的整体在三个方向上都不具有对称面。如图 3-19(a)中所示的箭头 A 所指的方向反映组合体的形状及其基本形体的相互位置特征最多,故选箭头 A 所指的方向为主视图的投射方向。

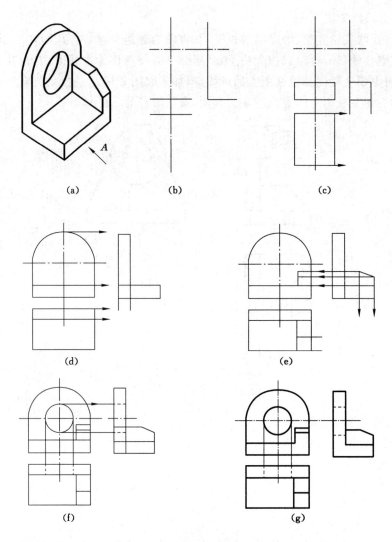

图 3-19　组合体的画图步骤举例

（a）形体分析；（b）画基准线、轴线和对称中心线；（c）画底板；（d）画正立板；

（e）画侧立板；（f）画圆柱孔；（g）检查后加深

作图：

具体作图步骤详见图 3-19（b）～（g）。

第四节　组合体的尺寸标注

视图只能表达组合体的结构和形状，而要表示它的大小，则需要完整、正确、清晰地标注尺寸。

一、基本形体的尺寸标注

为了掌握组合体的尺寸标注，必须先熟悉基本形体的尺寸标注方法。标注基本形体的尺寸时，一般要注出长、宽、高三个方向的尺寸。

对于回转体的直径尺寸,尽量标注在非圆视图上。圆柱、圆锥、圆台、圆球用一个视图即可,如图 3-20 所示。

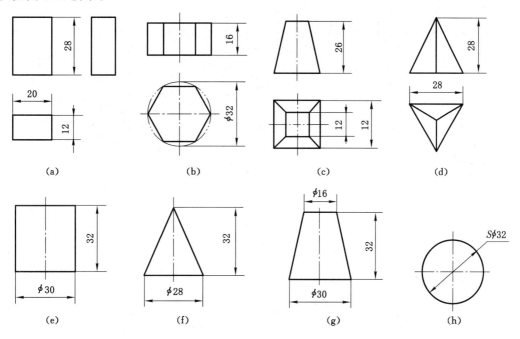

图 3-20 基本形体的尺寸标注

(a)正四棱柱;(b)正六棱柱;(c)正四棱台;(d)正三棱锥;(e)圆柱;(f)圆锥;(g)圆台;(h)圆球

二、组合体的尺寸标注

1. 尺寸种类

在组合体视图上,一般需标注以下几类尺寸:

(1)定形尺寸:确定组合体各组成部分的长、宽、高三个方向的大小尺寸。

(2)定位尺寸:确定组合体各组成部分相对位置的尺寸。

(3)总体尺寸:确定组合体外形的总长、总宽、总高尺寸。

2. 组合体尺寸标注的方法和步骤

组合体是由一些基本形体按一定的连接关系组合而成的。因此,在标注组合体的尺寸时,仍然运用形体分析法。下面以支架(图 3-21)为例,说明标注组合体尺寸的方法和步骤。

(1)标注定形尺寸。按形体分析法将组合体分解为若干个组成部分,然后逐个注出各组成部分所必需的尺寸。通过分析,可将支架分解成四个部分,即圆筒、底板、支承板和肋板,分别标出圆筒、底板、支承板和肋板所必需的尺寸。如确定空心圆柱的大小,应标注外径 $\phi42$、孔径 $\phi24$ 和长度 48 这三个尺寸,如图 3-21(a)所示。

(2)标注定位尺寸。标注定位尺寸时,必须选择好尺寸基准。用以确定尺寸位置所依据的一些面、线或点称为尺寸基准。组合体有长、宽、高三个方向的尺寸,每个方向至少有一个尺寸基准,以它来确定基本形体在该方向的相对位置。标注尺寸时,通常以组合体的底面、端面、对称面、回转体轴线等作为尺寸基准。支架的尺寸基准是:以左、右对称面为长度方向的基准;以底板和支承板的后表面作为宽度方向的基准;以底板的底面作为高度方向的

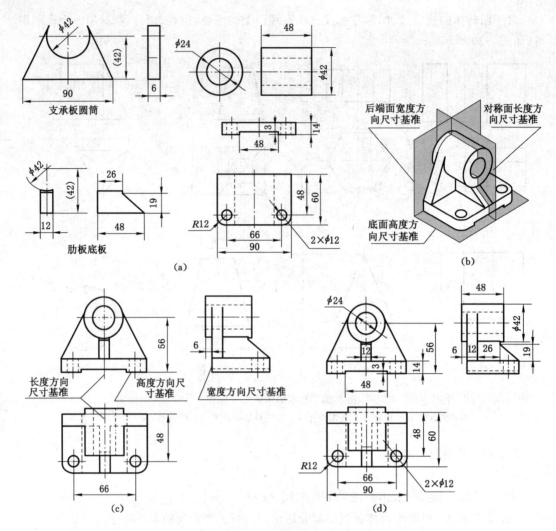

图 3-21　支架的尺寸标注

(a) 标注定形尺寸；(b) 选定尺寸基准；(c) 标注定位尺寸；(d) 标注总体尺寸

基准，如图 3-21(b) 所示。

根据尺寸基准，标注各组成部分相对位置的定位尺寸，如图 3-21(c) 所示。

(3) 标注总体尺寸。底板的长度 90 即为支架的总长；总宽由底板宽 60 和空心圆柱向后伸出的长 6 决定；总高由空心圆柱轴线高 56 加上空心圆柱外圆半径决定，如图 3-21(d) 所示。

一般而言，当组合体的一端或两端为回转体时，总体尺寸标注至轴线，否则会出现重复尺寸。如图 3-21(d) 中支架的总高度不能标注成 77。

3. 标注尺寸的注意事项

仍以图 3-21 为例，为了将尺寸标注清晰，应注意以下几点：

(1) 尺寸尽可能标注在表达形体特征最明显的视图上。如底板的高度 14 注在主视图上比注在左视图上要好；圆筒的定位尺寸 6 注在左视图上比注在俯视图上要好；底板上两圆孔的定位尺寸 66、48 注在俯视图上则比较明显。

(2) 同一形体的尺寸应尽量集中标注。如底板上两圆孔 2×φ12 和定位尺寸 66、48，就集中注在俯视图上,便于看图时查找。

(3) 直径尺寸尽量注在非圆视图上,如圆筒的孔径 $\phi 42$ 注在左视图上。圆弧的半径必须注在投影为圆的视图上,如底板上的圆角半径 $R12$。

(4) 尺寸尽量不在细虚线上标注。如圆筒的孔径 $\phi 24$,注在主视图上是为了避免在细虚线上标注尺寸。

(5) 尺寸应尽量注在视图外部,避免尺寸线、尺寸界线与轮廓线相交,以保持图形清晰。

(6) 标注时,应大尺寸在外、小尺寸在内。如俯视图中长度方向尺寸 90 和 66,宽度方向尺寸 60 和 48。

三、组合体常见结构的尺寸标注

组合体常见结构的尺寸标注如图 3-22 所示。

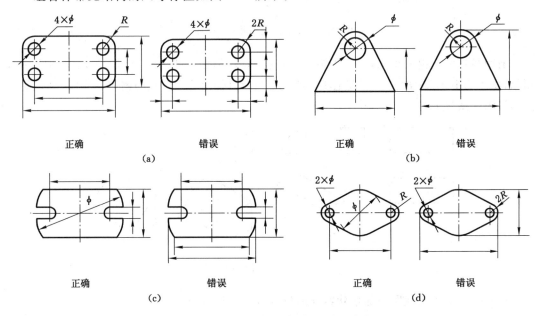

图 3-22　组合体常见结构的尺寸注法

第五节　看组合体视图的方法

画图,是将物体画成视图来表达其形状;看图,是依据视图想象出物体的形状,后者的难度要更大一些。为了能看懂视图,必须掌握看图的基本要领和基本方法,并通过反复实践,培养空间想象能力,不断提高自己的看图能力。

一、看图的基本要领

1. 熟悉常见基本体的三视图特征

一个形状复杂的组合体总可以分解为若干个基本体。因此,熟悉常见基本体的投影特征,就能较快地看懂视图。

2. 将几个视图联系起来看

通常一个视图不能确定物体的形状,因此,看图时必须把几个视图联系起来看。如图

3-23 所示,物体的俯视图相同,但主视图不同,把主、俯视图联系起来看,便可想象出不同的形状。

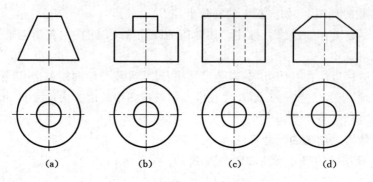

图 3-23　几个俯视图相同的物体

　　有时虽然两个视图相同,但由于视图的选择不当,仍然不能确定物体的形状。如图 3-24 所示,物体的主、俯视图相同,但配上不同的左视图就可得出不同形状的物体。所以,此时要将三个视图联系起来看。

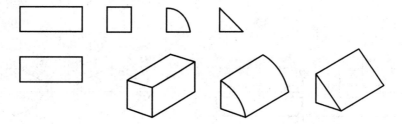

图 3-24　几个主、俯视图相同的物体

　　(1) 要善于抓住视图中的形状特征和位置特征进行分析

　　如图 3-25 所示,如果只看主、俯视图,若要判断Ⅰ与Ⅱ部分的前后关系,是无法确定的,可能是图 3-25(b)或图 3-25(c)所示的形体。左视图是反映形体上Ⅰ与Ⅱ位置关系最明显的视图,只要把主、左视图联系起来看,就可以想象出Ⅱ是否挖去、Ⅰ是否凸出来。所以,左视图是反映位置特征的视图。

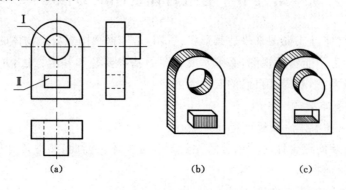

图 3-25　位置特征分析

（2）要善于分析视图中的图线和线框的含义

① 视图中的每一封闭线框的含义：一个封闭线框表示物体的一个面，如图 3-26 中线框 2 表示平面，线框 1 表示曲面；相邻两个封闭线框表示物体上位置不同的两个面，如图 3-26 中主视图的线框 1 和 2；一个大封闭线框内包含小线框表示在大平面体（或曲面体）上凸出或凹下小平面体（或曲面体），如图 3-26 中的俯视图。

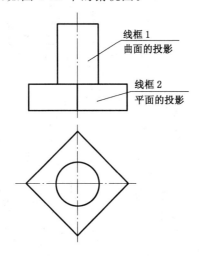

图 3-26 线框的含义

② 视图中每一图线的含义可能是：垂直面积聚性投影、两表面的交线或曲面的转向轮廓线，如图 3-27 所示。

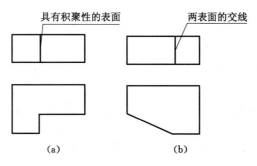

图 3-27 图线的含义

二、看图的方法和步骤

1. 形体分析法

形体分析法是看图的基本方法，尤其适用于叠加型组合体，现以图 3-28 的轴承座为例，说明叠加型组合体看图的步骤。

（1）看视图，明关系

如图 3-28（a）所示，从主、俯视图可以看出，这个轴承座是左右对称的。

① 对线框，分部分

根据视图上的封闭线框，尤其是具有形状特征的线框，把组合体分为几个部分。如图 3-28（a）所示，主视图上有Ⅰ、Ⅱ两个封闭的实线线框，其具有形状特征，左视图上的Ⅲ线框

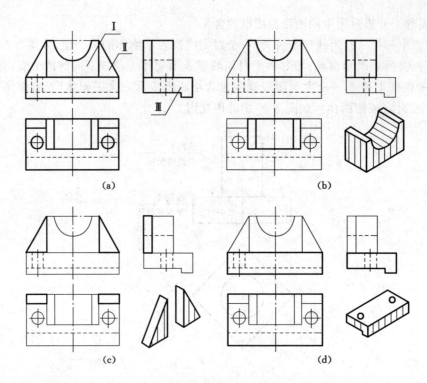

图 3-28　用形体分析法看图

具有形状特征,再对应其他视图可将该轴承座分为三部分。

② 对投影,想形体

根据一个具有形状特征的线框,找出另两个视图上的相应投影,想象出该部分的空间形状。Ⅰ、Ⅱ形体从主视图出发,形体Ⅲ从左视图出发,根据"三等"规律,分别在其他视图上找出对应的投影,即可想出各组成部分的形状,如图 3-28(b)~图 3-28(d)中的立体图。

(2) 合起来,想整体

在了解各组成部分形状后,再分析各部分的相对位置、组合形式及表面连接方式,从而看懂组合体的整体形状。如图 3-29(a)所示,从俯、左视图可看出,四个简单形体后表面平齐、左右对称布置,叠加而成,整体形状如图 3-29(b)所示。

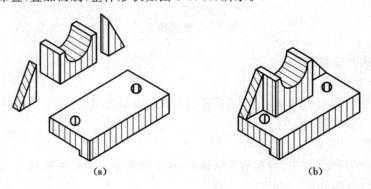

图 3-29　轴承座

2. 线面分析法

看比较复杂的物体的视图时,通常在形体分析法的基础上,对不易看懂的局部,结合线、面的投影分析,通过分析物体的表面形状、表面交线,分析物体上面和面之间的相对位置等,来帮助看懂和想象这些局部形状,这种方法称为线面分析法。看切割型的组合体视图,主要靠线、面分析法。下面以图 3-30 为例说明对切割型组合体的识图步骤。

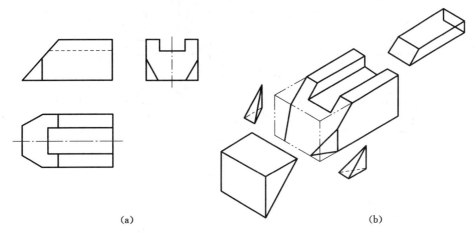

(a)　　　　　　　　　　　　　　(b)

图 3-30　切割型组合体三视图及形体分析

(1) 辨别原始形体

从图 3-30(a)三个视图的外轮廓看,除主、俯视图缺了几个角外,均属矩形。所以被切割前的原形可以认为是四棱柱(或长方体)。

(2) 分析局部形状

① 从主视图左上方缺一角看,说明四棱柱的左上方被切去一个三棱柱,如图 3-30(b)所示。

② 从俯视图的左前、左后缺一角看,说明四棱柱左边的前、后对称角各被切去一个三棱锥,如图 3-30(b)所示。

③ 从左视图的上方中间有一凹槽看,说明四棱柱上面中间部分被挖去一个四棱柱,如图 3-30(b)所示。

这样,对物体整体形状有了初步了解,但要真正看懂视图,还必须进一步作线面分析。

(3) 对线框,分析线、面形状和位置

① 如图 3-31(a)所示,从俯视图左边的十边线框 s 出发,在主视图上找到对应的斜线 s',在左视图上找出类似形十边形 s'',根据投影面垂直面的投影特性,可断定 S 面是正垂面。

② 如图 3-31(b)所示,从主视图的三角形线框 f' 出发,在俯视图上找到对应的斜线 f,在左视图上找出类似的三边形 f'',根据投影面垂直面的投影特性,可断定 F 面是铅垂面。其中,ⅠⅡ为一般位置直线,ⅠⅢ为铅垂线,ⅡⅢ为水平线。

③ 如图 3-31(c)所示,从俯视图矩形线框 u 出发,在主视图上找到对应的一直线 u',在左视图上找到对应的一直线 u'',根据投影面平行面的投影特性,可断定 U 面是水平面。

④ 如图 3-31(d)所示,从主视图的四边形线框 v' 出发,在俯视图上可找到对应的一直线 v,在左视图上找到对应的一直线 v'',根据投影面平行面的投影特性,可断定 V 面是正平面。

其中，ⅣⅤ为正平线。其余表面，不作一一分析。

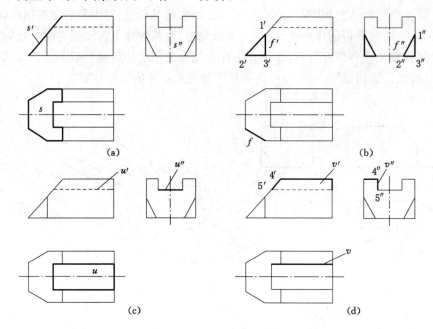

图 3-31　用线面分析法看图

（4）综合分析，想象整体形状

通过对形体的初步分析，又从投影特性进一步进行线面分析，较详细地了解三视图，这样便可综合起来想象物体的形状，如图 3-32 所示。

三、补画第三视图和漏线

补画第三视图和漏线，是培养和提高画图、识图能力的一种综合训练，也是检验看图能力的一种有效方法。

（1）补画第三视图，是根据已知正确的两个视图补画第三个视图。一般可分两步进行：一是先看懂两视图并想象出物体形状；二是根据形体分析结果，按各组成部分逐个补画三视图。画图时，先画大部分、后画小部分；先画外形、后画内部构造；先画叠加部分，后画切割部分。

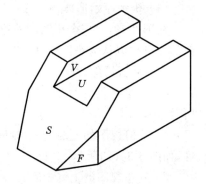

图 3-32　切割型组合体的立体图

（2）补画漏线，首先要弄清楚已知图线和线框所表达形体的确切形状，然后按照形体分析法及线面分析法逐个依投影关系补画漏线。

（3）补画完视图和漏线后，还要根据三个完整的视图去想象物体的形状，对所补画视图和漏线进行检查、验证，确认无误后，再按规定线型加深。

【例 3-7】　如图 3-33 所示，已知压板的主、俯视图，补画左视图。

分析：该压板是切割型的组合体，对照压板的主、俯视图，如图 3-33（b）中添加的双点画线所示，把这块压板看成是一个长方体，其左端被正垂面截去左上方的一块，再被两个前、后对称的铅垂面在前、后方各截去一块所形成。因为从主、俯视图可看出四棱柱的右端未被切割，故左视图的轮廓就是这个长方体的投影。

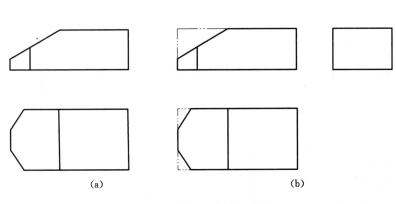

图 3-33 补画压板的左视图

(a) 已知条件；(b) 初步条件

作图：

进行线面分析，逐步画出压板的左视图。具体作图步骤如图 3-34(a)～(c)所示。经分析可见，一长方体被一正垂面和两个铅垂面所切，经过校核并按规定线型加深，就可画出左视图，如图 3-34(d)所示。

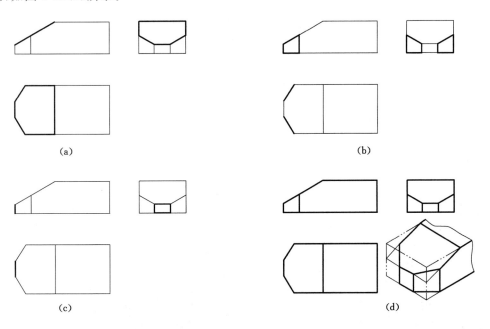

图 3-34 补压板左视图的步骤

【例 3-8】 如图 3-35 所示，已知夹头的主、俯视图，补画左视图。

分析：由夹头的主、俯视图可看出，它的原始形体是长方体。在左、右上方各被切去一角，前、后对称位置上开了一个水平方向的槽，在夹头上部左、右对称中心线的位置上钻了一个圆柱形通孔。

作图：

具体作图步骤如图 3-35(b)～(e)所示。

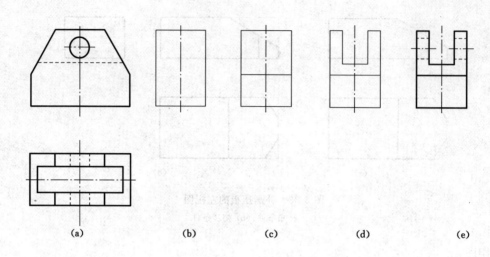

图 3-35　补画夹头的左视图

(a) 主、俯视图；(b) 画基本形体；(c) 画切去左、右上方两角后的投影；

(d) 画开方槽后的投影；(e) 画钻孔后的投影，并检查加深，即完成作图

第四章 轴 测 图

【知识要点】 轴间角,轴向伸缩系数,轴测图的投影特性,正等轴测图和斜二等轴测图的画法。
【技能要求】 根据视图绘制几何体的正等轴测图和斜二等轴测图。

第一节 轴测图的基本知识

在工程图样中,主要用视图来表达物体的形状和大小。由于视图是按正投影法绘制的,每个视图只能反映物体二维空间大小,所以缺乏立体感。轴测图是一种能同时反映物体三个方向形状的单面投影图,具有较强的立体感。但轴测图度量性差、作图复杂,因此在工程上只作为辅助图样。

一、轴测图的形成

将物体连同其参考直角坐标系,沿不平行于任一坐标面的方向,用平行投影法将其投射在单一投影面上所得到的图形,称为轴测投影,亦称轴测图。

图 4-1 表示物体的轴测投影情况,投影面 P 称为轴测投影面,其投影放正之后,即为常见的正等轴测图。由于这样的图形能同时反映出物体长、宽、高三个方向的形状,所以具有立体感。

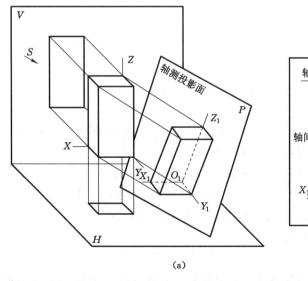
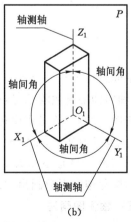

(a)   (b)

图 4-1 轴测图的形成

二、轴测图的有关术语

1. 轴测轴

空间直角坐标轴在轴测投影面上的投影,称为轴测轴。如图 4-1 中的 O_1X_1 轴、O_1Y_1 轴、

O_1Z_1 轴。

2．轴间角

在轴测图中，两轴测轴之间的夹角，称为轴间角。如图 4-1 中的 $\angle X_1O_1Y_1$、$\angle Y_1O_1Z_1$、$\angle X_1O_1Z_1$。

3．轴向伸缩系数

轴测轴上的单位长度与相应投影轴上单位长度的比值，称为轴向伸缩系数。X、Y、Z 轴的轴向伸缩系数，分别用 p、q、r 表示，即：

$$p=O_1X_1/OX; q=O_1Y_1/OY; r=O_1Z_1/OZ$$

三、轴测图的投影特性

（1）物体上与坐标轴平行的线段，在轴测图中平行于相应的轴测轴。

（2）物体上相互平行的线段，在轴测图中也互相平行。

第二节　正等轴测图

使确定物体的空间直角坐标轴对轴测投影面的倾角相等，用正投影法将物体连同其坐标轴一起投射到轴测投影面上，所得到的轴测图称为正等轴测图。

一、正等轴测图的轴间角和轴向伸缩系数

正等轴测图的轴间角相等，均为 120°。轴测轴的画法如图 4-2 所示。

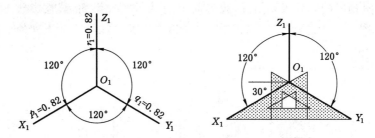

图 4-2　正等轴测图的画法

由于空间直角坐标轴与轴测投影面的倾角相同，所以它们的轴测投影的缩短程度也相同，其三个轴向伸缩系数均相等，即 $p=q=r=0.82$。

为了作图方便，一般采用简化伸缩系数，即 $p=q=r=1$。在作图时，所有与坐标轴平行的线段，其长度都取实长，不需换算。但这样画出的图形，其轴向尺寸均比原来的图形放大 $1/0.82\approx1.22$ 倍。图形虽然大了一些，但形状和直观性都没发生变化，如图 4-3(c)所示，此图就是采用简化伸缩系数画出的。

二、正等轴测图画法

画轴测图时，应用粗实线画出物体的可见轮廓。一般情况下，在轴测图中表示不可见轮廓的细虚线省略不画。必要时，用细虚线画出物体的不可见轮廓。

绘制轴测图的常用方法是坐标法。作图时，首先定出空间直角坐标系，画出轴测轴；再按立体表面上各顶点和线段的端点坐标，画出其轴测图；最后分别连线，完成整个轴测图。为简化作图步骤，要充分利用轴测图平行性的投影特性。

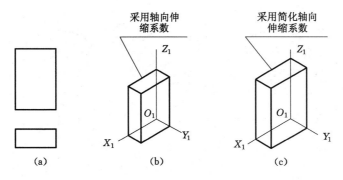

图 4-3　两种正等轴测图的比较

(a) 视图；(b) 正等轴测图；(c) 正等轴测图

【例 4-1】　根据图 4-4(a)所示的正六棱柱的两视图，画出其正等轴测图。

分析：由于正六棱柱前后、左右对称，故选择顶面的中点作为坐标原点，棱柱的轴线作为 Z 轴，顶面的两条对称中心线作为 X、Y 轴，如图 4-4(a)所示。用坐标法从顶面开始作图，可直接作出顶面六边形各顶点的坐标。

作图：

(1) 画出轴测轴，定出 1、2、3、4 点；通过 1、2 点，作 X 轴的平行线，如图 4-4(b)所示。

(2) 在过 1、2 点的平行线上，确定 m、n 点，连接各顶点得到六边形的正等轴测图，如图 4-4(b)所示。

(3) 过六边形的各顶点，向下作 Z 轴的平行线，并在其上截取高度 h，画出底面上可见的各条边，如图 4-4(b)所示。

(4) 擦去作图线并描深，完成正六棱柱的正等轴测图，如图 4-4(c)所示。

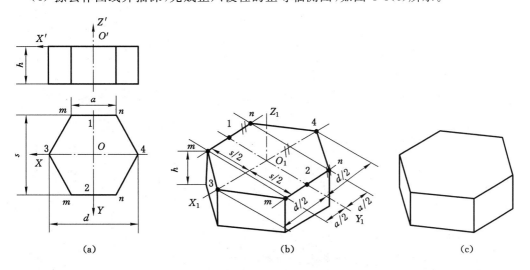

图 4-4　正六棱柱正等轴测图的作图步骤

【例 4-2】　根据图 4-5(a)所示的圆柱的视图，画出其正等轴测图。

分析：圆柱轴线垂直于水平面，其上、下底两个圆与水平面平行（即椭圆长轴垂直 Z_1 轴）且大小相等。可根据直径 d 和高度 h 作出大小完全相同、中心距为 h 的两个椭圆，然后作出

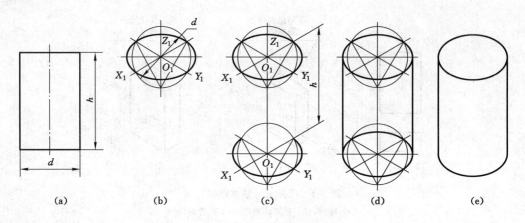

图 4-5　圆柱的正等轴测图画法

两个椭圆的公切线即可。

作图：

（1）用四心法或同心圆法，画出上底圆的正等轴测图，如图 4-5（b）所示。

（2）向下量取圆柱的高度 h，画出下底圆的正等轴测图，如图 4-5（c）所示。

（3）分别作两椭圆的公切线，如图 4-5（d）所示。

（4）擦去作图线并描深，完成圆柱的正等轴测图，如图 4-5（e）所示。

【例 4-3】 根据图 4-6（a）所示的带圆角平板的两视图，画出其正等轴测图。

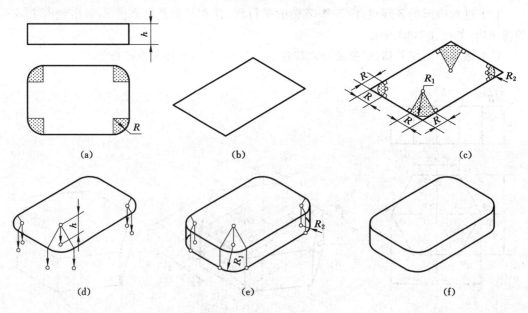

图 4-6　带圆角平板的正等轴测图画法

作图：

（1）首先画出平板上表面（矩形）的正等轴测图，如图 4-6（b）所示。

（2）沿棱线分别量取 R，确定圆弧与棱线的切点；过切点作棱线的垂线，垂线与垂线的交点即为圆心，圆心到切点的距离即连接弧半径 R_1 和 R_2；分别画出连接弧，如图 4-6（c）

所示。

（3）分别将圆心和切点向下平移 h（板厚），如图 4-6(d)所示。

（4）画出平板下表面（矩形）和相应圆弧的正等轴测图,作出左、右两段小圆弧的公切线,如图 4-6(e)所示。

（5）擦去作图线并描深,完成带圆角平板的正等轴测图,如图 4-6(f)所示。

【例 4-4】　根据图 4-7(a)所示的组合体三视图,画出其正等轴测图。

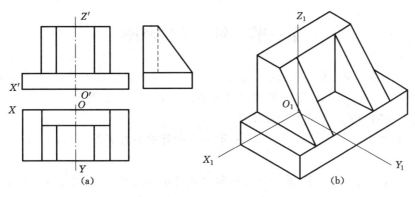

图 4-7　组合体的正等轴测图画法（叠加法）

分析:该组合体由底板、立板及两个三角形肋板叠加而成。画其正等轴测图时,可采用叠加法,依次画出底板、立板及三角形肋板。

作图:

（1）首先在组合体三视图中确定坐标轴,画出轴测轴。

（2）画出底板的正等轴测图。

（3）在底板上添画立板的正等轴测图。

（4）在底板之上、立板的前面添画三角形肋板的正等轴测图。

（5）擦去多余图线并描深,完成组合体的正等轴测图。

【例 4-5】　根据图 4-8(a)所示的组合体三视图,用截切法画出其正等轴测图。

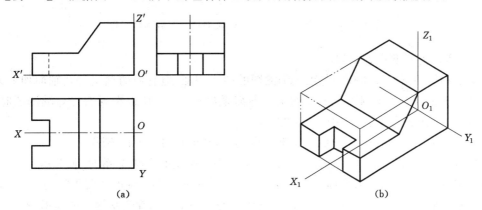

图 4-8　组合体的正等轴测图画法（切割法）

分析:组合体是由一长方体经过多次截切而形成的。画其正等轴测图时,可用截切法先画出整体(长方体),再逐步截切而成。

作图:

(1) 先画出轴测轴,再画出长方体正等轴测图。

(2) 在长方体的基础上,切去左上角。

(3) 在左下方切出方形槽。

(4) 去掉多余图线后描深,完成组合体的正等轴测图。

第三节 斜二等轴测图

在确定物体的直角坐标系时,使 X 轴和 Z 轴平行轴测投影面 P,用斜投影法将物体连同其直角坐标轴一起向 P 面投影,所得到的轴测图称为斜二等轴测图。

一、斜二等轴测图的形成及投影特点

XOZ 坐标面与轴测投影面平行,X、Z 轴的轴向伸缩系数相等,即:$p = r = 1$,轴间角 $\angle X_1 O_1 Z_1 = 90°$。

Y 轴的轴向伸缩系数 q,Y_1 轴与 X_1、Z_1 轴所形成的轴间角,则随着投射方向的不同而不同,可以任意选定。为了绘图方便,一般选取 $q = 0.5$,轴间角 $\angle X_1 O_1 Y_1 = \angle Y_1 O_1 Z_1 = 135°$,如图 4-9 所示。

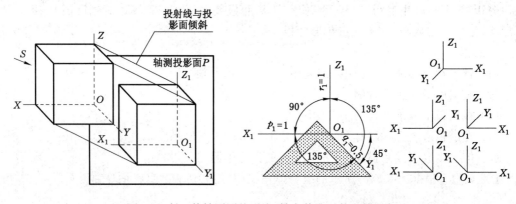

图 4-9 斜二等轴测图的形成、轴向伸缩系数和轴间角

二、斜二等轴测图的画法

斜二等轴测图的具体画法与正等轴测图的画法相似,但它们的轴间角及轴向伸缩系数均不同。由于斜二等轴测图中 Y 轴的轴向伸缩系数 $q = 0.5$,所以在画斜二等轴测图时,沿 Y_1 轴方向的长度应取物体上相应长度的一半。

【例 4-6】 根据图 4-10(a)所示支架的两视图,画出其斜二等轴测图。

分析:支架表面上的圆(半圆)均平行于正立面。确定直角坐标系时,使坐标轴 Y 与圆孔轴线重合,坐标原点与前表面圆的中心重合,使坐标面 XOZ 与正立面平行,选择正立面作轴测投影面,如图 4-10(a)所示。这样,物体上的圆和半圆的轴测图均反映实形,作图比较简便。

作图:

(1) 首先在视图上确定原点和坐标轴,画出 XOY 坐标面的轴测图(与主视图相同)。

（2）沿 Y_1 轴向后量取 $L/2$，画出后表面，连接前、后两个面，如图 4-10(b)所示。

（3）去掉多余图线后描深，完成支架的斜二等轴测图。

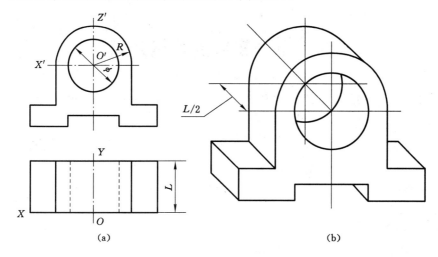

图 4-10　支架的斜二等轴测图画法

第五章　物体的表达方式

【知识要点】　基本视图、向视图、局部视图、斜视图的画法,剖视图的画法,断面图的画法,局部放大图。

【技能要求】　绘制基本视图、向视图、局部视图、斜视图、剖视图、断面图并熟练标注。

第一节　视　　图

机件的外部形状常用视图来表达。视图一般只画机件的可见部分,必要时才画出不可见部分。视图可分为基本视图、向视图、局部视图和斜视图。

一、基本视图

机件向基本投影面投影所得到的视图,叫作基本视图。国家标准中规定的正六面体的六个面为基本投影面,也就是在原有的三个投影面基础上增加三个相互垂直的投影面。将机件放在这个六面体中,分别向各个基本投影面正投影,就可得到六个基本视图。所以,除了前面介绍过的主视图、俯视图和左视图以外,这里还增加了三个视图,即从后向前投影得到的后视图,从下向上投影得到的仰视图,从右向左投影得到的右视图。

这六个视图的展开方法与三视图类似,都是保证主视图不动,其他视图展开到主视图所在的同一平面上,如图 5-1 和 5-2 所示。

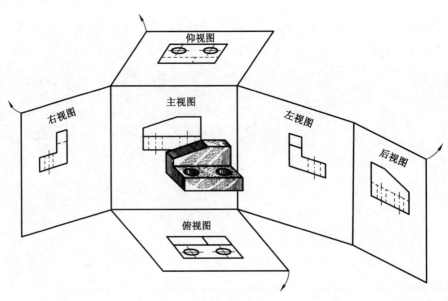

图 5-1　基本视图的展开

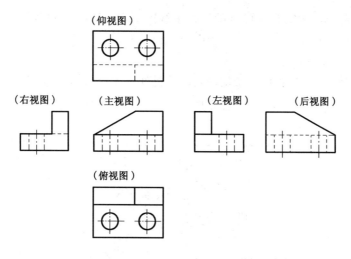

图 5-2 基本视图的配置

根据这六个视图的得来,可知基本视图之间仍然保持三视图的"三等"规律,即长对正、高平齐、宽相等。其中,主视图、俯视图、仰视图"长对正",且后视图也能表示形体的长;右视图、主视图、左视图、后视图"高平齐";俯视图、左视图、仰视图、右视图"宽相等"。同时,基本视图与物体的六个方位的关系也和三视图相同。需要注意的是:以主视图为中心,左视图、右视图、仰视图、俯视图远离主视图的一侧为前面,靠近主视图的一侧为后面。

在绘图过程中,这六个视图均应按照"三等"规律绘制,但是并不是任何机件都需要同时画出这六个视图,应根据机件的形状特点合理取舍,在完整、清晰地表达机件形状的前提下,视图数量越少越好。

二、向视图

如果基本视图(主视图、俯视图和左视图的配置位置不能变动)不按图 5-2 的配置方式配置时,可采用向视图表达。向视图是可以自由配置的视图,如图 5-3 所示。

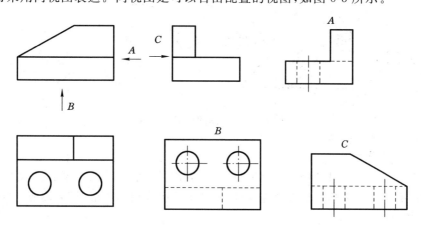

图 5-3 向视图的标注方法

(1)要在向视图上方标注大写字母,并在相应的视图附近用箭头指明投射方向,并注上相同的字母。大写字母一律水平书写。

（2）表示投射方向的箭头尽可能配置在主视图上，在绘制以向视图方式配置的后视图时，应将表示投射方向的箭头配置在左视图或右视图上。

三、斜视图

在机件的视图表达中，我们最希望得到的是机件真实形状的表达，但是有些机件的某些部分与基本投影面均倾斜，在基本视图中均不能反映实际形状，此时可用斜视图解决这一问题，如图 5-4 所示。

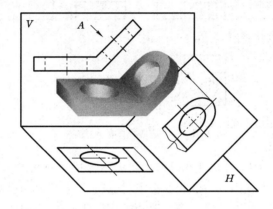

图 5-4　斜视图示意图

在基本投影面之外，增加一个与机件倾斜部分平行的投影面，将机件的倾斜部分向该投影面做正投影，得到的视图叫斜视图。该投影能反映机件真实形状，再将该投影展开到主视图所在的平面上，如图 5-5 所示。

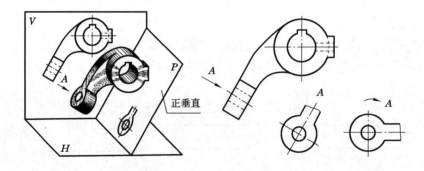

图 5-5　斜视图的形成与展开

1. 斜视图的画法

斜视图一般只画出机件倾斜部分的投影，断裂边界一般用波浪线表示，并通常按照向视图形式配置标注。当表达的局部是完整的，且外形轮廓为封闭图形时，波浪线可省略不画。

2. 斜视图的配置和标注

用带大写字母的箭头表示投影部位和投影方向，在绘出的斜视图上方标注相同的大写字母。斜视图一般按照投影关系配置，也可按照向视图配置。有时为了绘图、布图方便，也可将斜视图旋转配置，但旋转角度不应超过 90°，且标注时应加注旋转符号。旋转符号为带箭头的弧形，弧半径等于字体高度。表示斜视图名称的字母应标注在旋转符号箭头附近，同时允许将旋转角度标注在字母之后。

四、局部视图

1. 局部视图的形成

当使用一定数量的基本视图或向视图后,机件仍有部分结构没有表达清楚,同时又没有必要画出该结构所在的完整视图时,可采用局部视图。局部视图是将机件的某一部分向基本投影面投影所得到的视图。

如图 5-6 所示,机件用主视图和俯视图已将绝大部分的形状和结构表达清楚了,但是其左、右两个凸台的形状表达还不是很直观或还没有确定形状,那么就要绘出左视图或是右视图,这样得到的视图虚线过多,不易于理解,而且表达重复烦琐。这里可采用两个局部视图就可以解决这一问题。

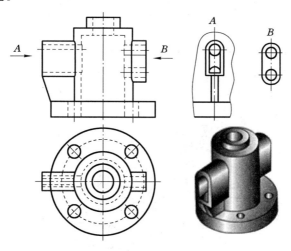

图 5-6 局部视图

2. 局部视图的标注和画法

用带字母的箭头表明投影方向,并在视图的上方标注相应的字母。局部视图的断裂边界用波浪线或双折线表示,当所表示的局部结构是完整的,外形轮廓成封闭时,波浪线可省略。

需要注意的是:波浪线作为断裂分界线时,不应超过断裂机件的轮廓线,应画在机件的实体上,不可画在机件的中空处,如图 5-7 所示。

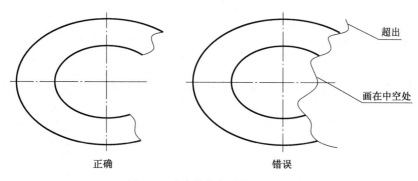

| 正确 | 错误 |

图 5-7 波浪线作断裂线时的画法

第二节　剖　视　图

当物体的内部结构比较复杂时,视图中就会出现较多的细虚线,既影响图形清晰,又不利于标注尺寸。因此,为了清晰地表示物体的内部形状,《技术制图 图样画法 剖视图和断面图》(GB/T 17452—1998)和《机械制图 图样画法 剖视图和断面图》(GB/T 4458.6—2002)均具体规定了剖视图的画法。

一、剖视图的形成

用一假想的剖切面将机件剖开,将剖切面和观察者之间的部分移去,将剩下的部分向投影面投影,即得到剖视图,如图 5-8 所示。

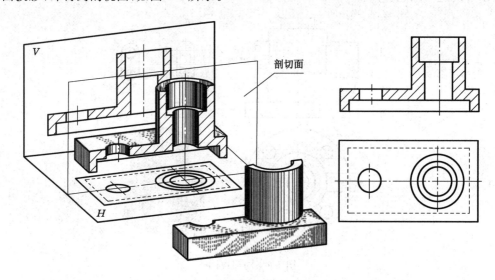

图 5-8　剖视图的形成

二、剖视图的画法

1. 剖切面的位置

通常情况下,一般选用平面作为剖切面。为了表达机件内部结构,如槽、孔等结构的真实形状,剖切平面应平行于该剖切面的投影面,且尽可能多地通过内部结构的对称中心。

2. 画剖视图

将剖切面和观察者之间的部分移去,将剩余部分向与剖切面平行的投影面投影。一般情况下,剖视图中只画可见轮廓线,即粗实线,被挡住的轮廓线不画出。

3. 画剖面符号

剖切面与机件接触的部分(断面)要画出剖面符号,且不同材料要用不同的剖面符号,见表 5-1。

表 5-1　　　　　　　　　　　　　　　剖面符号

材料名称		剖面符号	材料名称	剖面符号
金属材料 (已有规定剖面符号者除外)			胶合板 (不分层数)	
非金属材料 (已有规定剖面符号者除外)			混凝土	
玻璃及供观察用的其他透明材料			线圈绕组元件	
木材	纵剖面		液体	
	横剖面			

　　剖面区域中不需表示材料类别时,可采用通用剖面线表示。通用剖面线应以适当角度的细实线绘制,最好与主要轮廓线或剖面区域的对称线成 45°角。

　　同一机件的各剖视图及断面图中,剖面线倾斜方向应一致,细实线、相互平行、间隔相等、与水平方向成 45°,当图形中的主要轮廓线与水平方向成 45°角时,则剖面线应画成 30°或 60°,避免与主要轮廓线平行,但倾斜方向不能变化,如图 5-9 所示。

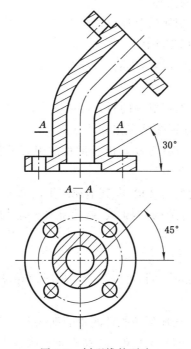

图 5-9　剖面线的画法

4. 剖视图的标注

为了更容易看图,在画剖视图时,应将剖切位置、剖切后的投射方向和剖视图名称标注在相应视图上,标注的内容如图 5-10 所示。

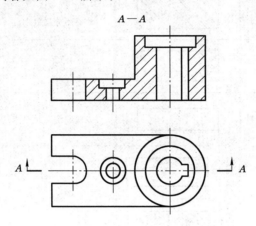

图 5-10　剖视图标注示意图

(1) 剖切符号表示剖切面的位置。在相应的视图上,用剖切符号(线长 5～8 mm 的粗实线)表示剖切面的起、迄和转折处位置,并尽可能不与图形的轮廓线相交。

(2) 投射方向线(画细实线)在剖切符号的两端外侧,用箭头指明剖切后的投射方向。

(3) 在剖视图的上方用大写字母标注剖视图的名称"×—×",并在剖切符号的一侧注上同样的字母。

在下列情况下,可省略或简化标注:

(1) 当单一剖切平面通过物体的对称面或基本对称面,且剖视图按照投影关系配置,中间又没有其他图形隔开时,可以省略标注。

(2) 当剖视图按照投影关系配置,中间又没有其他图形隔开时,可以省略箭头。

5. 画剖视图的注意事项

(1) 剖切平面的选择——通过机件的对称面或轴线,且平行或垂直于投影面。

(2) 剖切是一种假想,其他视图仍应完整画出。

(3) 剖切面后方的可见部分要全部画出。剖视图中容易漏画的线如图 5-11 和图 5-12 所示。

(4) 在剖视图上已表达清楚的结构,在其他视图上此部分结构的投影为虚线时,其虚线省略不画。但对于没有表达清楚的结构,如果没有必要增加一个视图时,可以画少量的虚线。

三、剖视图的种类

按剖切平面剖开机件的范围不同,可分为全剖视图、半剖视图和局部剖视图。

1. 全剖视图

全剖视图是用剖切平面完全地剖开机件所得的剖视图。全剖视图主要用于内部结构比较复杂而外形结构相对简单的不对称机件,这样能使形体表达得更清晰,且便于标注尺寸,如图 5-13 所示。

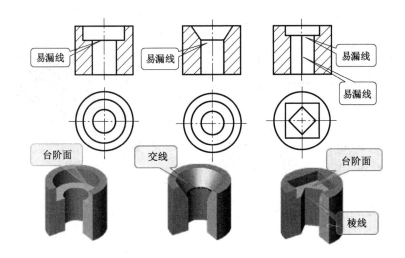

图 5-11 剖视图中容易漏画的线(一)

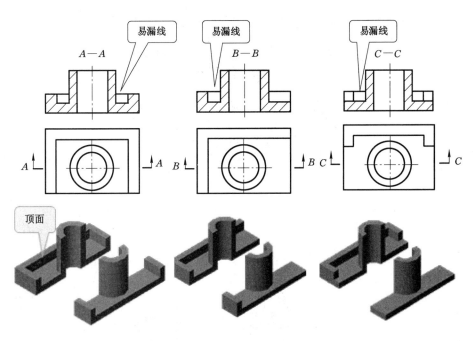

图 5-12 剖视图中容易漏画的线(二)

需要注意的是:对于机件上的肋板,如按纵向剖切,这些结构不画剖面符号,而用粗实线将它与其邻近部位分开,如图 5-14 所示。

2. 半剖视图

当机件对称时,以对称中心线为界,一半画成视图,另一半画成剖视图。这样既能表达机件的内部形状,又保留了外部形状,适用于内、外部形状都比较复杂的对称机件,遵循剖视图的一般标注方法,如图 5-15 所示。

需要注意的是:

(1) 只有当物体对称时,才能在与对称面垂直的投影面上作半剖视图。当机件形状基

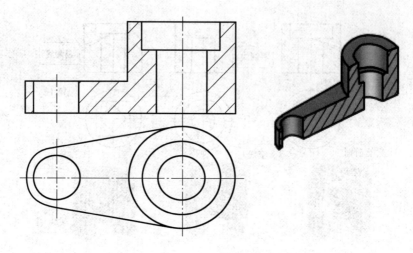

图 5-13　全剖视图示例

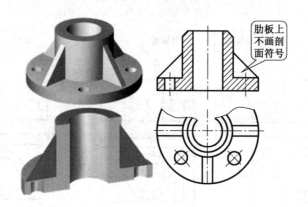

图 5-14　肋板剖切示意图

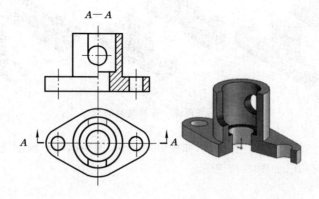

图 5-15　半剖视图示例

本对称,且不对称部分已在其他视图中表达清楚时,也可画成半剖视图。

(2) 在表示外形的半个视图中,不画虚线。

(3) 半个剖视图和半个视图必须以细点画线为界。若机件轮廓线恰好与细点画线重合,则不能采用半剖视图,而应采用局部剖视图。

(4)半剖视图中,半个剖视图的习惯位置是:图形左、右对称,剖右半;图形前、后对称,剖前半。

3. 局部剖视图

用剖切面局部地剖开机件所得到的视图,称为局部剖视图。局部剖视图与视图之间一般用波浪线分界,如图 5-16 所示。局部剖视图主要用于表达机件的局部内部结构,是一种比较灵活的表达方法,在既不宜于使用全剖视图,也不宜于使用半剖视图的机件中使用。其剖切范围和位置均可根据机件的具体形状而定,如机件的内、外形状都较为复杂且又不对称,实心机件上的孔、槽、小坑,对称机件的轮廓线与中心线重合等情况,都可以用局部剖视图。

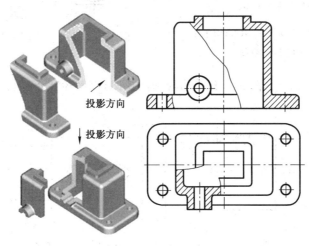

图 5-16 局部剖视图

局部剖视图的主要应用范围如下:

(1)机件中仅有部分内形需要表达,不必或不宜采用全剖视图,如图 5-17 所示。

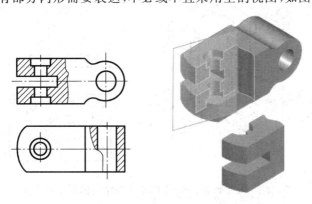

图 5-17 仅有部分内形需要表达的局部剖视图

(2)需要同时表达不对称机件的内、外形状时,可以采用局部剖视图,如图 5-18 所示。

(3)虽有对称面,但轮廓线与对称中心线重合,不宜采用半剖视图时,可采用局部剖视图,如图 5-19 所示。

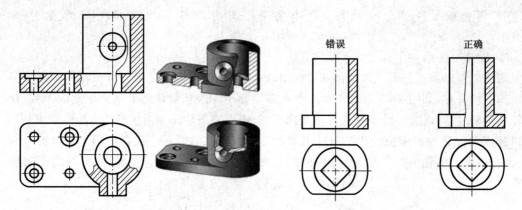

图 5-18　需要同时表达不对称机件的内、
外形状的局部剖视图

图 5-19　不宜采用半剖视图的局部剖视图

（4）实心轴中的孔、槽等结构，宜采用局部剖视图，以避免在不需要剖切的实心部分画过多的剖面线，如图 5-20 所示。

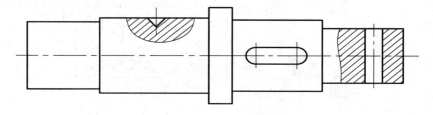

图 5-20　实心轴中的孔、槽等结构采用局部剖视图

（5）表达机件底板、凸缘上的小孔等结构，可采用局部剖视图，如图 5-21 所示。

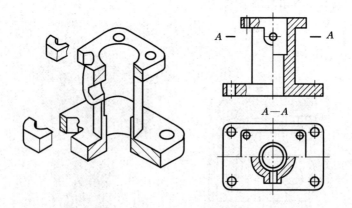

图 5-21　机件底板、凸缘上的小孔等结构的局部剖视图

（6）局部剖视图中视图与剖视部分的分界线为波浪线或双折线，如图 5-22 所示。

画波浪线时应注意：① 波浪线不应画在轮廓线的延长线上，也不能用轮廓线代替波浪线，如图 5-23（a）所示；② 波浪线不能穿空而过（遇到零件上的孔、槽时，波浪线必须断开），也不能超出视图的轮廓线，如图 5-23（b）所示。

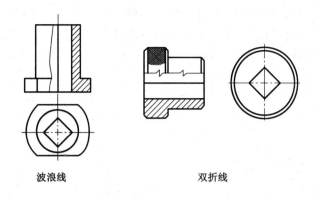

波浪线　　　　　　　　　双折线

图 5-22　局部剖视图中视图与剖视部分的分界线画法示意图

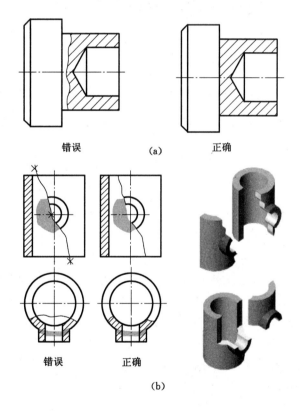

错误　　　　　　（a）　　　　　　正确

错误　　　正确

（b）

图 5-23　波浪线画法示例

第三节　断　面　图

一、断面图的形成

　　假想用一个剖切平面将机件的某处切断,仅画出断面(剖切平面和机件接触部分)的图形,称为断面图。

　　如图 5-24 所示,图中为了表达轴上的键槽和通孔的结构,假想用一个径向的剖切平面将键槽和通孔切断,仅画出断面部分,并在断面上画上剖面线。画断面图时,应注意断面图与剖视图的区别。断面图仅仅是机件上剖切断面的投影,而剖视图则不仅要画出剖切断面的投影,还要画出剖切面后的可见轮廓。也就是说,断面是"面"的图形,剖视是"体"的投影。

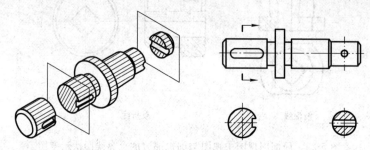

图 5-24　断面图的形成

断面图与剖视图的区别与联系,如图 5-25 所示。

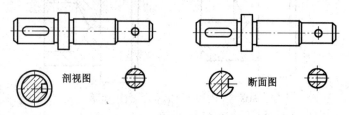

图 5-25　断面图与剖视图的区别与联系

二、断面图的种类

根据断面图配置位置的不同,可分为移出断面图和重合断面图。

1. 移出断面图

移出断面图是指画在视图之外的断面图。移出断面图的轮廓线用粗实线画出。画图时注意断面图与剖视图的区别。当剖切平面通过回转面形成的孔或凹坑的轴线时,这些结构应按剖视图画出,如图 5-26 所示。当剖切平面通过非圆孔而形成两个完全分离的断面时,这些结构也按剖视图画出,如图 5-27(a)所示。剖切平面一般应与被剖切部分的主要轮廓线垂直,当用一个剖切平面不能满足垂直要求时,可用多个相交的剖切平面剖切,这样得到的移出断面图中间应用波浪线断开,如图 5-27(b)所示。

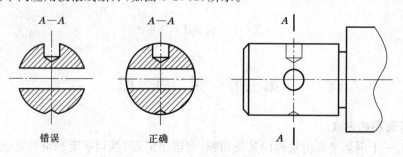

图 5-26　移出断面图的画法(一)

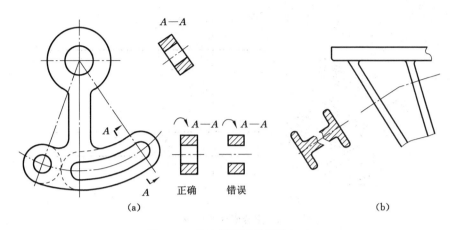

图 5-27　移出断面图的画法(二)

　　为了便于看图,移出断面图应尽量配置在剖切线的延长线上。当断面形状对称时,也可画在视图的中断处,如图 5-28 所示。为了便于布图和绘制,移出断面图可按投影关系配置,必要时也可配置在其他适当位置。

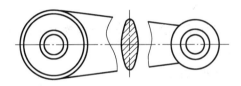

图 5-28　移出断面图的画法(三)

　　移出断面图的标注与剖视图的标注基本相同,即一般用剖切符号表示剖切平面的位置,用箭头表示投射方向,并在附近标注大写字母,同时在画出的断面图的上方标注相同的大写字母,如"A—A"等。

　　与剖视图类似,断面图的标注在某些情况下也可以省略,如对称的移出断面图和按投影关系配置的移出断面图可省略箭头;配置在剖切线的延长线上的断面图可省略字母;配置在视图中断处的对称移出断面图不标注;配置在剖切线的延长线上的对称移出断面图可不标注,但要用细点画线画出剖切线。

　　2. 重合断面图

　　重合断面图是指画在视图之内的断面图。重合断面图的轮廓线用细实线画出,断面上绘制剖面线,如图 5-29 所示。当重合断面的轮廓线与视图的轮廓线重合时,应完整地画出视图的轮廓线,如图 5-30 所示。重合断面图直接画在剖切位置处,不必注写字母。对称的断面图不需标注,当断面图不对称时,需画出剖切符号和箭头。

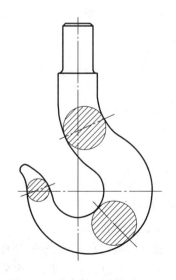

图 5-29　重合断面图的画法(一)

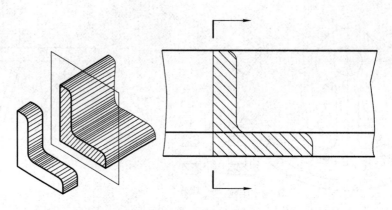

图 5-30 重合断面图的画法(二)

第四节　局部放大图和简化画法

将零件的部分结构用大于原图形所采用的比例放大画出的图形,称为局部放大图。

一、局部放大图的画法和配置

局部放大图可画成视图、剖视图或断面图,它与被放大部分的表达方式无关。局部放大图应尽量配置在被放大部位的附近。

画局部放大图应注意以下两点:

(1) 当同一零件上有几个被放大的部分时,必须用罗马数字依次标明被放大的部位,并在局部放大图的上方标注出相应的罗马数字和所采用的比例,如图 5-31 所示。

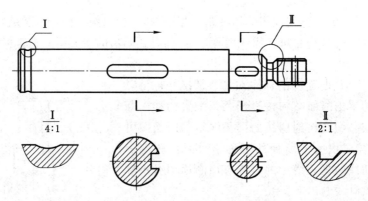

图 5-31 同一零件上有几个被放大的部分

(2) 当零件上被放大的部分仅有一个时,在局部放大图的上方只需注明所采用的比例即可,如图 5-32 所示。

二、简化画法

在不影响机件表达完整、清晰的条件下,机件上某些结构可以简化画出。

(1) 在不致引起误解时,图形中用细实线绘制的过渡线和用粗实线绘制的相贯线,可以用圆弧或直线代替非圆曲线,也可以用模糊画法表示相贯线,如图 5-33 所示。

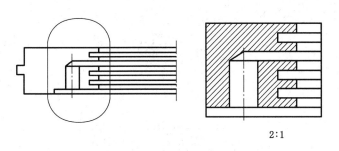

2:1

图 5-32　零件上被放大的部分仅有一个

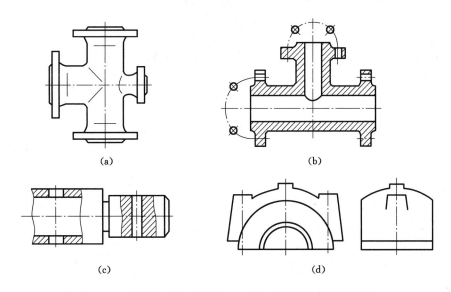

(a)　　　　　　　　　　　　　　(b)

(c)　　　　　　　　　　　　　　(d)

图 5-33　用细实线绘制的过渡线和用粗实线绘制的相贯线简化画法

（2）当机件上有较小结构及斜度等已在一个图形中表达清楚时，在其他图形中可以简化表示或省略，如图 5-34 所示。

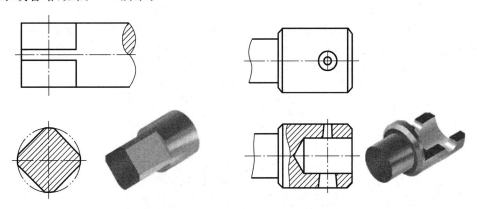

图 5-34　较小结构及斜度等省略及简化画法

（3）机件中与投影面倾斜角度小于或等于 30°的圆或圆弧的投影，可以使用圆或圆弧画出，如图 5-35 所示。

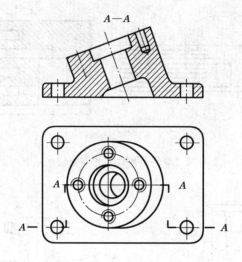

图 5-35　椭圆、椭圆弧的简化画法

（4）当不能充分表达回转体零件表面上的平面时，可以用平面符号（相交的两条细实线）表示，如图 5-36 所示。

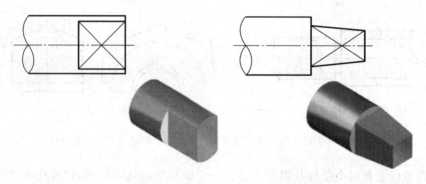

图 5-36　使用平面符号的简化画法

（5）对于机件的肋、轮辐及薄壁等，如果按照纵向剖切，这些结构都不画剖面符号，而用粗实线将它们与其邻接部分分开，如图 5-37 所示。

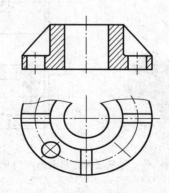

图 5-37　纵向剖切肋板、薄板示意图

（6）当零件回转体上均匀分布的肋、轮辐、孔等结构不处于剖切平面上时,可将这些结构旋转到剖切平面上画出,如图 5-38 所示。

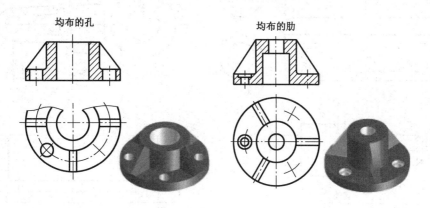

图 5-38　均匀分布的孔、肋简化示意图

（7）当机件具有若干直径相同且成规律分布的孔（圆孔、螺孔、沉孔等）,可以仅画出一个或几个,其余只需要表示其中心位置,如图 5-39 所示。

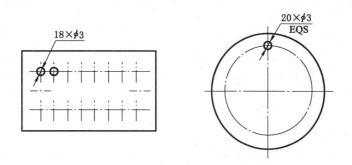

图 5-39　若干直径相同且成规律的孔的简化示意图

（8）当机件上具有相同结构（齿、槽等）,并按照一定规律分布时,应尽可能减少相同结构的重复绘制,只需要画出几个完整的结构,其余可以使用细实线连接,如图 5-40 所示。

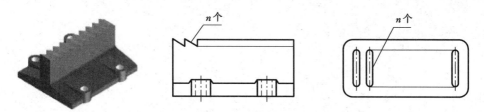

图 5-40　相同结构（齿、槽等）成规律分布时的简化示意图

（9）较长机件（轴、杆、型材、连杆等）沿长度方向的形状一致或按照一定规律变化时,可断开后缩短绘制,但尺寸仍按照机件真实大小标注,如图 5-41 所示。

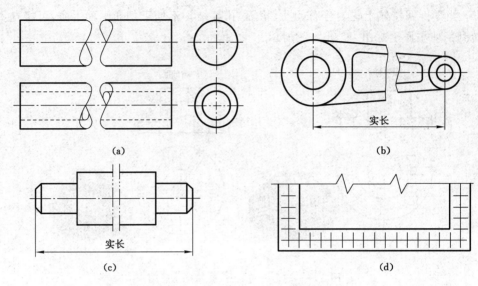

图 5-41　较长机件(轴、杆、型材、连杆等)的简化示意图

第六章　标准件及常用件

【知识要点】　螺纹的基本要素、规定画法、标记及标注,紧固件标记及连接画法,键连接标记,销连接标记,滚动轴承的标记,直齿轮参数及代号,单齿轮及齿轮啮合的画法,弹簧参数及画法。

【技能要求】　正确绘制螺纹的视图并标注,绘制螺纹紧固件连接的视图,绘制圆柱齿轮的视图,准确识读螺纹、紧固件、键、销和滚动轴承标记的含义。

在各种机器设备上,经常用到如螺栓、螺钉、螺柱、螺母、垫圈、销、键、滚动轴承、齿轮和弹簧等各种不同的零件。这些零件的应用范围非常广泛,需求量很大。为了减轻设计工作的负担,提高经济效益,对有些零件的结构形式、尺寸规格和技术要求等全部实行了标准化,并由专门的工厂大量生产,这类零件称为标准件。而对有些零件的结构形式、尺寸规格部分实行了标准化,这类零件称为常用件。

第一节　螺纹及螺纹紧固件

一、螺纹

螺纹是指在圆柱或圆锥表面上,沿着螺旋线所形成的具有规定牙型的连续凸起。凸起是指螺纹两侧面间的实体部分,又称牙。

在圆柱或圆锥外表面上加工的螺纹,称为外螺纹;在圆柱或圆锥内表面上加工的螺纹,称为内螺纹。螺纹的加工方法很多,如图 6-1 所示为车削内、外螺纹的情形。

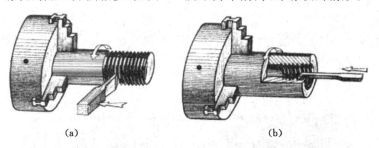

(a)　　　　　　　　　　　　(b)

图 6-1　内外螺纹的车削加工

1. 螺纹的基本要素

(1) 牙型

在通过螺纹轴线的断面上,螺纹的轮廓形状称为牙型。常见牙型如图 6-2 所示。

(2) 直径

① 大径

大径是螺纹的最大直径,即与外螺纹的牙顶或内螺纹的牙底相切的假想圆柱或圆锥的

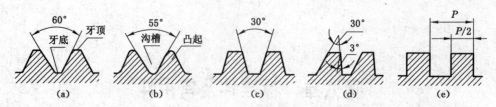

图 6-2　螺纹的牙型

(a) 普通螺纹;(b) 管螺纹;(c) 梯形螺纹;(d) 锯齿形螺纹;(e) 方牙螺纹

直径。外螺纹用"d"表示,内螺纹用"D"表示,如图 6-3 所示。

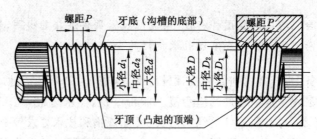

图 6-3　螺纹各部分名称及代号

② 小径

小径是螺纹的最小直径,即与外螺纹的牙底或内螺纹的牙顶相切的假想圆柱或圆锥的直径,分别用"d_1"和"D_1"表示。

③ 中径

中径是一个假想圆柱或圆锥的直径,该圆柱或圆锥的母线通过牙型上沟槽或凸起宽度相等的地方,分别用"d_2"和"D_2"表示。代表螺纹尺寸的直径,称为公称直径。普通螺纹、梯形外螺纹、锯齿形螺纹和米制锥螺纹等,螺纹大径即为公称直径。外螺纹的大径或内螺纹的小径,又称顶径;外螺纹的小径和内螺纹的大径,又称底径。

(3) 线数

螺纹有单线(常用)与多线之分。沿一条螺旋线形成的螺纹,称为单线螺纹;沿两条或两条以上,且在轴向等距离分布的螺旋线所形成的螺纹,称为多线螺纹。如图 6-4 所示。

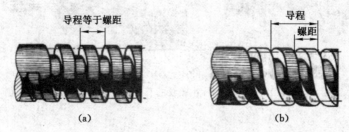

图 6-4　单线螺纹和双线螺纹

(a) 单线螺纹;(b) 双线螺纹

(4) 螺距和导程

① 螺距

相邻两牙在中径线上对应两点间的轴向距离,称为螺距,用"P"表示。

② 导程

同一条螺旋线上的相邻两牙在中径线上对应两点间的轴向距离,称为导程,用"Ph"表示。

螺距和导程的关系为:

单线螺纹:

$$螺距＝导程$$

多线螺纹:

$$螺距＝导程/线数$$

(5) 旋向

螺纹分右旋和左旋两种,顺时针旋转时旋入的螺纹,称为右旋螺纹;逆时针旋转时旋入的螺纹,称为左旋螺纹。螺纹旋向的判断方法如图 6-5 所示。工程上常用的螺纹为右旋螺纹。

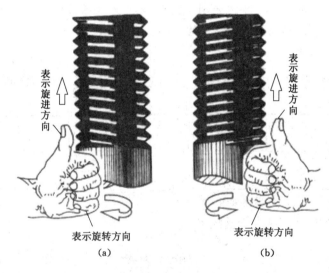

图 6-5 螺纹旋向的判断方法
(a) 左旋;(b) 右旋

只有牙型、直径、螺距、线数和旋向等五个基本要素完全相同的内、外螺纹,才能相互旋合。

凡牙型、直径和螺距三个要素均符合标准的螺纹,称为标准螺纹;牙型符合标准,直径或螺距不符合标准的螺纹,称为特殊螺纹;牙型不符合标准的螺纹,称为非标准螺纹。

制造螺纹时,因加工的刀具要退离工件或其他原因,螺纹末尾向光滑表面过渡的牙底不完整部分,称为螺尾。想要消除螺尾,须在螺纹的终止处加工出一槽,称为退刀槽,如图 6-6 所示。为了便于内、外螺纹的旋合,常在螺纹的端头加工出 45°或 60°的圆锥面,称为螺纹的倒角。

2. 螺纹的规定画法

(1) 外螺纹的画法

① 大径画粗实线。

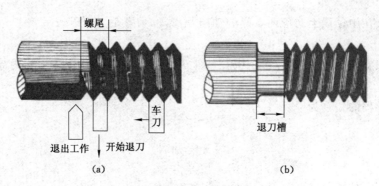

图 6-6　螺尾和退刀槽

（a）螺尾；（b）退刀槽

② 小径画细实线。在螺杆的倒角或倒圆内的部分也应画出；在投影为圆的视图上，表示小径的细实线圆只画约 3/4 圈。

③ 有效螺纹的终止界线（简称终止线）画粗实线。当外螺纹画成剖视图时，终止线只画一小段粗实线到小径处，剖面线画到粗实线，如图 6-7 所示。

④ 倒角圆省略不画。

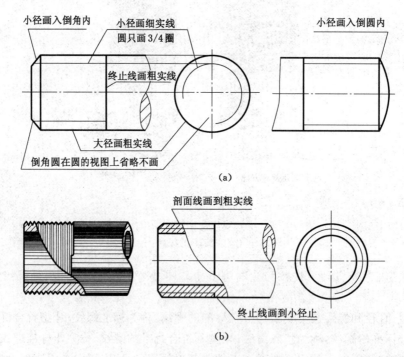

图 6-7　外螺纹的画法

（a）视图的画法；（b）剖视图的画法

（2）内螺纹的画法

① 当用剖视图表达内螺纹时：a. 大径画细实线，在投影为圆的视图上，表示大径的细实线圆只画约 3/4 圈；b. 小径画粗实线；c. 螺纹的终止线画粗实线；d. 剖面线画到粗实线；e. 倒角圆也省略不画。如图 6-8 所示。

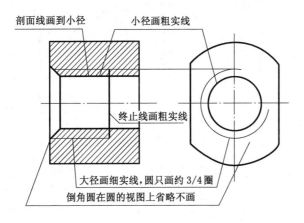

图 6-8　内螺纹的画法

② 绘制不穿通的螺纹孔时：a. 应将钻孔深度与螺纹部分的深度分别画出，一般钻孔应比螺纹部分深约 $4P$（即约 4 倍的螺距），此距离称为钻孔的预留深度，其具体尺寸可从相关标准中查出，画图时也可按 $0.5D$（D 为螺纹大径）画；b. 钻孔底部的锥角应画成 $120°$，如图 6-9 所示。

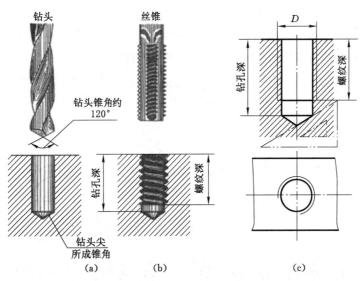

图 6-9　不穿通螺纹孔的加工和画法
(a) 钻孔；(b) 攻丝；(c) 画法

③ 表示不可见螺纹时，所有图线均画虚线，如图 6-10 所示。画图时，螺纹大径尺寸是已知的，小径尺寸可以按如下两种方式之一来处理：a. 大、小径两条线的距离可按近似地等于 2 倍的粗实线画，但最小距离不得小于 0.7 mm；b. 按 $d_1(D_1)=0.85d(D)$ 画。

（3）内、外螺纹连接的画法

以剖视图表示内、外螺纹连接时，其旋合部分按外螺纹的画法绘制，即大径画粗实线、小径画细实线；未旋合部分按各自的画法绘制，即内螺纹的大径画细实线、小径画粗实线，外螺纹画法不变；剖面线画到粗实线。如图 6-11 所示。

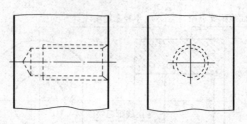

图 6-10　不可见螺纹的画法

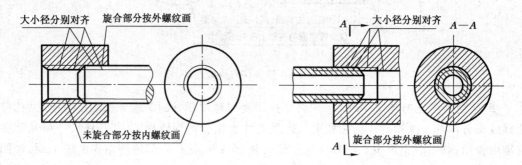

图 6-11　内、外螺纹连接的画法

需要注意的是：画图时内、外螺纹的大小径必须对齐，内螺纹的小径与螺杆上的倒角无关。图 6-12 所示为画图时易出现的画法错误，请注意避免。

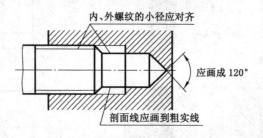

图 6-12　内、外螺纹连接的错误画法

3. 常用螺纹的标记

工程上常用的螺纹包括连接用的普通螺纹、传动用的梯形螺纹和锯齿形螺纹、管路上用的管螺纹和专门用途螺纹等。

螺纹采用规定画法，图形本身只能区分出内螺纹和外螺纹，并不能反映螺纹的种类及牙型、螺距、线数、旋向和制造精度等有关内容，还需借助于代号的标记和标注来加以说明。

（1）普通螺纹的标记

普通螺纹的牙型角为 60°，有粗牙和细牙之分，即在同一大径下有几种不同规格的螺距，螺距最大的一种为粗牙，其余几种均为细牙。

普通螺纹的完整标记由螺纹特征代号、尺寸代号、公差带代号及其他有必要做进一步说明的个别信息组成。

① 特征代号

螺纹特征代号用字母"M"表示。

② 尺寸代号

单线螺纹的尺寸代号为"公称直径×螺距"，其数值的单位为 mm。粗牙螺纹省略"×螺距"。

例如：

M8×1——表示公称直径为 8 mm，螺距为 1 mm 的细牙普通螺纹；

M8——表示公称直径为 8 mm，螺距为 1.25 mm 的粗牙普通螺纹。

多线螺纹的尺寸代号为"公称直径×Ph 导程 P 螺距"。

例如：

M16×Ph3P1.5——表示公称直径为 16 mm，螺距为 1.5 mm，导程为 3 mm 的双线螺纹。

如果要进一步表明螺纹的线数，可在尺寸代号后面增加括号，使用英语（如双线为 two starts、三线为 three starts、四线为 four starts）进行说明。

例如：M16×Ph3P1.5(two starts)。

③ 公差带代号

公差带代号包含中径公差带代号和顶径公差带代号。中径公差带代号在前，顶径公差带代号在后。公差带代号由表示公差等级的数值和表示公差带位置的字母（内螺纹用大写字母，外螺纹用小写字母）组成。如果中径和顶径公差带相同时，则只标注一个公差带代号。公差带代号注写在尺寸代号之后，中间用短横线"-"号分开。

内、外螺纹配合时，应分别标注各自的公差带代号，内螺纹公差带代号在前，外螺纹公差带代号在后，中间用斜线"/"分开。

例如：

M10×1-5g6g——表示中径公差带为 5g，顶径公差带为 6g 的细牙外螺纹；

M10-7H——表示中径和顶径公差带相同，均为 7H 的粗牙内螺纹；

M20×2-5H/5g6g——表示 5H 内螺纹与 5g6g 外螺纹配合的螺纹副。

内、外螺纹推荐公差带见表 6-1。

表 6-1　　　　　　　　　　　内、外螺纹推荐公差带

公差精度	内螺纹			外螺纹		
	S	N	L	S	N	L
精密	4H	5H	6H	(3h4h)	(4g)　＊4h	(5g4g)(5h4h)
中等	5G	＊6G	7G	(5g6g)	＊6e　＊6f	(7g6e)(7g6g)
	＊5H	＊6H	＊7H	(5h6h)	＊6g　＊6h	(7h6h)
粗糙		(7G)7H	(8G)8H		(8e)　8g	(9e8e)(9g8g)
备注	1. 宜优先按表内规定选取公差带，除特殊情况外，表外其他公差带不宜选用。 2. 公差带优选顺序：＊号公差带、一般字体公差带、括号内公差带。 3. 带方框的＊号公差带用于大量生产的螺纹紧固件。					

相关国标还规定，公称直径大于或等于 1.6 mm，中等公差精度，中径、顶径公差带为 6g 的外螺纹和 6H 的内螺纹，不标注其公差带代号。

④ 其他信息

标记内有必要说明的其他信息包括螺纹的旋合长度和旋向。

普通螺纹的旋合长度分为三组：短旋合长度组（S）、中旋合长度组（N）、长旋合长度组（L）。对短旋合长度组和长旋合长度组，应在公差带代号之后分别标注代号"S"或"L"，中旋合长度组省略代号"N"。旋合长度代号与公差带代号间用短横线"-"分开。

左旋螺纹应在旋合长度代号之后标注代号"LH"，用短横线"-"与旋合长度代号分开，右旋不标注。

例如：

M24×3-6h——公称直径 24 mm、粗牙螺距 3 mm、公差带代号 6h、中等精度的右旋螺纹，中旋合长度"N"被省略。

（2）梯形螺纹和锯齿形螺纹的标记

梯形螺纹的牙型角为 30°，锯齿形螺纹的牙侧角为 3°、30°，这两种螺纹的规定标记基本相同，由螺纹特征代号、尺寸代号、公差带代号和旋合长度代号等四项内容构成。

① 螺纹特征代号：Tr——梯形螺纹；B——锯齿形螺纹。

② 尺寸代号：螺距和导程相同时（即单线）用"大径×螺距"表示，螺距和导程不同时（即多线）用"大径×Ph 导程 P 螺距"表示，左旋时加注"LH"。

③ 公差带代号：仅包含中径公差带代号。

一般情况下，应该选用表 6-2 所列螺纹公差带。

表 6-2　　　　　　　　　内、外螺纹选用公差带

精度	梯形螺纹				锯齿形螺纹			
	内螺纹		外螺纹		内螺纹		外螺纹	
	N	L	N	L	N	L	N	L
中等	7H	8H	7e	8e	7A	8A	7C	8C
粗糙	8H	9H	8c	8c	8A	9A	8C	9C

④ 旋合长度代号：只有"N"和"L"两组（"N"省略）。

例如：

Tr36×6-7e——梯形螺纹、大径 36 mm、螺距＝导程（6 mm）、单线、右旋、中径公差带 7e 外螺纹、中旋合长度组。

B40×14(P7)LH-8A-L——锯齿形螺纹、大径 40 mm、螺距 7 mm、导程 14 mm、双线、左旋、中径公差带 8A、内螺纹、长旋合长度组。

（3）管螺纹的标记

管螺纹是指在气体和液体管路系统中的管子、管子接头、阀门、旋塞及其管路附件上加工的螺纹。

现行标准包括《55°非密封管螺纹》（GB/T 7307—2001）、《55°密封管螺纹》（GB/T 7306—2000）、《60°密封管螺纹》（GB/T 12716—2011）和《米制密封螺纹》（GB/T 1415—2008）等。

① 《55°非密封管螺纹》（GB/T 7307—2001）

螺纹牙型角为 55°，只有圆柱内螺纹与圆柱外螺纹一种配合，螺纹副本身不具有密封性，使用时需借助于外加填料密封。

螺纹的标记由螺纹特征代号、尺寸代号和公差等级代号组成。螺纹特征代号用字母"G"表示；尺寸代号用 1/2、3/4、1、$1\frac{1}{2}$、2、…表示；外螺纹还应注写公差等级代号"A"或"B"，内螺纹不用标记；左旋加注"LH"。

例如：

G3/4——右旋非密封内螺纹；

G3/4A——右旋 A 级非密封外螺纹；

G3/4B-LH——左旋 B 级非密封外螺纹。

表示螺纹副时，仅需标注外螺纹的标记代号。

②《55°密封管螺纹》(GB/T 7306—2000)、《60°密封管螺纹》(GB/T 12716—2011)

螺纹牙型角为 55°和 60°，螺纹副本身具有密封性，内、外螺纹可以组成圆柱内螺纹与圆锥外螺纹("柱-锥"配合)和圆锥内螺纹与圆锥外螺纹("锥-锥"配合)两种连接形式。

标记由螺纹特征代号(字母)和尺寸代号(如 1/2、3/4、1、$1\frac{1}{2}$、2、…)组成。左旋螺纹在尺寸代号后加注"LH"。

例如：

Rp1——55°密封圆柱内螺纹；

$R_1$1——与 Rp1 相配合的 55°圆锥外螺纹；

Rc1LH——左旋 55°密封圆锥内螺纹；

$R_2$1——与 Rc1 相配合的 55°圆锥外螺纹；

Rc/$R_2$1——55°密封"锥-锥"配合螺纹副；

NPT1——60°密封圆锥内(外)螺纹；

NPSC1——60°密封圆柱内螺纹；

NPSC/NPT1——60°密封"柱-锥"配合螺纹副。

③《米制密封螺纹》(GB/T 1415—2008)

米制密封螺纹牙型角为 60°(同普通螺纹)，螺纹副本身具有密封性，包括"锥-锥"和"柱-锥"两种螺纹副。

标记由螺纹特征代号、尺寸代号和基准距离代号组成。

螺纹特征代号为"ZM"；尺寸代号用"公称直径"(mm)表示；标准基准距离省略标记，短基准距离用字母"S"表示。

与米制密封螺纹配合的圆柱内螺纹的标记用普通螺纹代号加本标准代号表示，中间用"·"号分开。

例如：

ZM10——公称直径为 10 mm，螺距为 1 mm，标准基距的米制密封螺纹；

ZM10-S——短基距的米制密封螺纹；

M10×1·GB/T 1415——与米制密封螺纹配合的圆柱内螺纹；

M10×1·GB/T 1415/ZM10-S——"柱-锥"配合，短基距螺纹副。

需要注意的是:管螺纹的尺寸代号(分数或整数)不是螺纹的尺寸,而是管子孔径的代号,螺纹的大径和小径尺寸应根据尺寸代号查表确定。

(4) 螺纹的标注

将螺纹的规定标记注写在图上,称为螺纹的标注。

① 公称直径以毫米(mm)为单位的螺纹,如普通螺纹、梯形螺纹、锯齿形螺纹等,应将其完整地标记,直接注写在大径的尺寸线上或其引出线上,如图 6-13 所示。

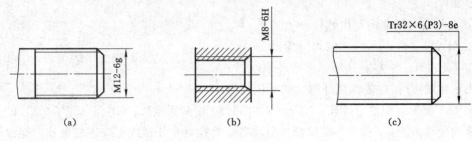

(a)   (b)   (c)

图 6-13   螺纹的标注

② 尺寸代号用分数或整数表示的管螺纹,应将其规定标记注写在指引线的横线上,指引线应从大径处或对称中心线处引出,如图 6-14 所示。

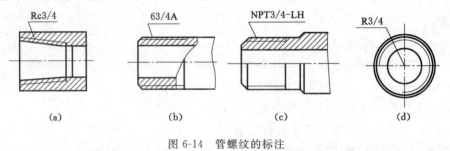

(a)   (b)   (c)   (d)

图 6-14   管螺纹的标注

③ 螺纹副的标注如图 6-15 所示。

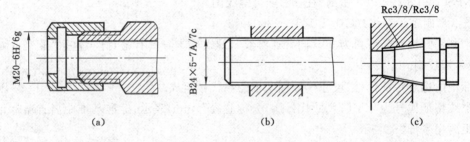

(a)   (b)   (c)

图 6-15   螺纹副的标注

④ 非标准螺纹的标注应画出螺纹的牙型,并注出所需要的尺寸及有关要求。如常用的方牙螺纹标注方法如图 6-16 所示。

二、螺纹紧固件及其连接

1. 螺纹紧固件

(1) 螺纹紧固件的标记

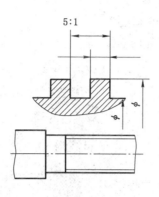

图 6-16　非标准螺纹的标注

　　螺纹紧固件包括螺栓、螺柱、螺钉、螺母和垫圈等。它们都属标准件,由专门的工厂生产。在一般情况下,都不需要单独画零件图,只需按规定进行标记,根据标记可从相应的国家标准中查到它们的结构形式和尺寸数据。几种常用的螺纹紧固件的简图和标记示例见表 6-3。

表 6-3　　　　　　　　　　常用螺纹紧固件的简图和标记

名称及视图	规定标记	名称及视图	规定标记
开槽圆柱头螺钉	M10×45	螺柱	M10×45
内六角圆头螺钉	M10×45	I 型六角螺母	M10×45
十字槽沉头螺钉	M10×45	I 型六角开槽螺母	M10×45
开槽锥端紧定螺钉	M10×45	平垫圈	M10×45
六角头螺栓	M10×45	标准型弹簧垫圈	M10×45

（2）在装配图中螺纹紧固件的画法

螺纹紧固件连接是一种可拆卸的连接,常用的形式有螺栓连接、螺柱连接、螺钉连接和螺钉紧定等,如图 6-17 所示。

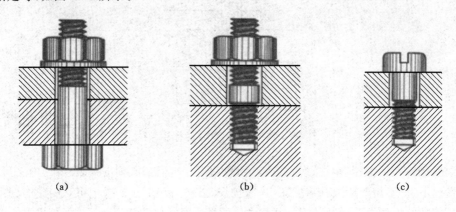

（a）   （b）   （c）

图 6-17　螺纹紧固件的连接形式

画螺纹紧固件的装配图时,需遵循以下三条基本规定：

① 在装配图中,当剖切平面通过螺杆的轴线时,对于螺栓、螺柱、螺钉、螺母及垫圈等均按未剖切绘制。螺纹紧固件的工艺结构,如倒角、退刀槽、缩颈、凸肩等均可省略不画。如图 6-18 所示。

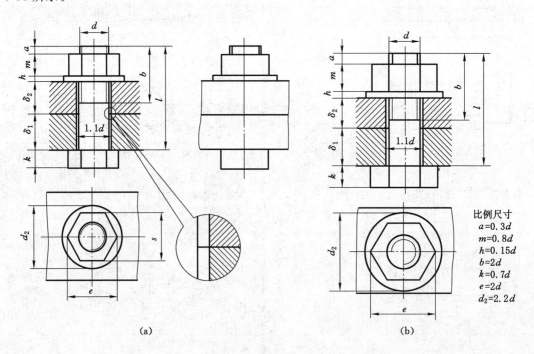

比例尺寸
$a=0.3d$
$m=0.8d$
$h=0.15d$
$b=2d$
$k=0.7d$
$e=2d$
$d_2=2.2d$

（a）   （b）

图 6-18　六角螺栓连接的简化画法

② 在装配图中,常用螺栓、螺钉的头部及螺母等可采用表 6-4 所列简化画法表示。

表 6-4 常用螺栓、螺钉的头部及螺母的简化画法

名称	形式	简化画法
螺栓	六角	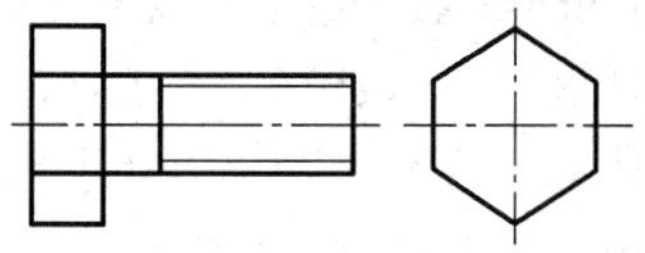
螺栓	方头	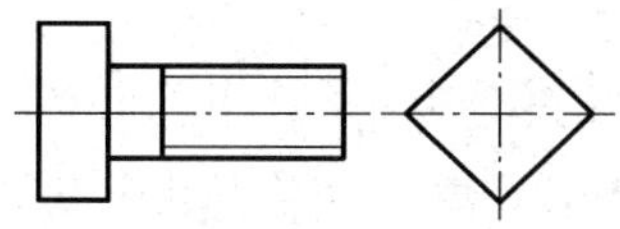
螺母	六角	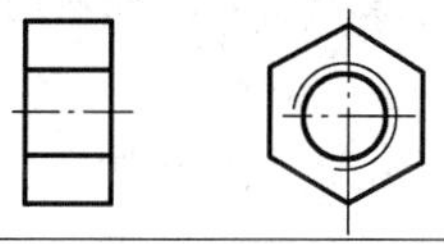
螺母	六角开槽	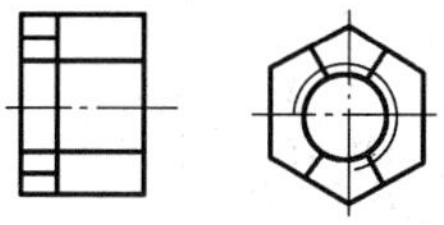
螺钉	圆柱头内六角	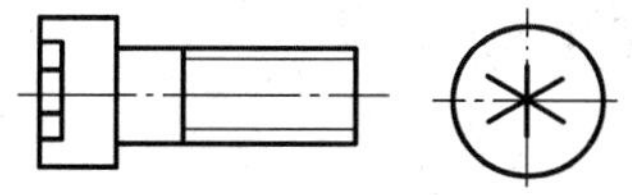
螺钉	开槽沉头	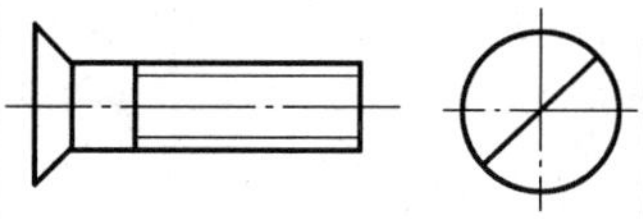
螺钉	开槽半沉头	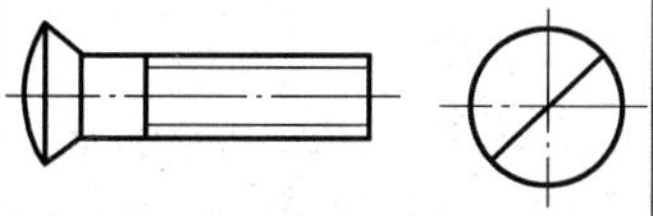
螺钉	十字槽沉头	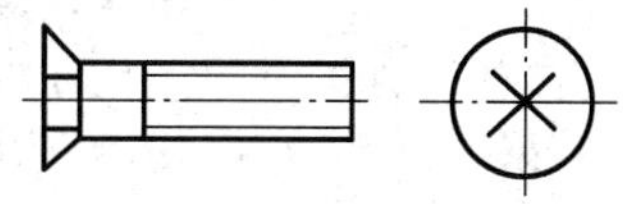
螺钉	十字槽半沉头	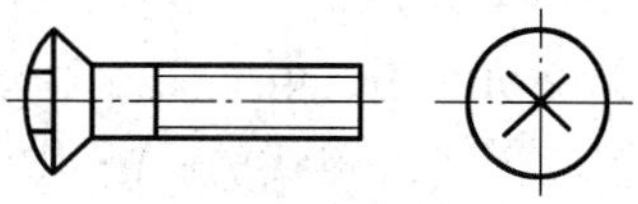
螺钉	十字槽盘头	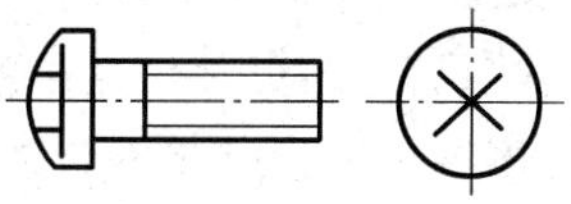
螺钉	开槽盘头	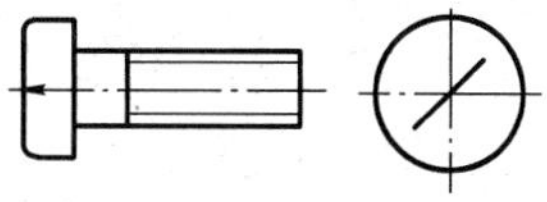
螺钉	开槽圆柱头	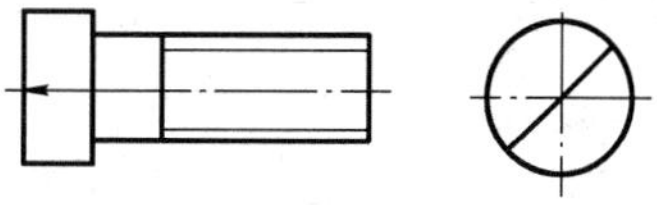
螺钉	开槽无头	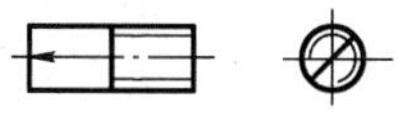
螺钉	十字槽圆头	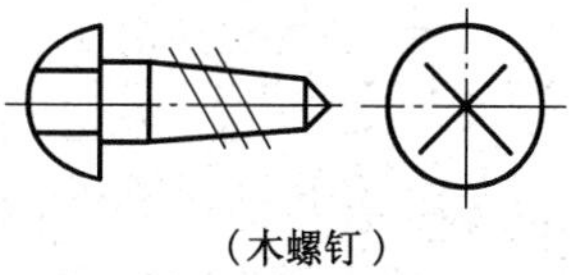 （木螺钉）

③ 在装配图中，不穿通的螺纹孔可不画出钻孔深度，仅按有效螺纹部分的深度（不包括螺尾）画出。

2. 紧固件连接

(1) 螺栓连接的画法

螺栓连接是工程上应用较广泛的一种连接方式，由螺栓穿过被连接件的通孔，加上垫圈，拧紧螺母，即把零件连接在一起了。这种连接适用于被连接件不太厚，而且又允许钻成通孔的情况下。

画螺栓连接图的已知条件是被连接件的厚度、螺栓、螺母、垫圈的标记等。螺栓的公称长度 l 可按下式计算：

$$l \geqslant \delta_1 + \delta_2 + h(\text{或 } s) + m + a$$

式中 δ_1、δ_2—— 被连接件的厚度（设计给定）；

h—— 平垫圈厚度（根据标记查表）；

s—— 弹簧垫圈厚度（根据标记查表）；

m—— 螺母高度（根据标记查表）；

　　　　a—— 螺栓末端超出螺母的长度，一般可取 $n = 2P$（P 为螺距）。

　　需要注意的是：按上式计算出的螺栓长度，还应根据螺栓的标准长度系列选取标准长度值。

　　被连接件的通孔直径应比螺栓直径稍大，《紧固件 螺栓和螺钉通孔》（GB/T 5277—1985）按精装配、中等装配和粗装配三种精确度给出了通孔直径尺寸，设计画图时可查标准。但在一般情况下，可按中等装配考虑，取通孔直径为 $1.1d$（d 为螺栓直径）。

　　六角螺栓连接的简化画法如图 6-18 所示。

　　（2）螺柱连接的画法

　　双头螺柱是在螺柱的两端都加工成螺纹。其中一端（b_m 端）拧入不穿通的螺孔内，称为旋入端；另一端穿过被连接件的通孔，套上垫圈，拧紧螺母，该端称为紧固端。螺柱连接用于被连接件之一较厚或不允许加工成通孔的场合。

　　双头螺柱的结构形式分 A 型和 B 型两种，根据旋入端长度的不同，分为 $b_m = 1d$、$b_m = 1.25d$、$b_m = 1.5d$、$b_m = 2d$ 等四个标准。

　　采用螺柱连接时，应当根据螺孔件的材料来选择螺柱的标准号，即确定 b_m 的长度，一般可参照表 6-5 确定。

表 6-5　　　　　　　　　　　　　　　　螺柱的选用

螺孔材料	旋入端长度选择	备注
钢、青铜、硬铝	$b_m = 1d$	
铸铁	$b_m = 1.25d$	参考国家相关标准
	$b_m = 1.5d$	
铝或其他较软的材料	$b_m = 2d$	

　　为确保连接的可靠性，螺柱的旋入端必须全部旋入螺孔内。为此，螺孔的螺纹深度应大于旋入端长度，螺纹深一般取旋入深度（b_m）加 2 倍的螺距，即 $b_m + 2P$（也可按 $b_m + 0.5d$ 选取），如图 6-19 所示。画图时，旋入端的终止线画成与螺孔件端面线平齐。

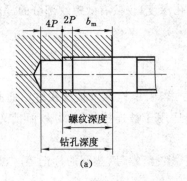
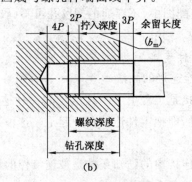

(a)　　　　　　　　　　　　　(b)

图 6-19　钻孔深度、螺纹深度、拧入深度、外螺纹余留长度

　　螺柱的公称长度 l（不包括旋入端长度 b_m）可按下式计算，并查表取标准长度。

$$l \geqslant \delta + h（或 s）+ m + a \quad (a = 2P \text{ 或 } 0.3d)$$

　　螺柱连接图的简化画法如图 6-20 所示。

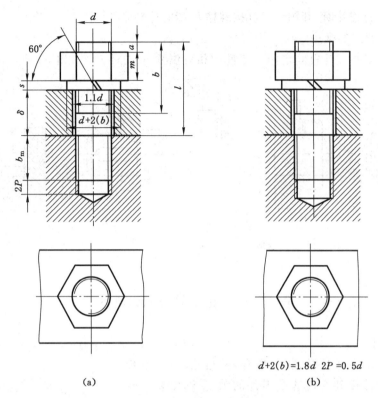

d+2(b)=1.8d　2P=0.5d

(a)　　　　　　　　　　　　(b)

图 6-20　螺柱连接的简化画法

（a）查表法；（b）比例法

s——弹簧垫圈的厚度；b——双头螺柱的螺纹长度

（3）螺钉连接的画法

螺钉连接一般用于受力不大而又不经常拆卸的场合。螺钉连接的简化画法如图 6-21

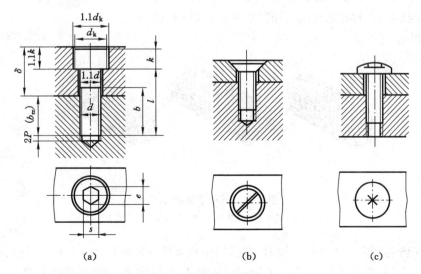

(a)　　　　　　　　　(b)　　　　　　　　　(c)

图 6-21　螺钉连接的简化画法

（a）内六角圆柱头螺钉连接；（b）开槽沉头螺钉连接；（c）十字槽盘头螺钉连接

所示。采用螺钉连接时,其旋入深度按螺柱 b_m 端的选择原则确定。

（4）螺钉紧定的画法

螺钉紧定是指用螺钉固定两个零件的相对位置,使之不产生相对运动,如图 6-22 和图 6-23 所示。

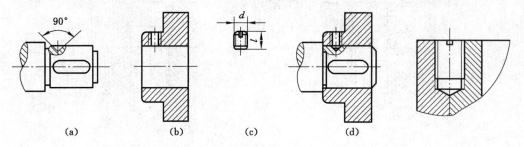

图 6-22　锥端紧固螺钉紧定画法　　　　　图 6-23　骑缝螺钉紧定画法

第二节　键、销、滚动轴承

一、键连接

如果要把动力通过联轴器、离合器、齿轮、飞轮或带轮等机械零件传递到安装这个零件的轴上,通常要在轮孔和轴上分别加工出键槽,把普通平键的一半嵌在轴里,另一半嵌在与轴相配合的零件的毂里,使它们连在一起转动,如图 6-24 所示。

键连接有多种形式,各有其特点和适用场合。普通平键制造简单,装拆方便,轮与轴的同心度较好,在各种机械上应用广泛。普通平键有普通 A 型平键（圆头）、普通 B 型平键（平头）和普通 C 型平键（单圆头）三种形式,其形状如图 6-25 所示。

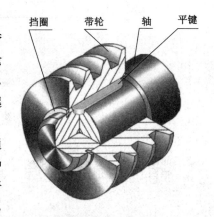

图 6-24　键连接图

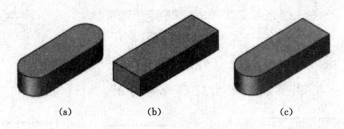

图 6-25　普通平键的形式
（a）A 型（圆头）；（b）B 型（平头）；（c）C 型（单圆头）

普通平键是标准件。选择平键时,从标准中查取键的截面尺寸 $b \times h$,然后按轮毂宽度 B 选定键长 L,一般 $L=B-(5\sim10\ mm)$,并取 L 为标准值。键和键槽的形式、尺寸,可查表。

键的标记格式为：

| 标准编号 | 名称 | 形式 | 键宽 | × | 键高 | × | 键长 |

普通 A 型平键不注"A"。如普通 A 型平键，键宽 $b=18$，键高 $h=11$，键长 $L=100$，键标记为"GB/T 1096—2003 键 $18\times11\times100$"。

单个键槽的表示法：图 6-26(a)表示在轴上加工键槽的表示法和尺寸注法；图 6-26(b)表示在轮上加工键槽的表示法和尺寸注法。

键连接的表示法：键侧与键槽的两个侧面紧密配合，靠键的侧面传递转矩。平键与键槽在顶面不接触，应画出间隙；键的倒角省略不画；沿键的纵向剖切时，键按不剖处理，即不画剖面线；横向剖切时，要画剖面线，如图 6-26(c)所示。

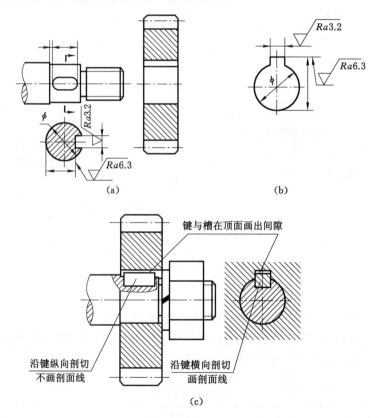

图 6-26 键槽及键连接的表达方法

(a) 轴上的键槽；(b) 齿轮上的键槽；(c) 齿轮与轴装配在一起

二、销连接

销是标准件，主要用于零件间的连接或定位。最常见的销是圆柱销和圆锥销，如图6-27所示。

销的简化标记格式为：

| 名称 | 标准编号 | 形式 | 公称直径 | × | 长度 |

销的名称可省略，A 型圆锥销不注"A"。如公称直径 $d=6$、公差 $m=6$、公称长度 $l=$

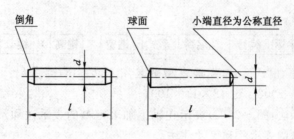

图 6-27　销的基本类型

（a）圆柱销；（b）圆锥销

30、材料为钢、普通淬火、表面氧化的圆柱销,标记为"销 GB/T 119.1—2000　6m6×30"。销连接的画法如图 6-28 所示。

沿销的轴线剖切不画剖面线

上盖

上盖

箱体

箱体

销的倒角省略不画

图 6-28　销联接的画法

三、滚动轴承

滚动轴承是支承轴的部件,它的优点是摩擦力小、结构紧凑,在工程上得到了广泛的应用。滚动轴承的结构形式和尺寸规格已全部实现了标准化,表 6-6 列举了深沟球轴承、圆锥滚子轴承和推力球轴承的规定画法和特征画法。

表 6-6　　　　　　　　　　　　滚动轴承的画法

轴承类型	规定画法	特征画法
深沟球轴承 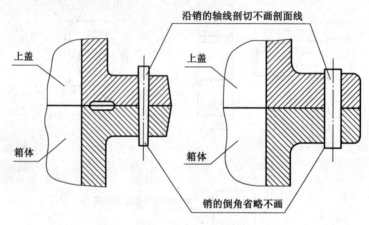 GB/T 276—2013		

续表 6-6

轴承类型	规定画法	特征画法
圆锥滚子轴承 GB/T 297—2015		
推力球轴承 GB/T 301—2015		

　　滚动轴承也用代号标记。轴承代号由前置代号、基本代号和后置代号三部分构成。一般情况下,常用的轴承可只用基本代号表示。

　　基本代号(滚针轴承除外)由轴承类型代号、尺寸系列代号和内径代号组成。

　　(1)轴承类型代号用数字或字母表示,见表 6-7。

　　(2)尺寸系列代号由轴承的宽(高)度系列代号和直径系列代号组合而成,用两位数字表示。

　　(3)内径代号用两位数字表示:当轴承的公称直径(内径)为 10、12、15、17(mm)时,内径代号用 00、01、02、03 表示;当公称直径为 20～480 mm 时(22、28、32 除外),内径代号为公称直径除以 5 的商数,商数为一位数时,需在商数左边加"0"补位。

表 6-7　　　　　　　　　　　　　　　轴承类型代号

轴承类型	代号	轴承类型	代号
双列角接触球轴承	0	深沟球轴承	6
调心球轴承	1	角接触球轴承	7
调心滚子轴承	2	推力圆柱滚子轴承	8
推力调心滚子轴承	2	圆柱滚子轴承 (双列或多列用字母 NN 表示)	N
圆锥滚子轴承	3		
双沟深沟球轴承	4	外球面球轴承	U
推力球轴承	5	四点接触球轴承	QJ

轴承代号举例：

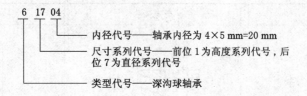

内径代号——轴承内径为 4×5 mm=20 mm

尺寸系列代号——前位 1 为高度系列代号，后位 7 为直径系列代号

类型代号——深沟球轴承

第三节 齿 轮

齿轮是广泛应用于机器设备中的一种传动件，它可以传递动力、改变转动速度和方向。常见的传动形式有：圆柱齿轮传动[图 6-29(a)]、锥齿轮传动[图 6-29(b)]和蜗杆齿轮传动[图 6-29(c)]。圆柱齿轮的轮齿有直齿、斜齿、人字齿等，其中最常用的是直齿圆柱齿轮，简称直齿轮。本节主要介绍直齿轮。

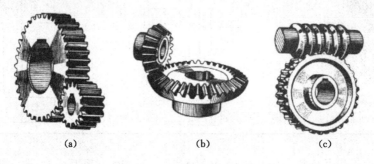

(a)　　　　　　　　　(b)　　　　　　　　　(c)

图 6-29　常见的齿轮传动形式

(a) 圆柱齿轮；(b) 锥齿轮；(c) 蜗杆齿轮

一、直齿轮轮齿的各部分名称及代号

（1）齿顶圆：通过齿轮各齿顶端的圆，称为齿顶圆，其直径和半径用 d_a 和 r_a 表示。

（2）齿根圆：通过齿轮各齿槽底部的圆，称为齿根圆，其直径和半径用 d_f 和 r_f 表示。

（3）分度圆：齿轮上一个约定的假想圆，在该圆上，齿槽宽 e（相邻两齿廓之间的弧长）与齿厚 s（一个齿两侧齿廓之间的弧长）相等，即 $e=s$，此圆称为分度圆，其直径和半径用 d 和 r 表示。

（4）节圆：如图 6-30 所示，两齿轮啮合时，齿廓接触点 C（简称节点）把两齿轮的连心线 O_1O_2 分成两段，分别以 O_1、O_2 为圆心，以 O_1C、O_2C 为半径所画的圆，称为节圆，其直径和半径用 d' 和 r' 表示。齿轮的传动可假想是这两个圆（柱）在做无滑动的纯滚动。正确安装的标准齿轮，分度圆和节圆相等，即 $d=d'$。

（5）齿顶高：介于分度圆和齿顶圆之间的部分称为齿顶，其径向距离称为齿顶高，用 h_a 表示。

（6）齿根高：介于分度圆和齿根圆之间的部分称为齿根，其径向距离称为齿根高，用 h_f 表示。

（7）齿高：齿顶圆与齿根圆之间的径向距离，称为齿高，用 h 表示，$h=h_a+h_f$。

（8）齿距：在分度圆上，相邻两齿同侧齿廓间的弧长，称为齿距，用 p 表示。齿距等于齿厚＋齿槽宽，即 $p=s+e$。

（9）模数：如图 6-30 所示，分度圆的大小与齿距 p 和齿数有关，即分度圆周长 $\pi d = pz$ 或 $d = pz/\pi$，令 $m = p/\pi$，则得 $d = mz$。m 称为齿轮的模数，单位是毫米（mm），模数的大小直接反映出轮齿的大小，一对相互啮合的齿轮，其模数必须相等。为了减少加工齿轮的刀具，模数已标准化，其系列见表 6-8。

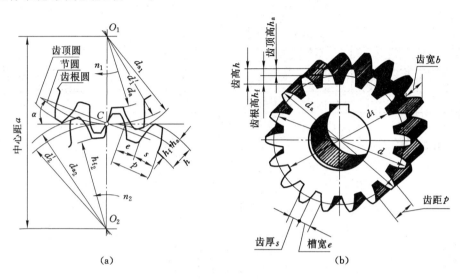

（a）　　　　　　　　　　　（b）

图 6-30　直齿轮各部分名称和代号

表 6-8	齿轮模数系列	单位：mm
第一系列 （优先选用）	···，1，1.25，1.5，2，2.5，3，4，5，6，8，10，12，16，20，25，32，40，50	
第二系列	···，1.75，2.25，2.75，(3.25)，3.5，(3.75)，4.5，5.5，(6.5)，7，9，(11)，14，18，22，28，(30)，36，45	

注：选用模数时，应优先采用第一系列，其次是第二系列，括号内的模数尽可能不用。

（10）啮合角、压力角、齿形角：在一般情况下，两啮合轮齿齿廓在节点处的公法线与两节圆的公切线所夹锐角，称为啮合角，也称压力角，基本齿条的法向压力角又称为齿形角，用 α 表示。我国标准渐开线齿廓的齿轮，其压力角 $\alpha = 20°$。

（11）中心距：齿轮副（由两个啮合的齿轮组成）的两轴线之间的最短距离，称为中心距，用 a 表示。

二、直齿轮尺寸计算

直齿轮的尺寸公式及计算举例，见表 6-9。

表 6-9		直齿轮尺寸公式及计算举例	
基本参数：模数 m，齿数 z			已知：$m = 2.5$，$z_1 = 17$，$z_2 = 40$
名称	代号	尺寸公式	计算举例
齿顶高	h_a	$h_a = m$	$h_a = 2.5$
齿根高	h_f	$h_f = 1.25m$	$h_f = 3.13$
齿高	h	$h = h_a + h_f = 2.25m$	$h = 5.63$

续表 6-9

基本参数：模数 m，齿数 z			已知：$m = 2.5, z_1 = 17, z_2 = 40$	
名称	代号	尺寸公式	计算举例	
分度圆直径	d	$d = mz$	$d_1 = 42.5$	$d_2 = 100$
齿顶圆直径	d_a	$d_a = d + 2h_a = m(z+2)$	$d_{a_1} = 47.5$	$d_{a_2} = 105$
齿根圆直径	d_f	$d_f = d - 2h_f = m(z - 2.5)$	$d_{f_1} = 36.25$	$d_{f_2} = 93.75$
齿距	p	$p = \pi m$	$p = 7.85$	
齿厚	s	$s = p/2$	$s = 3.93$	
中心距	a	$a = (d_1 + d_2)/2 = m(z_1 + z_2)/2$	$a = 71.25$	

三、直齿轮的规定画法

1. 单个齿轮的画法

（1）关于视图的选用

想要表示单个齿轮，一般用两个视图或一个视图和一个局部视图来表示，如图 6-31 所示。

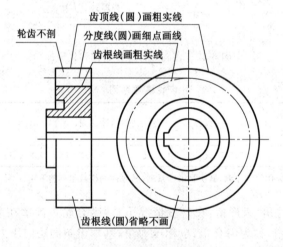

图 6-31　单个齿轮的画法

（2）轮齿部分的规定画法

齿顶线和齿顶圆用粗实线绘制；分度线和分度圆用细点画线绘制；齿根线和齿根圆用细实线绘制，可省略不画；在剖视图中，当剖切平面通过齿轮的轴线时，轮齿按不剖处理，即齿根线画粗实线，轮齿部分不画剖面线。

2. 两齿轮啮合的画法

（1）在平行于齿轮轴线投影面剖视图中，当剖切平面通过两轮的轴线时，啮合区内的两条节线重合为一条，用细点画线绘制；两条齿根线都用粗实线画出；两条齿顶线，其中一条用粗实线绘制，而另一条画虚线或省略不画，如图 6-32（a）所示。如果不画成剖视图，啮合区的齿顶线和齿根线都不必画出，节线用粗实线绘制，如图 6-32（d）、（e）、（f）所示。齿顶线与齿根线之间应有 0.25 mm 的间隙，如图 6-33 所示。

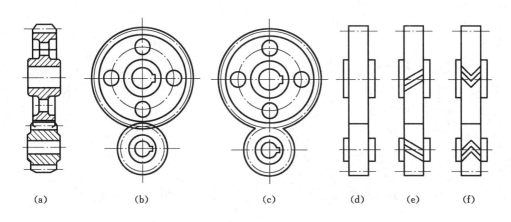

图 6-32　圆柱齿轮啮合的画法

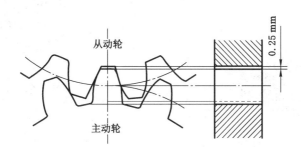

图 6-33　啮合区的投影分析

非啮合区的画法,与单个齿轮一致。

(2)在垂直于齿轮轴线的投影面的视图中,两齿轮的节圆应相切。在啮合区内,两齿轮的顶圆可用粗实线完整地画出,如图 6-32(b)所示;也可省略不画,如图 6-32(c)所示。

第四节　弹　　簧

弹簧是一种用来减振、夹紧、储能和测力的零件。弹簧的种类很多,常见的有圆柱螺旋弹簧(图 6-34)、涡卷弹簧(图 6-35)、板弹簧(图 6-36)、碟形弹簧(图 6-37)等。本节只讨论圆柱螺旋弹簧。

一、圆柱螺旋弹簧参数和尺寸关系

(1)簧丝直径 d:弹簧钢丝的直径。

(2)弹簧外径 D:弹簧最大的直径。

(3)弹簧内径 D_1:弹簧最小的直径。

(4)弹簧中径 D_2:弹簧内、外径的平均值,即 $D_2 = (D + D_1)/2 = D - d = D_1 + d$

(5)节距 t:螺旋弹簧两相邻有效圈截面中心线的轴向距离。

(6)支承圈数 n_0:为使弹簧受力均匀,保证中心轴线垂直于支承面,制造时需将两端并紧磨平,这部分圈数不起弹力作用,只起支承作用,一般支承圈数有 1.5 圈、2 圈和 2.5 圈三种,常用的是 2.5 圈。

图 6-34　圆柱螺旋弹簧

图 6-35　涡卷弹簧

图 6-36　板弹簧

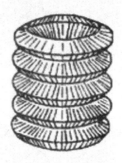

图 6-37　碟形弹簧

（7）有效圈数 n：除支承圈外，需要保持节距相等的圈数。

（8）总圈数 n_1：支承圈与有效圈之和，即 $n_1 = n_0 + n$。

（9）自由高度 H_0：弹簧在没有负荷时的高度，即 $H_0 = nt + (n_0 - 0.5)d$，t 为节距。

（10）簧丝长度 L：弹簧钢丝展直以后的长度，即 $L = n_1 [(\pi D_2)^2 + t^2]^{0.5}$。

（11）旋向：螺旋弹簧分左旋和右旋两类。

（12）普通圆柱螺旋压缩弹簧的 d、D_2、n 和 H_0 等尺寸系列，可查相关国家标准。

二、圆柱螺旋弹簧的画法

（1）在平行于螺旋弹簧轴线的投影面的视图中，其各圈轮廓线应画成直线，如图 6-38 所示。

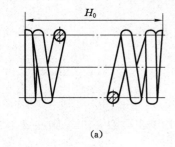

（a）

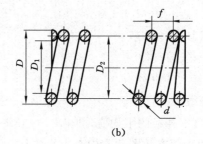

（b）

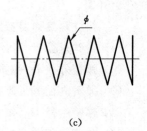

（c）

图 6-38　圆柱螺旋弹簧的画法

（a）视图；（b）剖视图；（c）示意画法

（2）螺旋弹簧均可画成右旋，但左旋弹簧不论画成左旋或右旋，一律要注出旋向"LH"。

（3）螺旋压缩弹簧如果要求两端并紧磨平时，不论支承圈多少和末端并紧情况如何，均按支承圈为2.5圈的形式画出。

（4）有效圈在4圈以上的螺旋弹簧，中间部分可以省略。中间部分省略后，允许适当缩短图形的长度。

（5）在装配图中螺旋弹簧的画法为：

① 被弹簧挡住的结构一般不画，可见部分应从弹簧的外轮廓线或弹簧钢丝剖面的中心线画起，如图6-39（a）所示。

② 材料直径或厚度在图形上等于或小于2 mm的螺旋弹簧，允许示意画出，如图6-39（b）所示。

③ 当弹簧被剖切时，剖面直径或厚度在图形上等于或小于2 mm时，也可用涂黑表示，如图6-39（c）所示。

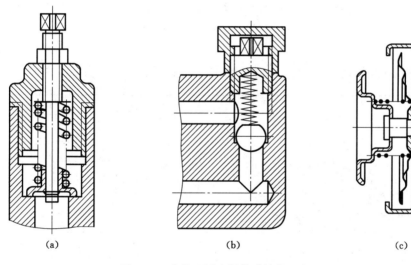

(a)　　　　　　　　(b)　　　　　　　　(c)

图 6-39　在装配图中螺旋弹簧的画法

第七章 零 件 图

【知识要点】 零件图的主要内容,尺寸基准及标注零件尺寸的要求,表面粗糙度的含义、代号及注法,公差与配合,零件图的识读方法与步骤。

【技能要求】 正确标注相关参数,识读零件图。

第一节 零件图的作用和内容

一台机器或一个部件都是由许多零件按一定要求装配而成的。表示零件结构、大小和技术要求的图样称为零件图。零件图是制造和检验零件的依据,是组织生产的主要技术文件之一。

图 7-1 所示的轴承座零件图可以看出,一张完整的零件图应具备以下内容:

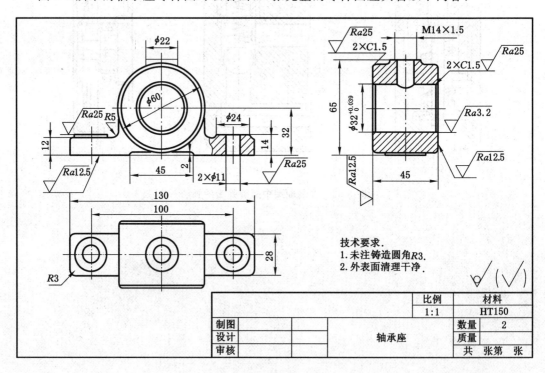

图 7-1 轴承座零件图

(1)一定数量的视图、剖视图、断面图、局部放大图等,完整、清晰地表达出零件的结构形式。

(2)正确、完整、清晰、合理地标注出零件在制造、检验时所需的全部尺寸。

（3）有制造和检验中应达到的各项质量要求，如表面粗糙度、极限偏差、几何公差、热处理要求等。

（4）有标题栏，填写零件的名称、材料、数量、比例及责任人签字等。

第二节　零件的尺寸标注

零件图中的尺寸是制造和检验零件的重要依据。在零件图上标注尺寸，除要求正确、完整和清晰外，还应考虑合理性，既要满足设计要求，又要便于加工、测量。

一、选择尺寸基准

要合理标注尺寸，必须恰当地选择尺寸基准，即尺寸基准的选择符合零件的设计要求，并便于加工和测量。尺寸基准即标注尺寸的起始点，零件的底面、端面、对称面、主要的轴线、对称中心等都可以作为基准。

1. 设计基准和工艺基准

根据机器的结构和设计要求，用以确定零件在机器中位置的一些面、线、点，称为设计基准。根据零件加工制造、测量和检验等工艺要求所选定一些面、线、点，称为工艺基准。

如图 7-2 所示，轴承孔的高度是影响轴承座工作性能的功能尺寸，主视图中尺寸 $40\pm$ 0.02 以底面为基准，以保证轴承孔到底面的高度。其他高度方向的尺寸，如 58、10、12 均以底面为基准。在标注底板上两孔的定位尺寸时，长度方向应以底板的对称面为基准，以保证底板上两孔的对称关系，如俯视图中的尺寸 65，底面和对称面都是满足设计要求的基准，是设计基准。

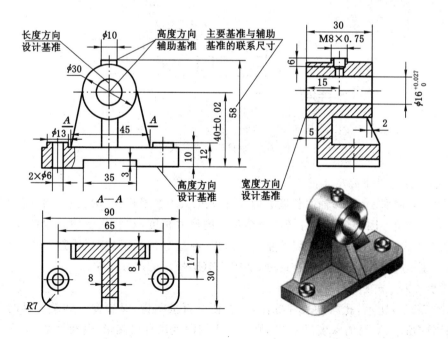

图 7-2　轴承座的尺寸基准

轴承座上方螺孔的深度尺寸，若以轴承底板的底面为基准标注，就不易测量。应以凸台端面为基准,标注尺寸6,测量比较方便,故凸台端面是工艺基准。

标注尺寸时,应尽量使设计基准与工艺基准重合,使尺寸既能满足设计要求,又能满足工艺要求。轴承座的底面是设计基准,加工时又是工艺基准。二者不能重合时,主要尺寸应以设计基准出发标注。

2. 主要基准与辅助基准

每个零件都有长、宽、高三个尺寸,每个方向至少有一个尺寸基准,且都有一个主要基准,即决定零件主要尺寸的基准。如图7-2中底面为轴承座高度方向的主要基准,对称面为长度方向的主要基准,圆筒后端面为宽度方向的主要基准。

为了便于加工和测量,通常还附加一些尺寸基准,这些除主要基准外另选的基准为辅助基准。辅助基准必须有尺寸与主要基准相联系。如图7-2主视图所示,高度方向的主要基准是底面,而凸台端面为辅助基准(工艺基准),辅助基准与主要基准之间联系尺寸为58。

二、标注尺寸的注意事项

1. 功能尺寸应直接标注

为保证设计的精度要求,功能尺寸应直接注出。图7-3(a)表明了零件凸块与凹槽之间的配合要求;图7-3(b)将尺寸直接注出是合理的,能保证两零件的配合要求;而图7-3(c)所注的尺寸,则需经计算得出,是不合理的。

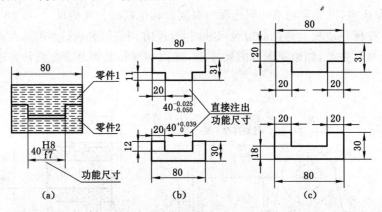

图 7-3　直接注出功能尺寸

2. 不能注成封闭的尺寸链

如图7-4(a)所示,阶梯轴的长度方向尺寸 a、b、c、d 首尾相连,构成一个封闭的尺寸链,这种情形应避免。因为封闭尺寸链中每个尺寸的尺寸精度,都将受链中其他各尺寸误差的影响,加工时很难保证总长度的尺寸精度。所以,在这种情况下,应当挑选一个不重要的尺寸空出不注,以使尺寸误差累积在此处,如图7-4(b)所示的尺寸注法。

3. 考虑测量方便

如图7-5(a)所示,孔深的尺寸标注,既要便于直接测量,又要便于调整刀具的进给量。如图7-5(b)所示,套筒的深度尺寸38,则不便于用深度尺直接测量;套筒尺寸5、29的注法,在加工时无法直接测量。

4. 长圆孔的尺寸注法

零件上长圆形的孔或凸台,由于其作用和加工方法的不同,有不同的尺寸注法。

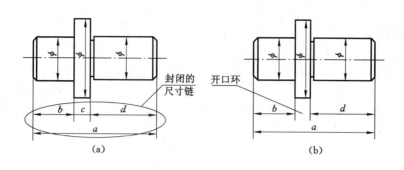

图 7-4 不注成封闭尺寸链

(a) 错误画法；(b) 正确画法

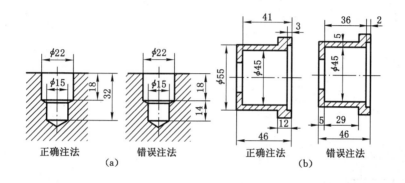

图 7-5 标注尺寸应便于测量

(1) 一般情况下，如键槽、散热孔以及在薄板零件上冲出的加强肋等，采用第一种注法，如图 7-6(a) 所示。

(2) 当长圆孔装入螺栓时，中心距就是允许螺栓变动的距离，也是钻孔的定位尺寸，此时采用第二种注法，如图 7-6(b) 所示。

(3) 在特殊情况下，可采用特殊注法，如图 7-6(c) 所示，此时宽度"8"与半径"R4"不认为是重复尺寸。

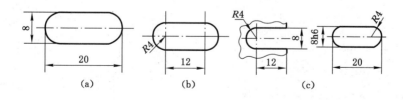

图 7-6 长圆孔尺寸的普通注法

(a) 第一种注法；(b) 第二种注法；(c) 特殊注法

三、零件上常见结构的尺寸标注

零件上常见的销孔、锪平孔、沉孔、螺孔等结构，标注尺寸可参照表 7-1。

表 7-1　　　　　　　　　　　　　零件上常见孔的尺寸注法

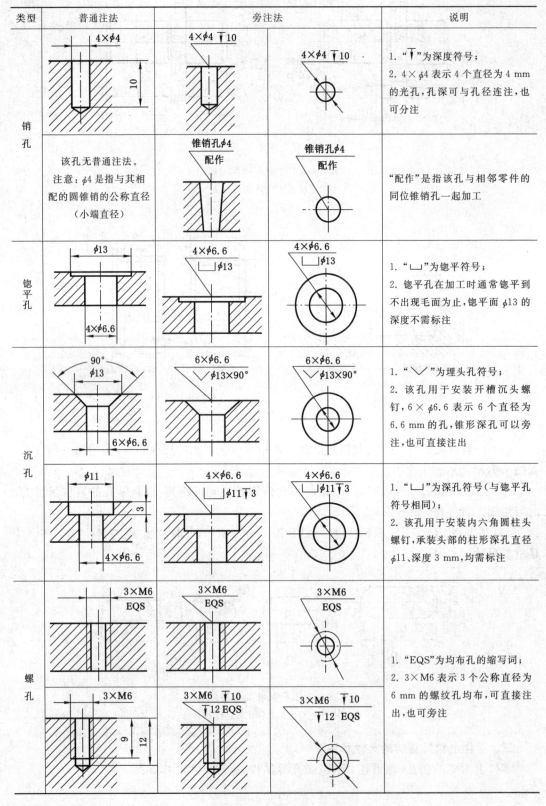

类型	普通注法	旁注法		说明
销孔	4×φ4 ↧10	4×φ4 ↧10	4×φ4 ↧10	1. "↧"为深度符号； 2. 4×φ4 表示 4 个直径为 4 mm 的光孔，孔深可与孔径连注，也可分注
	该孔无普通注法。 注意：φ4 是指与其相配的圆锥销的公称直径（小端直径）	锥销孔φ4 配作	锥销孔φ4 配作	"配作"是指该孔与相邻零件的同位锥销孔一起加工
锪平孔	φ13 4×φ6.6	4×φ6.6 ⌴φ13	4×φ6.6 ⌴φ13	1. "⌴"为锪平符号； 2. 锪平孔在加工时通常锪平到不出现毛面为止，锪平面 φ13 的深度不需标注
沉孔	90° φ13 6×φ6.6	6×φ6.6 ⌵φ13×90°	6×φ6.6 ⌵φ13×90°	1. "⌵"为埋头孔符号； 2. 该孔用于安装开槽沉头螺钉，6×φ6.6 表示 6 个直径为 6.6 mm 的孔，锥形深孔可以旁注，也可直接注出
	φ11 3 4×φ6.6	4×φ6.6 ⌴φ11↧3	4×φ6.6 ⌴φ11↧3	1. "⌴"为深孔符号（与锪平孔符号相同）； 2. 该孔用于安装内六角圆柱头螺钉，承装头部的柱形深孔直径 φ11、深度 3 mm，均需标注
螺孔	3×M6 EQS	3×M6 EQS	3×M6 EQS	1. "EQS"为均布孔的缩写词； 2. 3×M6 表示 3 个公称直径为 6 mm 的螺纹孔均布，可直接注出，也可旁注
	3×M6 9 12	3×M6 ↧10 ↧12 EQS	3×M6 ↧10 ↧12 EQS	

第三节　零件图上技术要求的注写

零件图中除了图形和尺寸外,还应具备加工和检验零件的技术要求。技术要求主要是指几何精度方面的要求,如表面粗糙度、尺寸公差、零件的几何公差、材料的热处理和表面处理,以及对指定加工方法和检验的说明等。

一、表面结构的表示法

表面结构是表面粗糙度、表面波纹度、表面缺陷、表面纹理和表面几何形状的总称。表面结构的各项要求在图样上的表示法在《技术产品文件中表面结构的表示法》(GB/T 131—2006)中均有具体规定。这里主要介绍常用的表面粗糙度表示方法。

1. 表面粗糙度基本概念

零件在机械加工过程中,由于机床、刀具的振动,以及材料在切削时产生塑性变形、刀痕等原因,经放大后可见其加工表面是高低不平的,如图 7-7 所示。零件加工表面上具有较小间距与峰谷所组成的微观几何形状特性,称为表面粗糙度。表面粗糙度与加工方法、刀具形状及进给量等各种因素都有密切关系。

图 7-7　零件图真实表面

表面粗糙度是评定零件表面质量的一项重要技术指标,在满足使用要求的前提下,应尽量选用较大的参数值,以降低成本。国家标准规定评定粗糙度轮廓中的两个高度参数 Ra 和 Rz,是机械图样中最常用的评定参数。

(1)算术平均偏差 Ra:是指在一个取样长度内,纵坐标值 $Z(x)$ 绝对值的算术平均值,如图 7-8 所示。

(2)轮廓最大高度 Rz:是指在同一取样长度内,最大轮廓峰高和最大轮廓谷深之和的高度,如图 7-8 所示。

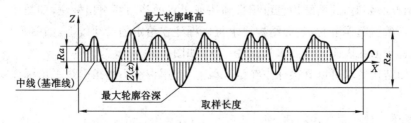

图 7-8　算术平均偏差 Ra 和轮廓最大高度 Rz

2. 表面结构的图形符号

表面结构的图形符号见表 7-2。

表 7-2 图形符号的含义

符号名称	符号	含义
基本图形符号 （简称基本符号）	 符号为细实线；h＝字体高度	1. 对表面结构有要求的图形符号； 2. 仅用于简化代号标注，没有补充说明时不能单独使用
扩展图形符号 （简称扩展符号）		1. 对表面结构有指定要求（去除材料）的图形符号； 2. 在基本图形符号上加一短横，表示指定表面是用去除材料的方法获得，如通过机械加工获得的表面
		1. 对表面结构有指定要求（不去除材料）的图形符号； 2. 在基本图形符号上加一圆圈，表示指定表面是不用去除材料的方法获得
完整图形符号 （简称完整符号）	允许任何工艺　去除材料　不去除材料	1. 对基本图形符号或扩充后的图形符号； 2. 当要求标注表面结构特征的补充信息时，在基本图形符号或扩展图形符号的长边上加一横线

3. 表面结构要求在图样中的注法

在图样中，零件表面结构要求是用代号标注的。表面结构符号中注写了具体参数代号及数值等要求后，即称为表面结构代号。

（1）表面结构要求对每一表面一般只注一次，并尽可能注在相应的尺寸及其公差的同一视图上，除非另有说明，所标注的表面结构要求是对完工零件表面的要求。

（2）表面结构的注写和读取方向与尺寸的注写和读取方向一致。

（3）表面结构的要求可标注在轮廓线上，其符号应从材料外指向并接触表面，如图 7-9、图 7-10 所示。必要时，表面结构也可用带箭头或黑点的指引线引出标注，如图 7-11 所示。

（4）在不致引起误解时，表面结构要求可以标注在给定的尺寸线上，如图 7-12 所示。

（5）圆柱表面的表面结构要求只标注一次，如图 7-13 所示。

（6）表面结构要求可以直接标注在延长线上，或用带箭头的指引线引出标注，如图 7-14 所示。

4. 表面结构要求的简化注法

（1）有相同表面结构要求的简化注法

如果在工件多数（包括全部）表面有相同的表面结构要求时，则其表面结构要求可统一

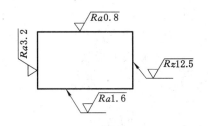

图 7-9　表面结构要求的注写方向

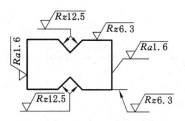

图 7-10　表面结构要求在轮廓线上的标注

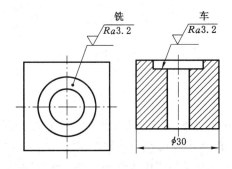

图 7-11　用指引线引出标注表面结构要求

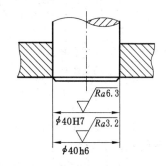

图 7-12　表面结构要求标注在尺寸线上

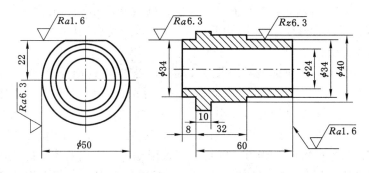

图 7-13　表面结构要求标注在圆柱特征的延长线上

标注在图样的标题栏附近。此时,在表面结构要求符号的后面画出圆括号,圆括号内给出无任何其他标注的基本符号,将不同的表面结构要求直接标注在图形中,如图 7-14 所示。

（2）只用表面结构符号的简化注法

用表面结构符号,以等式的形式给出多个表面共同的表面结构要求,如图 7-15 所示。

5. 表面粗糙度代号的识读

表面粗糙度代号一般按下列方式识读:

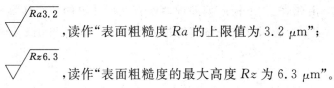

，读作"表面粗糙度 Ra 的上限值为 3.2 μm";

，读作"表面粗糙度的最大高度 Rz 为 6.3 μm"。

二、极限与配合

在一批相同的零件中任取一个,不需修配便可装到机器上并能满足使用要求的性质,称

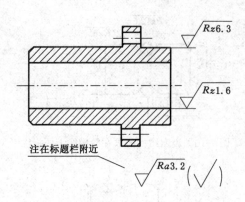

图 7-14　多数表面有相同表面结构
要求的简化注法

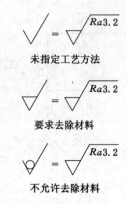

图 7-15　只有表面结构符号的
简化注法

为互换性。

为使零件具有互换性,必须保证零件的尺寸、表面粗糙度、几何形状及零件上有关要素的相互位置等技术要求的一致性。就尺寸而言,互换性要求尺寸的一致性,并不是要求零件都准确地制成一个指定的尺寸,而只是限定其在一个合理的范围内变动。对于相互配合的零件,这个范围一是要求在使用和制造上是合理、经济的;二是要求保证相互配合的尺寸之间形成一定的配合关系,以满足不同的使用要求。前者要以"公差"的标准化——极限来解决,后者要以"配合"的标准化来解决,由此产生了"极限与配合"制度。

1. 尺寸公差与公差带

在机械加工过程中,不可能将零件的尺寸加工得绝对准确,而是允许零件的实际尺寸在合理的范围内变动。这个允许的尺寸变动量就是尺寸公差,简称公差。公差越小,零件精度就越高,实际尺寸的允许变动量也就越小;反之,公差越大,尺寸的精度就越低。

如图 7-16(a)、(b)所示,轴的直径尺寸 $\phi 40^{+0.050}_{+0.034}$ 中的 $\phi 40$ 是设计给定的尺寸,称为公称尺寸,+0.050 称为上极限偏差,+0.034 称为下极限偏差。它们的含义是:轴的直径允许的最大尺寸,即上极限尺寸为 40 mm+0.05 mm＝40.05 mm;轴的直径允许的最大尺寸,即下限尺寸为 40 mm+0.034 mm＝40.034 mm。也就是说,轴的直径最粗为 40.05 mm,最细为 40.034 mm。轴径的实际尺寸只要在 $\phi 40.034 \sim \phi 40.05$ mm 范围内,就是合格的。

由此可见,"公差＝上极限尺寸－下极限尺寸"或"公差＝上极限偏差－下极限偏差",此例中即 40.05 mm－40.034 mm＝0.016 mm(或 0.05 mm－0.034 mm＝0.016 mm)。

上极限偏差和下极限偏差统称为极限偏差。极限偏差可以是正值、负值或零,而公差恒为正值,不能是零或负值。

在公差分析中,常把公称尺寸、极限偏差及尺寸公差之间的关系简化成公差带图,如图 7-16(c)所示。在公差带图解中,由代表上、下极限偏差的两条直线所限定的一个区域称为公差带。在极限与配合图解中,表示公称尺寸的一条直线称为零线,以其为基准确定极限偏差和尺寸公差。

2. 标准公差与基本偏差

公差带由公差带大小和公差带位置两个要素来确定。

(1) 标准公差

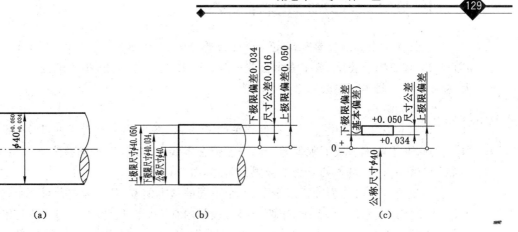

图 7-16　基本术语和公差带示意图

（a）轴的尺寸；（b）基本术语示意图；（c）公差带图

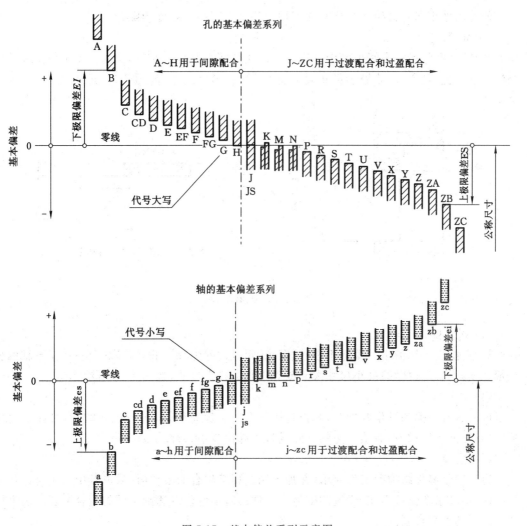

图 7-17　基本偏差系列示意图

公差带大小由标准公差来确定。标准公差分为 20 个等级，即 IT01，IT0，IT1，IT2，…，IT18。IT 代表标准公差，数字表示公差等级。IT01 公差值最小，精度最高；IT18 公差值最大，精度最低。具体标准公差数值可查表。

（2）基本偏差

公差带相对零线的位置由基本偏差来确定。基本偏差通常是指靠近零线的那个极限偏差，它可以是上限偏差或下限偏差。当公差带在零线上方时，基本偏差为下极限偏差；当公差带在零线下方时，基本偏差为上极限偏差，如图 7-17 所示。

相关国家标准对孔和轴各规定了 28 个不同的基本偏差，基本偏差代号用字母表示。其中，用一个字母表示的有 21 个，用两个字母表示的有 7 个。从 26 个字母中去掉了易与其他含义相混淆的 I、L、O、Q、W(i、l、o、q、w)5 个字母。大写字母表示孔，小写字母表示轴。具体轴和孔的基本偏差代号与数值可查表。

3. 配合

公称尺寸相同并且相互结合的孔和轴公差带之间的关系称为配合。

（1）间隙配合

具有间隙（包括最小间隙等于零）的配合，叫作间隙配合。此时，孔的公差带位于轴的公差带之上，也就是说，孔的最小尺寸大于或等于轴的最大尺寸，如图 7-18 所示。

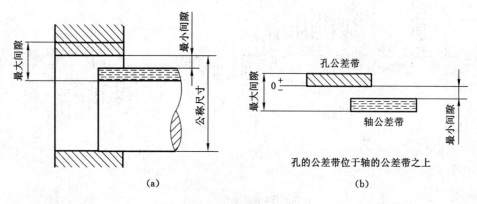

（a）   （b）

图 7-18 间隙配合

（2）过盈配合

具有过盈（包括最小过盈等于零）的配合，叫作过盈配合。此时，孔的公差带位于轴的公差带之下，也就是说轴的最小尺寸大于或等于孔的最大尺寸，如图 7-19 所示。

（3）过渡配合

可能具有间隙和过盈的配合，叫作过渡配合。也就是说，轴与孔配合时，有可能产生间隙，也有可能产生过盈，但是产生的间隙或过盈都比较小，如图 7-20 所示。

4. 配合制

为了满足零件结构和工作要求，在加工制造相互配合的零件时，采取其中一个零件作为基准件，使其基本偏差不变，通过改变另一零件的基本偏差以达到不同的配合要求。国家标准规定了两种配合制。

（1）基孔制配合

基本偏差为一定的孔的公差带，与不同基本偏差的轴的公差带形成各种配合的一种制

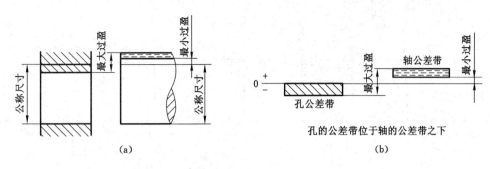

图 7-19 过盈配合

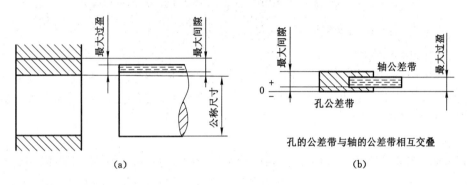

图 7-20 过渡配合

度,如图 7-21 所示。在基孔制配合中选作基准的孔,称为基准孔(基本偏差为 H,其下限偏差为 0)。由于轴比孔易于加工,所以应优先选用基孔制配合。

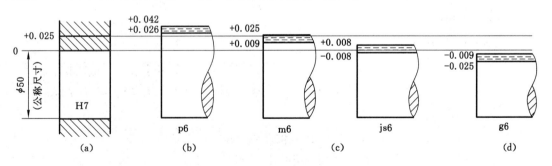

图 7-21 基孔制配合
(a) 基准孔;(b) 过盈配合;(c) 过渡配合;(d) 间隙配合

(2) 基轴制配合

基本偏差为一定的轴的公差带,与不同基本偏差的孔的公差带形成各种配合的一种制度,如图 7-22 所示。在基轴制配合中选作基准的轴,称为基准轴(基本偏差为 h,其上限偏差为 0)。

5. 极限与配合在图样中的注法

(1) 装配图中的注法

在装配图中,极限与配合一般采用代号的形式标注,分子表示孔的公差带代号(大写),

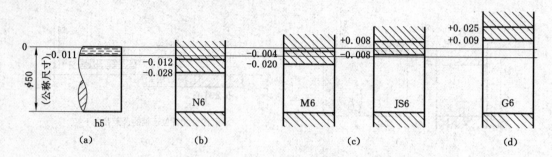

图 7-22　基轴制配合

(a) 基准轴;(b) 过盈配合;(c) 过渡配合;(d) 间隙配合

分母表示轴的公差带代号(小写),如图 7-23(a)所示。

(2) 零件图中的注法

在零件图中,与其他零件有配合关系的尺寸可采用三种形式进行标注。一般采用在公称尺寸后面标注极限偏差的形式;也可以采用在公称尺寸后面标注公差带代号的形式;或采用两者同时注出的形式,如图 7-23(b)所示。

(3) 极限偏差数值的写法

标注极限偏差数值时,极限偏差数值的数字比公称尺寸数字小一号,下极限偏差与公称尺寸注在同一底线,且上、下极限偏差的小数点必须对齐,如图 7-23(b)所示。

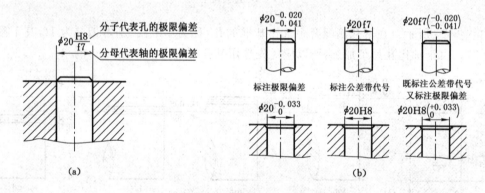

图 7-23　极限与配合的标注

(a) 装配图上的注法;(b) 零件图上的三种注法

第四节　零件上常见的工艺结构

零件的结构形状主要根据其功能的要求而定,也有部分结构是根据零件的制造工艺和装配工艺的要求来确定的。因此,要正确地表达零件各个部分的结构形状,必须熟悉零件上常见的工艺结构及其表达方法。

一、铸造工艺对结构的要求

1. 起模坡度

在铸造零件毛坯时,为了便于在砂型中取出木模,一般沿着起模方向设计出起模斜度

（通常为 1∶20，约 3°），如图 7-24(a)所示。铸造零件的起模斜度在图中可不画出、不标注。必要时，可在技术要求中用文字说明，如图 7-24(b)所示。

2. 铸造圆角及过渡线

为便于铸件造型时起模，防止铁液冲坏转角处，冷却时产生缩孔和裂纹，将铸件的转角处制成圆角，此种圆角称为铸造圆角，如图 7-24(a)所示。圆角尺寸通常较小，一般为 $R2\sim R5$，在零件图上可以省略不画。圆角尺寸常在技术要求中统一说明，如"铸造圆角 $R3$"或"未注圆角 $R4$"等，不必一一注出，如图 7-24(b)所示。

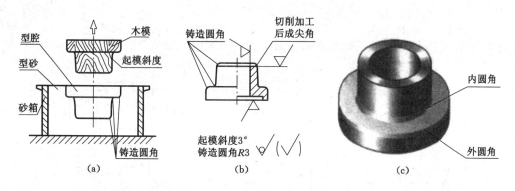

图 7-24　铸造圆角和起模斜度

由于铸件表面的转角处有圆角，因此其表面产生的交线不清晰。为了看图时便于区分不同的表面，在图中仍要画出理论上的交线，但两端不与轮廓线接触，此线称为过渡线。过渡线用细实线绘制。图 7-25 所示为两圆柱面相交的过渡线画法。

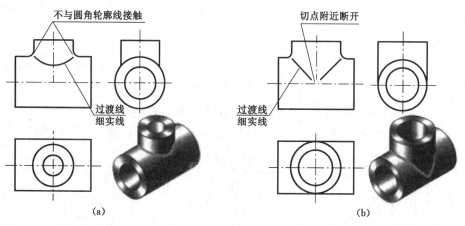

图 7-25　圆柱面相交的过渡线

3. 铸件壁厚

铸件的壁厚不宜相差太大。如果壁厚不均匀，铁液冷却速度不同，会产生缩孔和裂纹，因此应采取措施避免，如图 7-26 所示。

二、机械加工工艺结构

1. 倒角和倒圆

为便于安装和安全，在轴和孔的端部一般都加工成倒角。为避免应力集中产生裂纹，在

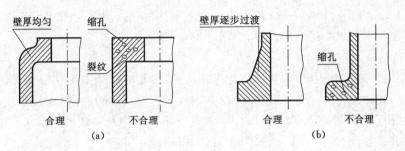

图 7-26　铸件壁厚

轴肩处往往加工成圆角过渡,称为倒圆。倒角和倒圆的标注如图 7-27 所示。

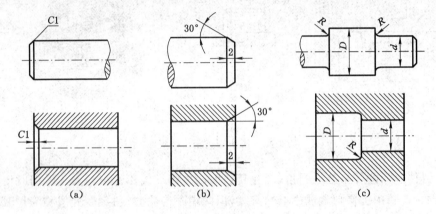

图 7-27　倒角与倒圆的标注

(a) 45°倒角注法；(b) 非 45°倒角注法；(c) 倒圆注法

2. 退刀槽和砂轮越程槽

在车削内孔、车削螺纹和磨削零件表面时,为便于退出刀具或使砂轮可以稍越过加工面,常在待加工面的末端预先制出退刀槽或砂轮越程槽,如图 7-28 所示。退刀槽或砂轮越程槽的尺寸可按"槽宽×槽深"或"槽宽×直径"的形式标注。

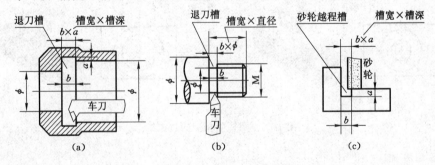

图 7-28　退刀槽和砂轮越程槽

3. 钻孔结构

为避免钻孔时钻头因单边受力产生偏斜,造成钻头折断,在孔的外端面应设计成与钻头进行方向垂直的结构,如图 7-29 所示。

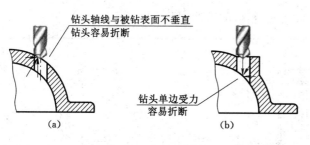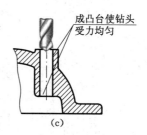

图 7-29　钻孔结构

4. 凸台和凹坑

为使零件的某些装配表面与相邻零件接触良好,也为了减少加工面积,常在零件加工面处做出凸台、锪平成凹坑和凹槽,如图 7-30 所示。

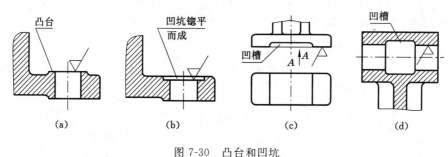

图 7-30　凸台和凹坑

第五节　零件图识读

零件图识读是根据零件图想象出零件的结构形状,了解零件的尺寸和技术要求。下面以图 7-31 所示零件图为例,说明识读的方法和步骤。

一、概括了解

首先通过标题栏了解零件的名称、材料、绘图比例等,并粗略地看视图,大致了解该零件的作用、结构特点和大小。图 7-31 所示零件为传动器箱体,属于箱体类零件,绘图比例为 1∶2,材料为 HT200(灰铸铁),毛坯是通过铸造获得的。

二、分析视图,想象零件的结构形状

概括了解后,接着应了解零件图的视图表达方案、各视图的表达重点、采用了那些表达方法等。

在图 7-31 中,传动器箱体的零件图采用了主、俯、左三个基本视图。主视图采用全剖视,重点表达其内部结构;左视图内外兼顾,采用了半剖视,并附加采用一个局部剖视,表达底板上安装孔的结构;俯视图采用 $A—A$ 剖视,既表达了底板的形状,又反映了连接支承部分的断面形状,显然比画出俯视图的表达效果要好。

在读懂视图表达的基础上,运用形体分析的方法,根据视图间的投影关系,逐步分析清楚零件各个组成部分的结构形状和相对位置。在构思出零件主体结构形状的基础上,进一步搞清各组成部分的结构形状,最后综合想象出零件的完整结构。

在图 7-31 中,按投影关系可想象出箱体主要由下方的底板、上方的空心圆柱体、中部的中空四棱柱及两侧的两块肋板组合而成,箱体的结构如图 7-32 所示。

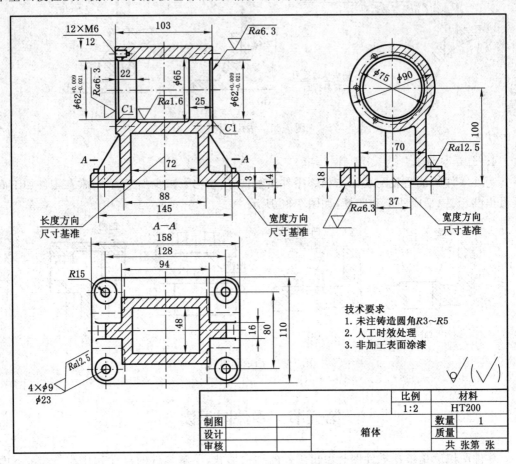

图 7-31　箱体零件图

(a)　　　　(b)

图 7-32　箱体轴测图

三、分析尺寸和技术要求

首先分析零件长、宽、高三个方向上的主要尺寸基准。然后从基准出发,通过形体分析,找出各组成部分的定形尺寸和定位尺寸,并搞清哪些是功能尺寸。

图 7-31 中的箱体,长度方向以左、右对称面为基准,长度方向的尺寸 103、72、88、145、

157、128、94 均以左、右对称面为基准注出；宽度方向以前、后对称面为基准，宽度方向的尺寸 48、16、80、110、70、37 均以前、后对称面为基准注出；高度方向的主要基准是底板的底面，空心圆柱体轴线的定位尺寸 100、底板高 14、下凸台高 3、上凸台高 18 均由此注出。

空心圆柱体两侧轴孔 $\phi 62^{+0.009}_{-0.021}$ 为有配合要求的孔，它们的基本偏差（查表）为 K，标准公差为 IT7 级，其表面粗糙度 Ra 的上限值为 1.6 μm；空心圆柱体左、右两端面和底板底面的表面粗糙度 Ra 的上限值为 6.3 μm；安装孔的表面粗糙度 Ra 的上限值为 12.5 μm；其余是不经切削加工的铸件表面。未铸造圆角为 $R3 \sim R5$。

四、综合归纳

在以上了解分析的基础上，对零件的形状、大小、质量要求进行综合归纳，对零件有一个较全面的详细了解。

对于复杂的零件图，还需参考有关技术资料和图样，包括零件所在的装配图以及与它有关的零件图等，以利对零件进一步了解。

第八章 装 配 图

【知识要点】 装配图的内容、规定画法及特殊表达方法,装配图的尺寸标注及零件编号,识读装配图的方法与步骤。

【技能要求】 识读装配图。

第一节 装配图的表达方法

一、装配图的作用和内容

任何机器(或部件),都是由若干零件按照一定的装配关系和技术要求装配而成的。装配图是用于表示产品及其组成部分的连接、装配关系的图样。装配图和零件图一样,都是生产中的重要技术文件。零件图表达零件的形状、大小和技术要求,用于指导零件的加工制造;而装配图是表达装配体(即机器或部件)的工作原理、零件之间的装配关系及基本结构形状,用于指导装配体的装配、检验、安装及使用和维修。

图 8-1 为螺旋千斤顶装配图。从图中可以看出,一张完整的装配图,应具有下列内容:

(1)一组视图:用于表达机器或部件的工作原理、零件之间的装配关系及主要零件的结构形状。

(2)必要的尺寸:根据装配和使用的要求,标注出反映机器的性能、规格、零件之间的相对位置、配合要求和安装等所需的尺寸。

(3)技术要求:用文字或符号说明装配体在装配、检验、调试及使用等方面的要求。

(4)零(部)件序号和明细栏:根据生产和管理的需要,将每一种零件编号并列成表格,以说明各零件的序号、名称、材料、数量、备注等内容。

(5)标题栏:用以注明装配体的名称、图号、比例及责任者签字等。

二、装配图的规定画法

零件图的各种表达方法在装配图中同样适用。但是由于装配图所表达的对象是装配体(机器或部件),它在生产中的作用与零件图不一样,因此装配图中表达的内容、视图选择的原则等与零件图不同。此外,装配图还有一些规定画法和特殊表达方法。

(1)两相邻零件的接触面和配合面只画一条线。但是,如果两相邻零件的基本尺寸不相同,即使间隙再小,也应画成两条线。

(2)相邻两个或多个零件的剖面线倾斜方向应相反,或方向一致但间隔不等。

(3)对于紧固件以及实心的球、杆、轴等零件,若剖切平面通过其对称平面或轴线时,则这些平面均按不剖绘制;如需表明零件的凹槽、键槽、销孔等构造,可用局部剖视表示,如图8-1 所示。

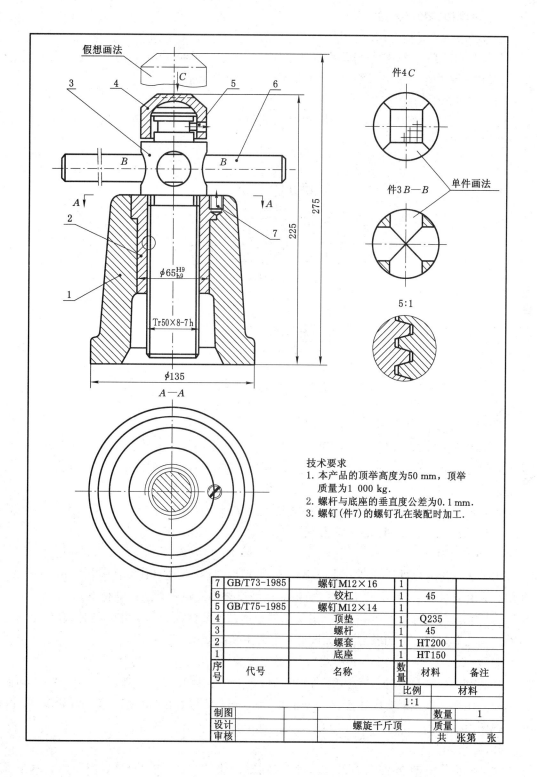

图 8-1 螺旋千斤顶装配图

技术要求
1. 本产品的顶举高度为50 mm，顶举质量为1 000 kg.
2. 螺杆与底座的垂直度公差为0.1 mm.
3. 螺钉(件7)的螺钉孔在装配时加工.

序号	代号	名称	数量	材料	备注
7	GB/T73-1985	螺钉M12×16	1		
6		铰杠	1	45	
5	GB/T75-1985	螺钉M12×14	1		
4		顶垫	1	Q235	
3		螺杆	1	45	
2		螺套	1	HT200	
1		底座	1	HT150	

制图			螺旋千斤顶	比例 1:1	材料
设计				数量	1
审核				质量	
				共 张第 张	

三、装配图的特殊表达方法

1. 拆卸画法

在装配图的某一视图中,当某些零件遮住了需要表达的结构,或者为避免重复而简化作图,可假想将某些零件拆去后绘制,这种表达方法称为拆卸画法。

采用拆卸画法后,为避免误解,在该视图上方加注"拆去件××"。拆卸关系明显,不至于引起误解时,也可不加标注。如图 8-2 所示滑动轴承装配图的俯视图中,是拆去轴承盖、螺栓和螺母后画出的。

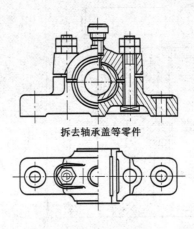

拆去轴承盖等零件

图 8-2　滑动轴承装配图

2. 沿结合面剖切画法

装配图中,可假想沿某些零件结合面剖切,结合面上不画剖面线。如图 8-3 中 $A—A$ 剖视即是沿泵盖结合面剖切画出的。注意横向剖切的轴、螺钉及销的断面要画剖面线。

3. 单件画法

在装配图中可以单独画出某一零件的视图。这时应在视图上方注明零件及视图名称,如图 8-1 中的"件 $4C$"、"件 $3B—B$"及图 8-3 中的"泵盖 B"等。

4. 假想画法

为了表示运动件的运动范围或极限位置,可用细双点画线假想画出该零件的某些位置。如图 8-1 主视图所示,螺杆画成最低位置,而用细双点画线画出它的最高位置。

为了表示与本部件有装配关系,但又不属于本部件的其他相邻零(部)件时,也可用细双点画线画出其邻接部分的轮廓线,如图 8-3 中的主视图所示。

5. 夸大画法

在装配图中,对一些薄、细、小零件或间隙,若无法按其实际尺寸画出时,可不按比例而适当夸大画出。厚度或直径小于 2 mm 的薄、细零件,其剖面符号可涂黑表示,如图 8-3 中的主视图所示。

6. 简化画法

(1) 在装配图中,零件上的工艺结构(如倒角、小圆角、退刀槽等)可省略不画。六角螺栓头部及螺母的倒角曲线也可省略不画,如图 8-2、图 8-3 中螺栓头部及螺母的画法。

(2) 在装配图中,对于若干相同的零件或零件组,如螺栓连接等,可仅详细地画出一处,

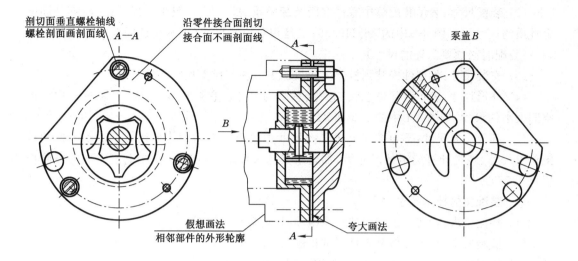

图 8-3　装配图的特殊表达方法

其余只需用细点画线表示出其位置,如图 8-3 主视图中的螺栓画法。

(3) 在装配图中,可省略螺栓、螺母、垫圈等紧固件的投影,而用细点画线和指引线指明它们的位置。此时,表示紧固件组的公共指引线,应根据其不同类型从被连接件的某一端引出,如螺栓、双头螺柱连接从其装有螺母的一端引出(螺钉从其装入端引出),如图 8-4 所示。

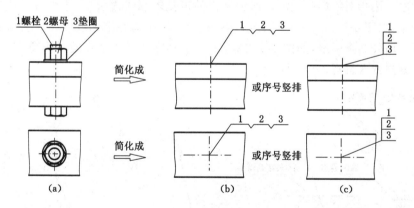

图 8-4　紧固件组的简化画法

第二节　装配图的尺寸标注、技术要求及零件编号

由于装配图和零件图的作用不同,因此对尺寸标注的要求也不同。零件图是用来指导零件加工的,所以应注出加工过程所需的全部尺寸。而根据装配图在生产中的作用,则不需要注出每个零件的尺寸。

一、装配图的尺寸标注

(1) 规格(性能)尺寸:表示装配体的性能、规格和特征的尺寸,它是设计装配体的主要依据,也是选用装配体的依据,如图 8-1 中螺杆的直径 Tr50×8-7h。

（2）装配尺寸：表示装配体中零件之间装配关系的尺寸。一是配合尺寸（表示零件间配合性质的尺寸），如图8-1中的 ϕ65H9/h9；二是相对位置尺寸（表示零件间较重要的相对位置，在装配时必须要保证的尺寸）。

（3）安装尺寸：将部件安装到机器上或机器安装在基础上所需要的尺寸。

（4）外形尺寸：表示装配体总长、总宽、总高的尺寸。它是包装、运输、安装过程中所需空间大小的尺寸，如图8-1中的225和 ϕ135。

（5）其他重要尺寸：不包括在上述几类尺寸中的重要零件的主要尺寸。运动零件的极限位置尺寸、经过计算确定的尺寸等，都属于其他重要尺寸，如图8-1中高度方向的极限位置尺寸275。

二、装配图的技术要求

（1）装配要求：指装配过程中的注意事项、装配后应达到的要求等。

（2）检验要求：对装配体基本性能的检验、试验、验收方法的说明。

（3）使用要求：对装配体的性能、维护、保养、使用注意事项的说明。

由于装配体的性能、用途各不相同，因此技术要求也不相同，应根据具体的要求拟定。用文字说明的技术要求，填写在明细栏上方或图样下方空白处，如图8-1所示。

三、零（部）件序号的编写

为便于读图以及生产管理，必须对所有的零部件编写序号，相同的零件（或组件）只需编一个序号。

零（部）件序号用指引线（细实线）从所编零件的可见轮廓线内引出，序号数字比尺寸数字大一号或两号，如图8-5（a）所示；指引线不得相互交叉，不要与剖面线平行。装配关系清楚的零件组可采用公共指引线，如图8-5（b）所示。序号应水平或垂直地排列整齐，并按顺时针或逆时针方向依次编写。

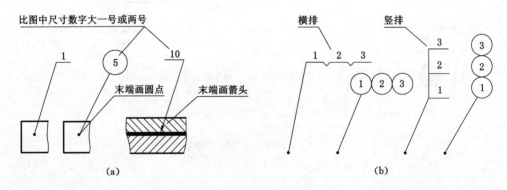

图8-5　零（部）件的序号

（a）单个指引线的画法；（b）公共指引线的画法

四、明细栏

装配图上除了要画出标题栏外，还要画出明细栏。明细栏绘制在标题栏上方，按零件序号由下向上填写。位置不够时，可在标题栏左面继续编写。

明细栏的内容包括零（部）件的序号、代号、名称、数量、材料和备注等。对于标准件，要注明标准号，并在"名称"一栏注出规格尺寸，标准件的材料可不填写。

第三节　装配图识读

在机器设备的安装、调试、操作、维修及进行技术交流时，都需要阅读装配图。

一、识读内容

（1）机器或部件的性能、用途和工作原理。

（2）各零件间的装配关系及各零件的拆装顺序。

（3）各零件的主要结构形状和作用。

二、读装配图的方法和步骤

下面以图 8-6 为例，说明装配图识读的方法和步骤。

1．概括了解

从标题栏中了解装配体（机器或部件）的名称、绘图比例等。按图上零件序号对照明细栏，了解装配体中零件的名称、数量、材料，找出标准件，粗读视图，大致了解装配体的结构形状及大小。

图 8-6 所示装配体为齿轮油泵，是一种供油装置。齿轮油泵共有 14 种零件，其中有 7 种标准件，主要零件有泵体、泵盖、主动齿轮轴、从动齿轮等，绘图比例为 1∶1。

2．分析视图

了解装配图的表达方案，分析采用了哪些视图，搞清各视图之间的投影关系及所用的表达方法，并弄清其表达的目的。

齿轮油泵采用了主、俯、左三个基本视图。主视图按装配体的工作位置，采用局部剖视的方法，将大部分零件间的装配关系表达清楚，并表示了主要零件泵体的结构形状。左视图采用沿结合面剖切画法（拆去泵盖 11）将齿轮啮合情况与进、出油口的关系表达清楚，主要反映油泵的工作原理及主要零件的结构形状。俯视图采用通过齿轮轴线剖切的 A—A 全剖，其表达方式重点是齿轮、齿轮轴与泵体、泵盖的装配关系，以及底板的形状与安装孔的分布情况。

把齿轮油泵中每个零件的结构形状都看清楚之后，将各个零件联系起来，便可想象出齿轮油泵的完整形状。如图 8-7 所示。

3．分析工作原理与装配关系

齿轮油泵是通过齿轮在泵腔中啮合，将油从进油口吸入，从出油口压出，当主动轴齿轮 3 在外部动力驱动下转动时，带动从动齿轮 12 与小轴 13 一起顺向转动，如图 8-8 所示。泵腔下侧压力降低，油池中的油在大气压力作用下，沿着油口进入泵腔内，随着齿轮的旋转，齿槽中的油不断沿箭头方向送到上边，从出油口将油输出。

分析装配体的装配关系时，需搞清各零件间的位置关系、零件间的连接方式和配合关系，并分析出装配体的装拆顺序。

在齿轮油泵中，泵体、泵盖在外，齿轮轴在泵腔中；主动轴齿轮在前，从动齿轮与小轴以过盈配合连成一体在后；泵体与泵盖由两圆柱销定位，并通过 6 个双头螺柱连接；填料压盖与泵体由两螺柱连接；齿轮轴与泵体、泵盖间为基孔制间隙配合。

齿轮油泵的拆卸顺序：松开左边螺母 5、垫圈 10，将泵盖卸下，从左边抽出主动齿轮轴 3、从动齿轮 12 与小轴 13，最后松开右边螺母 5，卸下填料压盖 7 和填料 14。如图 8-6 所示。

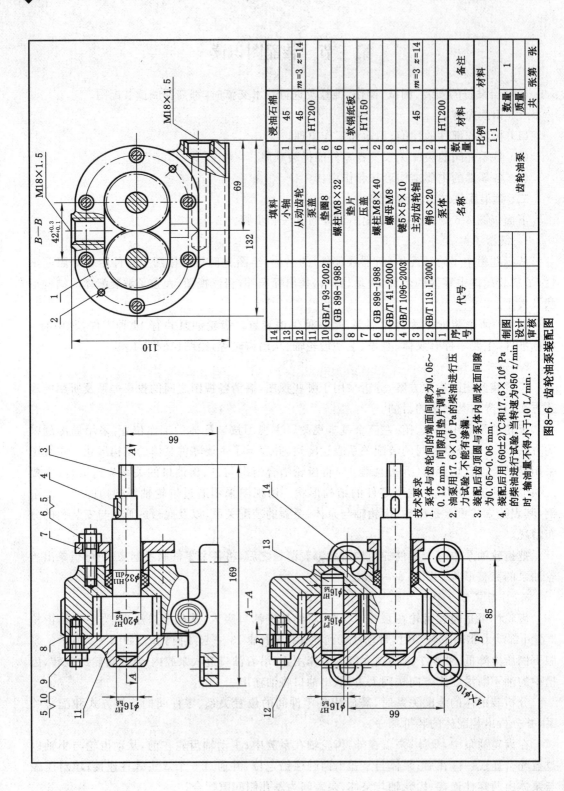

图8-6　齿轮油泵装配图

(a)　　　　　　　　　(b)

图 8-7　齿轮油泵轴测图

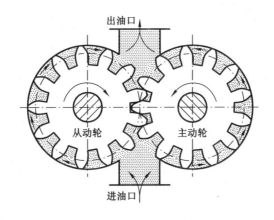

图 8-8　齿轮油泵工作原理

4. 分析零件

读装配图除弄清上述内容外,还应对照明细栏和零件序号,逐一读懂各零件的结构形状以及它们在装配体中的作用。对于比较熟悉的标准件、常用件及一些较简单的零件,可将它们逐一"分离"出去,为看较复杂的一般零件提供方便。

分析一般零件的结构形状时,应从表达该零件最清楚的视图入手,根据零件序号和剖面线的方向与间隔、相关零件的配合尺寸以及各视图之间的投影关系,将零件在各视图中的投影轮廓范围从装配图中分离出来,利用形体分析、线面分析的方法想清楚该零件的结构形状。

图 8-6 所示齿轮油泵中的压盖 7,它的作用是压紧填料,其形状在装配图上表达不完整,需构思完善。从主视图上根据其序号和剖面线可将它从装配图中分离出来,再根据投影关系找到俯视图中的对应投影,就不难分析出其形状,如图 8-9 所示。

5. 归纳总结

经过以上分析,最后在围绕装配体的工作原理、装配关系、各零件的结构形状等,结合所注尺寸、技术要求,将各部分联系起来,从而对装配体的完整结构有一个全面的认识。

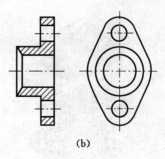

(a)   (b)

图 8-9 压盖

第九章　建筑施工图

【知识要点】　建筑施工图的规定（定位轴线、有关图例、索引符号与详图符号），总平面图、平面图、立面图和剖面图的内容及要求，建筑详图。

【技能要求】　识读建筑总平面图、平面图、立面图和剖面图。

第一节　建筑施工图的表达方法

建筑施工图是用以表达设计意图和指导施工的成套图样。它将房屋建筑的内外形状、大小及各部分的结构、装饰等，按国家工程建设制图标准的规定，用正投影法准确而详细地表达出来。

一、建筑物的组成

建筑物的类型很多，但构成建筑物的主要组成部分都是相同或相似的，一般都是由基础、墙（柱）、梁、楼面（地面、屋面）、楼梯、门及窗等基本部分所组成。此外，还包括雨篷、阳台、台阶（坡道）、雨水管、窗台、明沟（或散水）、勒脚以及其他各种装饰等。其中，组成建筑结构的元件叫构件，如基础、墙、柱、梁、板等；具有某种特定功能的组件叫配件，如门、窗等。各组成部分的名称如图9-1所示。

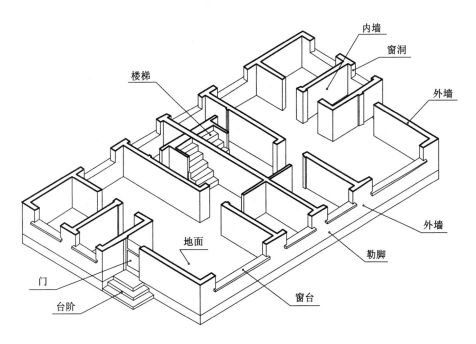

图 9-1　房屋的组成

二、建筑施工图的有关规定

1. 比例

根据《建筑制图标准》(GB/T 50104—2010)的规定,建筑专业制图选用的比例,应符合表 9-1 的规定。

表 9-1　　　　　　　　　　　　　建筑专业制图选用比例

图名	比例
建筑物或构筑物的平面图、立面图、剖面图	1:50　1:100　1:150　1:200　1:300
建筑物或构筑物的局部放大图	1:10　1:20　1:25　1:30　1:50
配件及构造详图	1:1　1:2　1:5　1:10　1:15　1:20　1:25　1:30　1:50

2. 定位轴线及其编号

建筑施工图中的定位轴线是施工定位、放线的重要依据。凡是承重墙、柱子等主要承重构件都应画上定位轴线来确定其位置。

《房屋建筑制图统一标准》(GB/T 50001—2010)中对定位轴线的规定如下:

(1)定位轴线应用细点画线绘制,一般应编号,编号应注写在轴线端部的圆内。圆应用细实线绘制,直径为 8~10 mm。定位轴线圆的圆心,应在定位轴线的延长线上或延长线的折线上。

(2)平面图上定位轴线的编号,宜标注在图样的下方与左侧。横向编号应用阿拉伯数字,从左至右顺序编号,竖向编号应用大写拉丁字母,从下至上顺序编写(图 9-2)。拉丁字母的 I、O、Z 不得用作轴线编号。如字母数量不够使用,可增用双字母或单字母加数字注脚,如 A_A、B_A、…、Y_A 或 A_1、B_1、…、Y_1。

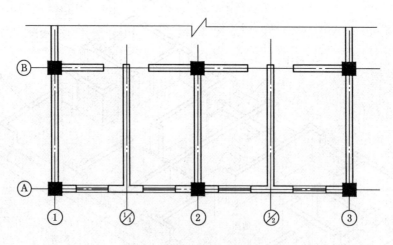

图 9-2　定位轴线的编号顺序

(3)组合较复杂的平面图中定位轴线也可采用分区编号(图 9-3),编号的注写形式应为"分区号-该分区编号"。分区号采用阿拉伯数字或大写拉丁字母。

(4)圆形平面图中定位轴线的编号如图 9-4 所示,其径向轴线宜用阿拉伯数字表示,从左下角开始,按逆时针顺序编写;其圆周轴线宜用大写拉丁字母表示,从外向内顺序编写。

（5）折线形平面图中定位轴线按图 9-5 形式编号。

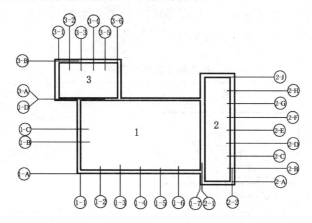

图 9-3　定位轴线的分区编号

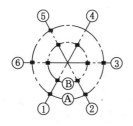

图 9-4　圆形平面图中定位轴线的编号　　　　图 9-5　折线形平面图中定位轴线的编号

（6）对于次要的局部承重构件，可用附加定位轴线（亦称分轴线）表示，也可通过注明其与附近轴线的有关尺寸来表示。附加定位轴线的编号，应以分数形式表示，并应按下列规定编写：

① 两根轴线间的附加轴线，应以分母表示前一轴线的编号，分子表示附加轴线的编号，附加轴线的编号宜用阿拉伯数字顺序编写。如：

$\dfrac{2}{3}$ 表示 3 号轴线之后附加的第二根轴线；

$\dfrac{3}{B}$ 表示 B 号轴线之后附加的第三根轴线。

② Ⓐ号轴线或①号轴线之前的附加轴线的分母应以 0A 或 01 表示，如：

$\dfrac{3}{01}$ 表示 1 号轴线之前附加的第三根轴线；

$\dfrac{2}{0A}$ 表示 A 号轴线之前附加的第二根轴线。

3．建筑构造及配件、水平及垂直运输装置图例

由于建筑物和构筑物通常情况下是按比例缩小绘制在图纸上的，对于有些建筑细部、构件形状以及建筑材料等，往往不能如实画出，也难以用文字来表达清楚。而按统一规定的图

例来表示,可以达到简单明了的效果。因此,建筑工程制图中规定有各种各样的图例。

表 9-2 摘录了《建筑制图标准》(GB/T 50104—2010)中常用构造及配件图例的规定及说明,表 9-3 摘录了常用水平及垂直运输装置图例及说明。

表 9-2   建筑构造及配件图例

名称	图例	说明
楼梯	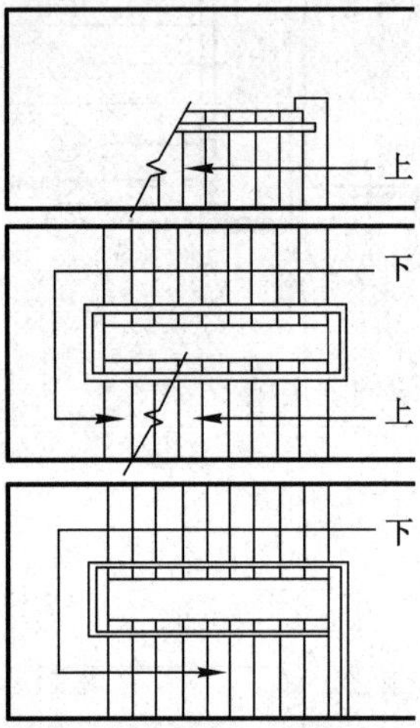	上图为底层楼梯平面,中图为中间层楼梯平面,下图为顶层楼梯平面(不上人); 楼梯及栏杆扶手和楼梯踏步数按实际情况绘出
墙体	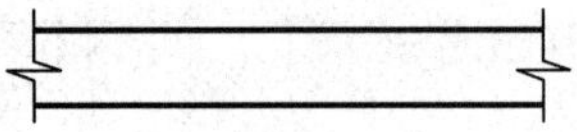	应加注文字或填充图例表示墙体材料,在项目设计图纸说明中列材料图例表给予说明
坡道	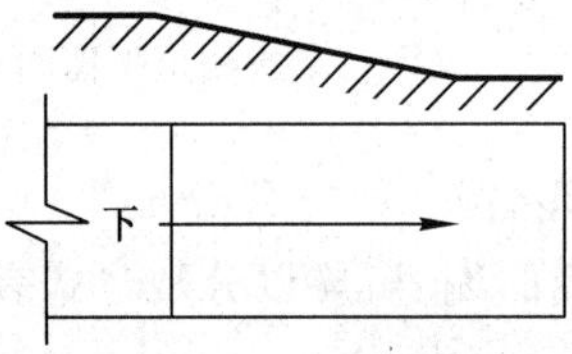 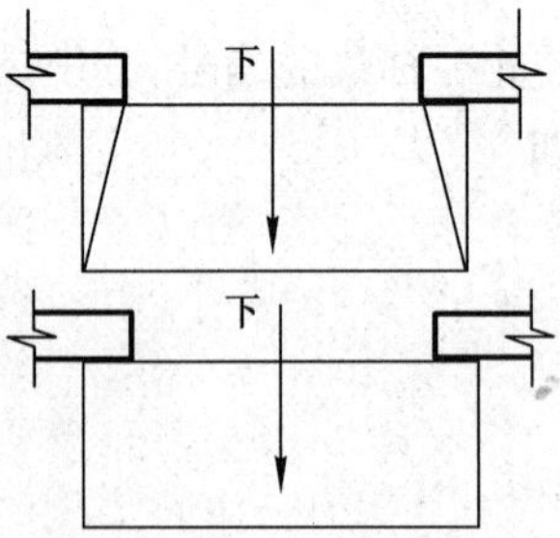	上图为长坡道,下图为门口坡道
隔断		包括板条抹灰、木制、石膏板、金属材料等隔断;适用于到顶与不到顶隔断
栏杆	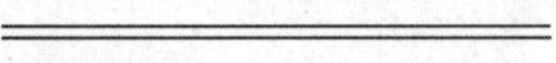	
孔洞	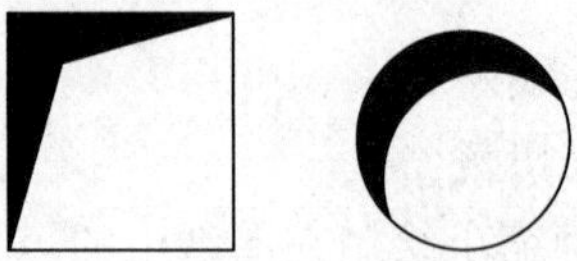	阴影部分可以涂色代替

续表 9-2

名称	图例	说明
墙预留洞	宽×高或ϕ 底（顶或中心）标高 ××.×××	以洞中心或洞边定位； 宜以涂色区别墙体和留洞位置
墙预留槽	宽×高×深或ϕ 底（顶或中心）标高××.×××	
烟道		阴影部分可用涂色代替； 烟道与墙体为同一材料,其相接处墙身线应断开
通风道		
新建的墙和窗		本图以小型砌块为图例,绘图时应按所用材料的图例绘制,不易以图例绘制的,可在墙面上以文字或代号注明； 小比例绘图时,平面、剖面窗线可用单粗实线表示
空门洞	$h=$	h 为门洞高度

名称	图例	说明
单扇门 （包括平开或 单面弹簧）		1. 门的名称代号用 M； 2. 图例中剖面图左为外、右为内，平面图下为外、上为内； 3. 立面图上开启方向线交角一侧为安装合页的一侧，实线为外开，虚线为内开； 4. 平面图上门开启线应以 90°、60°或 45°开启，开启弧线宜绘出；
双扇门 （包括平开或 单面弹簧）		5. 立面图上的开启线在一般设计图中可不表示，在详图中可根据需要绘出； 6. 立面形式应按实际情况绘制； 7. 附加纱扇应以文字说明，在平、立、剖面图中均不表示
墙中双扇 推拉门		1. 门的名称代号用 M； 2. 图例中剖面图左为外、右为内，平面图下为外、上为内； 3. 立面形式应按实际情况绘制
竖向卷帘门		

续表 9-2

名称	图例	说明
单层固定窗		
推拉窗	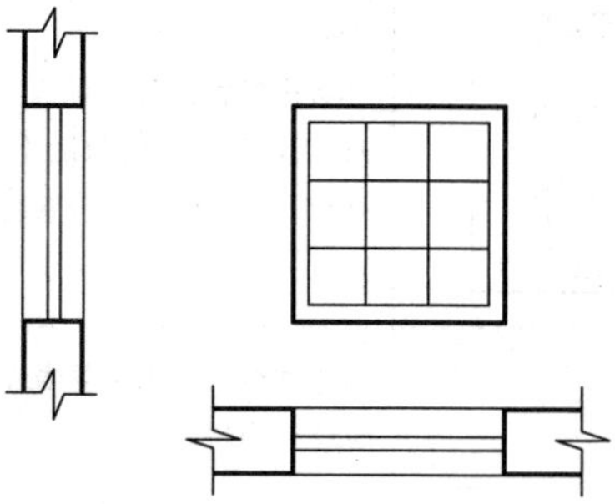	1. 窗的名称代号用 C 表示； 2. 立面图中的斜线表示窗的开启方向，实线为外开，虚线为内开。开启方向线交角的一侧为安装合页的一侧，一般设计图中可不表示； 3. 图例中剖面图左为外，右为内，平面图下为外，上为内； 4. 平面图和剖面图上的虚线仅说明开启方式，在设计图中不需表示； 5. 窗的立面形式应按实际绘制； 6. 高窗图例中 h 为窗底距本层楼地面的高度
高窗	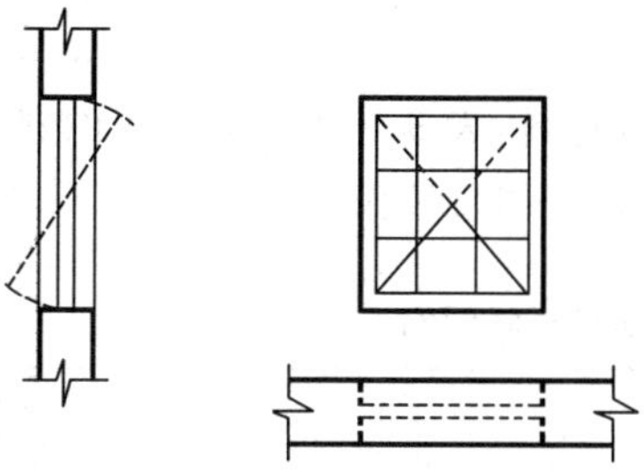 $h=$	

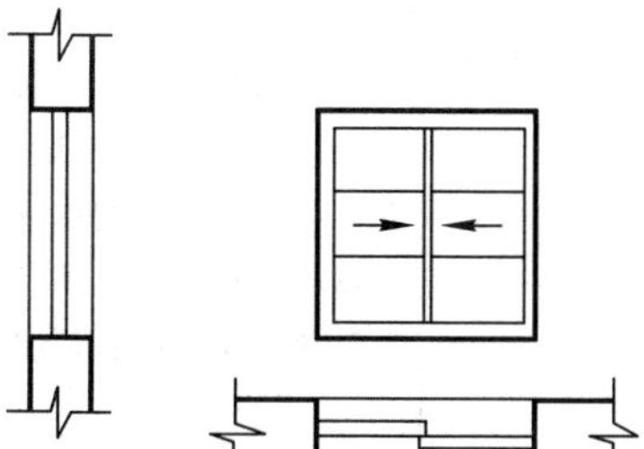

表 9-3　　　　　常用水平及垂直运输装置图例

名称	图例	说明
电梯	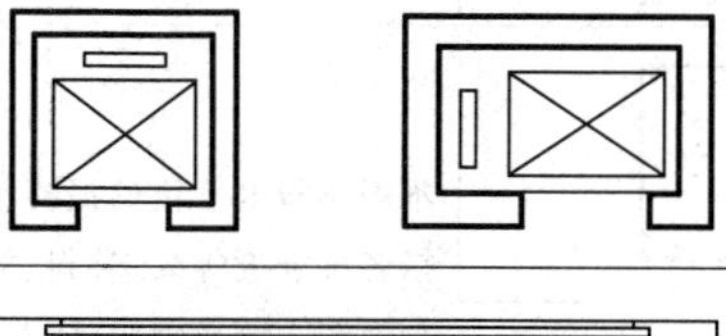	电梯应注明类型，并绘出门及平衡锤的实际位置；观光电梯等特殊类型电梯应参照本图例按实际情况绘制
自动扶梯	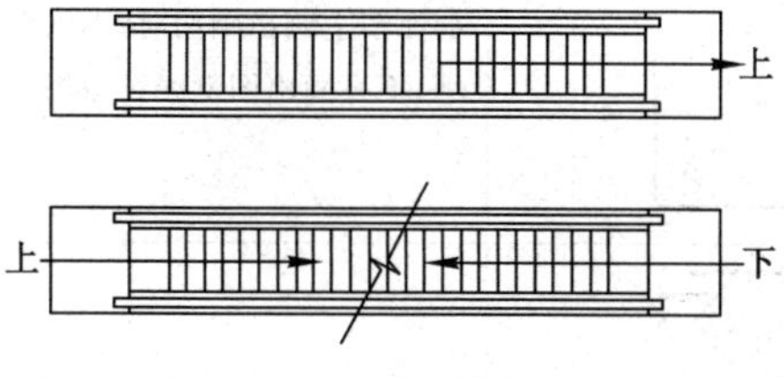 上　下	自动扶梯和自动人行道、自动人行坡道可正逆向运行，箭头方向为设计运行方向； 自动人行坡道应在箭头线段尾部加注上或下

名称	图例	说明
自动人行道及自动人行坡道	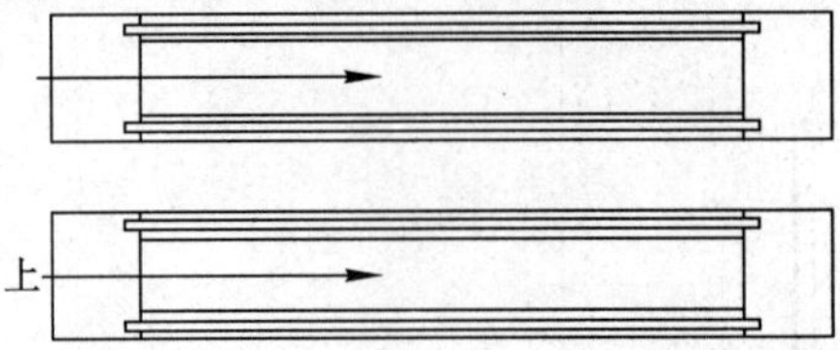	自动扶梯和自动人行道、自动人行坡道可正逆向运行,箭头方向为设计运行方向; 自动人行坡道应在箭头线段尾部加注上或下
铁路	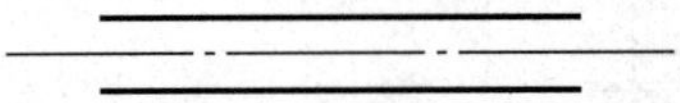	本图例适用于标准轨及窄轨铁路,使用本图例时应注明轨距
桥式起重机	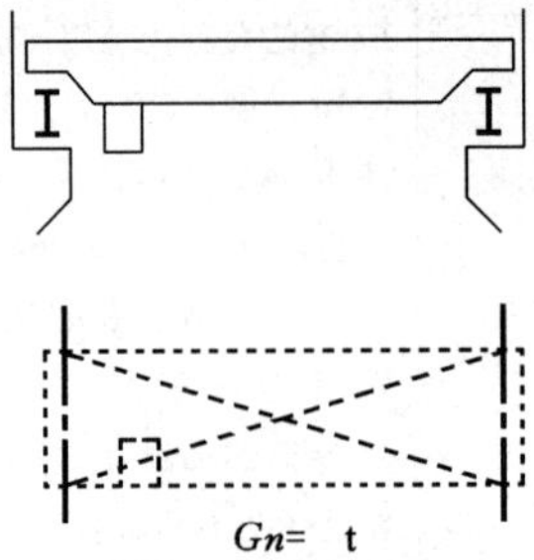 $Gn=$ t $S=$ m	上图表示立面(或剖切面),下图表示平面;起重机的图例宜按比例绘制;有无操纵室,应按实际情况绘制;需要时可注明起重机的名称、行驶的轴线范围及工作级别;Gn:起重机起重量,以"t"计算;S:起重机的跨度或臂长,以"m"计算

4. 建筑材料图例

在建筑工程图样上也采用图例表示建筑材料,表 9-4 列出了常用的建筑材料图例,其他图例见《房屋建筑制图统一标准》(GB/T 50001—2010)。

表 9-4　　　　　　　　　　　常用的建筑材料图例

名称	图例	说明
普通砖	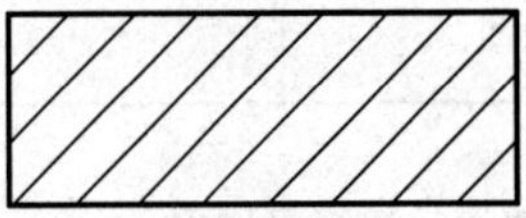	包括实心砖、多孔砖、砌块等砌体,断面较窄不易绘出图例线时,可涂红
空心砖	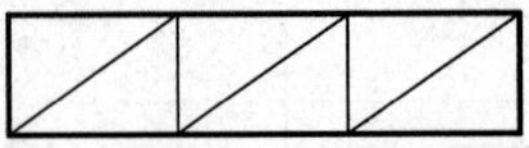	指非承重砖砌体
钢筋混凝土	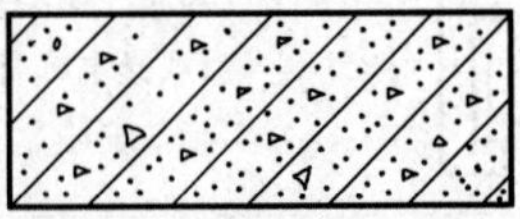	本图例指能承重的混凝土及钢筋混凝土,包括各种强度等级、骨料、添加剂的混凝土;在剖面图上画出钢筋时,不画图例线;断面图形小,不易画出图例线可涂黑
混凝土	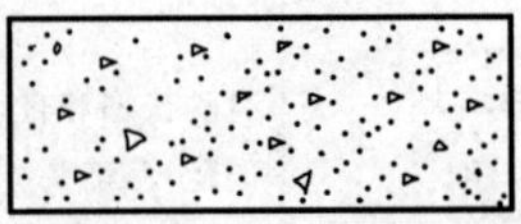	
夯实土壤	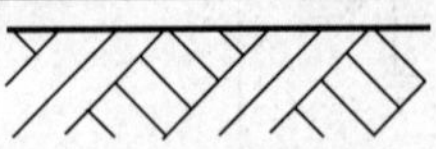	

续表 9-4

名称	图例	说明
自然土壤		包括各种自然土壤
石材	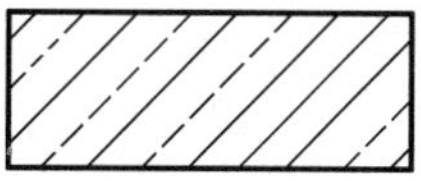	
泡沫塑料材料	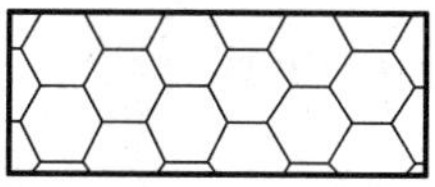	包括聚苯乙烯、聚乙烯、聚氨酯等多孔聚合物类材料
玻璃	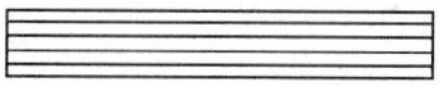	包括平板玻璃、磨砂玻璃、夹丝玻璃、钢化玻璃、中空玻璃、加层玻璃、镀膜玻璃等
金属	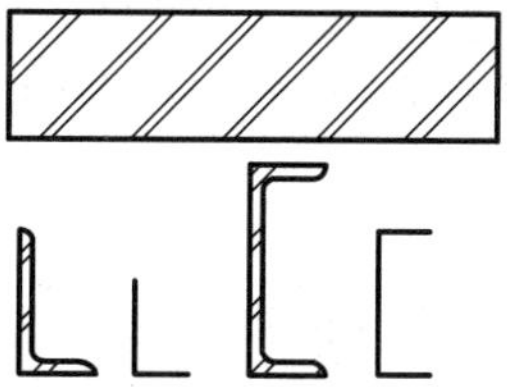	包括各种金属；图形小时可涂黑

注：本表图例中的斜线、短斜线、交叉斜线一律为 45°。

5. 索引符号和详图符号

在图样中的某一局部或某一构件和构件间的构造未表达清楚，需另见详图以便得到更详细的构造做法和尺寸；为方便施工图查阅图样，应以索引符号索引，即在需要另画详图的部位编上索引符号，并在所画的详图上编上详图符号。索引符号和详图符号两者必须对应一致，以便看图时查找有关的图纸。

《房屋建筑制图统一标准》(GB/T 50001—2010)对索引符号规定如下：

索引符号由直径为 8～10 mm 的圆和水平直径组成，圆及水平直径均为细实线。索引符号应按下列规定编写：

(1) 索引出的详图，如与被索引的图样在同一张图纸内，应在索引符号的上半圆中用阿拉伯数字注明该详图的符号，并在下半圆中间画一段水平细实线。例如：

表示详图与被索引的图样在同一张图纸内，详图编号为 3。

(2) 索引出的详图，如与被索引的图样不在同一张图纸内，应在索引符号的上半圆中用阿拉伯数字注明该详图的符号，在索引符号的下半圆中用阿拉伯数字注明该详图所在图纸的编号。数字较多时，可加文字标注。例如：

表示详图的位置在编号为 JS10 的图纸上，详图编号为 3。

(3) 索引出的详图，如采用标准图，应在索引符号水平直径的延长线上加注该标准图册的编号。例如：

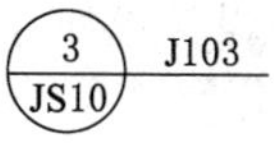

表示详图的位置位于编号为 J103 的标准图集上。

(4) 索引符号若用于索引剖面详图，应在被剖切的部位绘制剖切位置线，并以引出线引出索引符号,引出线所在的一侧应为投射方向,索引符号的编写同上。如图9-6所示。

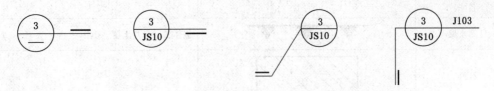

图9-6　用于索引剖面详图的索引符号

详图符号表示详图的位置和编号。《房屋建筑制图统一标准》(GB/T 50001—2010)对详图符号规定如下:

详图符号的圆应以直径为14 mm粗实线绘制。详图应按下列规定编号:

(1) 详图与被索引图样在同一张图纸内时,应在详图符号内用阿拉伯数字注明详图编号。例如:

③ 表示与被索引图样在同一张图纸内的详图符号,详图编号为3。

(2) 详图与被索引的图样不在同一张图纸内时,应用细实线在详图符号内画一水平直径,在上半圆内注明详图编号,在下半圆内注明被索引图样所在的图纸编号。例如:

③/JS01 表示与被索引图样不在同一张图纸内的详图符号,被索引图样所在的图纸编号为JS01,详图编号为3。

第二节　建筑总平面图

一、建筑总平面图的用途

建筑总平面图是主要用图例形式画出各建筑物(如新建建筑物、原有建筑物、拆除建筑物等)的外围轮廓线、建筑物周围的道路、绿化区域等的平面图。

建筑总平面图是新设计的建筑物定位、施工放线、其他专业(如水暖、电等)管线总平面布置以及施工现场布置的依据。

二、建筑总平面图的一般内容

1. 图名和比例

图名为(建筑)总平面图。由于建筑总平面图包括的范围较广,往往采用较小的比例,如1∶500、1∶1 000、1∶2 000等。根据图中包含范围的大小以及图样要求的详细程度,选用合适的比例。

2. 总平面图图例

用《总图制图标准》(GB/T 50103—2010)中规定的建筑总平面图图例,表明新建建筑物、扩建建筑物或改建建筑物的总体布局、层数,各构筑物的位置以及道路、广场、室外场地和绿化等布置情况等,并在总平面图上画上国标中没有规定的图例,以及该设计图中主要的图例。

《总图制图标准》(GB/T 50103—2010)中列出了总平面图图例、道路与铁路图例、管线与绿化图例,表 9-5 摘录了其中的一部分。一些构筑物,如人防工程、地下车库、油库、蓄水池等隐蔽工程以虚线表示。

表 9-5　　　　　　　　　　　　　　　总平面图图例示例

名 称	图 例	说 明
新建建筑物	8 ▲	建筑物外形(一般以±0.000 高度处的外墙定位轴线或外墙面为准)用粗实线绘制;需要时,用"▲"表示出入口,在图形右上角用点数或数字表示层数
原有建筑物		用细实线表示
计划扩建的预留地或建筑物		用中粗虚线表示
拆除的建筑物		用细实线表示
围墙和大门		
新建的道路	$R9$ 0.6 101.00 150.00	"R9"表示道路转弯半径为 9 m,"150.00"表示路的中心控制点标高,"0.6"表示 0.6% 的纵向坡度,"101.00"表示变坡点的距离
原有道路		
草坪		
落叶针叶树		

3. 确定新建、改建或扩建工程的具体位置

新建、改建或扩建工程的定位,一般应根据原有建筑工程或道路来确定,并以米(m)为单位标注定位尺寸。

4. 标明新建建筑物首层地面、室外地坪、道路的绝对标高

标高有绝对标高和相对标高两种。绝对标高是指我国把青岛附近某处黄海的平均海平面定为绝对标高的零点,其他各地标高都以它作为基准测量而得到的。在施工图上要注明许多标高,如果全用绝对标高,数字烦琐,并且不容易得出各部分的高差。因此除建筑总平

面图外,在施工图上一般都采用相对标高。相对标高是将底层室内主要地坪面高度定为相对标高的零点(记"±0.000"),并在建筑工程的总说明中说明相对标高和绝对标高的关系,再由当地附近的水准点(绝对标高)来测定新建工程底层地面的绝对标高。

《房屋建筑制图统一标准》(GB/T 50001—2010)对标高符号规定如下:

(1)标高符号应以直角等腰三角形表示,按图 9-7(a)所示形式用细实线绘制,如标注位置不够,也可按图 9-7(b)所示形式绘制。标高符号的具体画法如图 9-7(c)、(d)所示。

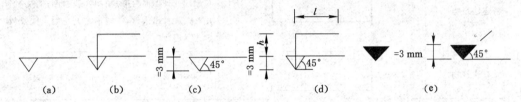

图 9-7 标高符号

l——取适当长度注写标高数字;*h*——根据需要取适当高度

(2)总平面图及底层平面图中的室外地坪标高,宜用涂黑的三角形表示,如图 9-7(e)所示。

(3)标高符号的尖端应指至被标注高度的位置。尖端一般应向下,也可向上(图 9-8)。标高数字应注写在标高符号的上侧或下侧。

(4)标高数字应以米(m)为单位,注写到小数点后三位。在总平面图中,可注写到小数点后两位。

(5)零标高应注写成±0.000,正数标高不注"+",负数标高应注"-",如 0.350、-0.350。

(6)在图样的同一位置需表示几个不同标高时,标高数字的形式注写如图 9-9 所示。

图 9-8 标高的指向   图 9-9 同一位置注写多个标高数字

5. 风向玫瑰图或指北针

用风向玫瑰图或指北针,表示该地区的常年风向频率或建筑物、构筑物等朝向。

指北针用于表示房屋的朝向,指针尖所指方向为北方,其圆的直径宜为 24 mm,用细实线绘制;指针尾部的宽度宜为 3 mm,指针头部应注"北"或"N"字。需用较大直径绘制指北针时,指针尾部宽度宜为直径的 1/8,如图 9-10 所示。指北针符号一般注写在总平面图和底层平面图中。

图 9-10 指北针

风向玫瑰图表示该地区的常年风向频率。在建筑总平面图上,通常应按当地实际情况绘制风向频率玫瑰图。有的总平面图上只画上指北针而不画风向频率玫瑰图。

三、建筑总平面图示例

图 9-11 为某中学实验楼的建筑总平面图。从图中可以看出下列有关内容:

(1)图名、比例及朝向。图名为总平面图,比例为 1∶500,从图中的指北针方向可知房

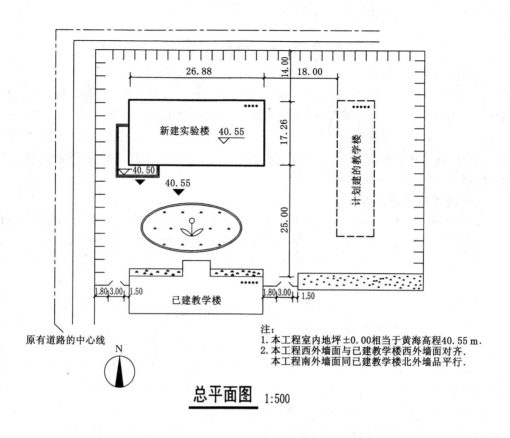

图 9-11　某中学实验楼总平面图示例

屋的朝向。

在学校西北角要建某四层实验楼。在这样较小范围内的平坦地面上建造房屋,所绘的总平面图可以不必绘出地形等高线,只要表明这幢实验楼的平面轮廓形状、位置以及与周围环境的关系就可以了。

(2) 新建房屋周围的情况。新建实验楼的西侧、北侧均为围墙,北侧外墙皮距围墙为 14 m。实验楼的东面为一计划建设的五层教学楼,两建筑物的距离为 18 m。实验楼的南侧为已建好的教学楼,共五层,两建筑物相距 25 m。已建教学楼的北墙外有草坪,新建实验楼和已建教学楼之间有一花坛。已建教学楼的东侧、西侧均设有宽为 3 m 的大门。

(3) 新建建筑物的平面轮廓形状、大小、朝向、层数、位置和室内外标高等。以粗实线绘出的这幢实验楼,显示出了新建建筑物的平面轮廓形状,东西向外轮廓线长 26.88 m,南北向外轮廓线长 17.26 m,朝向为正南方向。各房屋平面图形内右上角小黑点数(或数字),表示房屋的层数,新建的实验楼为四层。

新建房屋的位置可由定位尺寸来确定,根据南面已建教学楼及西侧、北侧的围墙来确定。从图中可知,本实验楼西外墙面与已建教学楼的西外墙面对齐,且外墙面距西围墙 6.3 m;本实验楼南外墙与已建教学楼的北外墙平行,且两外墙皮相距 25 m。

新建房屋的底层主要地面的绝对标高为 40.55 m,室外地面的绝对标高为 40.05 m,室内外地面高差为 500 mm。

第三节　建筑平面图

建筑平面图是建筑施工图中最基本、最重要的图样。一是由于它是施工放线、砌墙和安装门窗等的依据,二是由于其他建筑图纸(如建筑立面、剖面及某些详图)多是以它为依据派生而成的,同时它也是其他专业(如结构专业、设备专业等)进行相关设计与制图的主要依据。因此,建筑平面图与建筑施工图中其他图样相比,表达内容较为复杂,绘制要求更准确、更全面。

一、平面图的形成和名称

建筑平面图实际上是一栋建筑物的水平剖面图(除屋顶平面图,屋顶平面图是位于屋顶上的俯视图),即假想用一水平面沿房屋门窗洞的位置将房屋剖开,将剖切面以上部分移走,将剖切面以下部分向下投影所得到的水平正投影图,称为建筑平面图,简称为平面图。

建筑平面图主要表示建筑物的平面形状、水平方向各部分的布置和组合关系(如主要出入口、次要出入口、房间、走廊、楼梯、卫生间、阳台等)、门窗洞口的位置、承重墙(柱)的平面布置以及其他建筑构配件的位置和大小等。

对于多层房屋一般应画出各层平面图,并在图的下方注明相应的图名,如底层(也称首层平面图、一层平面图)、二层平面图……屋顶平面图等。但当某些楼层的平面布置完全相同,或仅有局部不同时,则只需要画出一个共同的平面图来表示(称为标准层平面图),对于局部不同之处,则只需另加局部平面图。或当某些局部布置由于比例较小而固定设备较多,或者内部组合比较复杂时,可以绘制较大比例的局部平面图(如厨房、卫生间等)。

二、底层平面图

建筑物的底层与室外相通,是建筑物室内、外交通的枢纽。对于带有地下室部分的建筑物,底层同时又是建筑物地下、地上的转换层。底层可布置不同方向的出入口组织人流,可布置不同功能的房间(如门厅、接待室、门卫室等),建筑物外围空间部分可布置台阶、坡道、花台等。上述各部分设计的好坏,直接影响到整个建筑物的室内效果和外部形象。同时建筑物中柱网(或承重墙)的布置、尺寸、定位轴线的确定及房间布置等,都是在底层平面图中首次表达。因此,底层平面图是所有建筑平面图中最基本的图样。

图 9-12 为某中学实验楼的底层平面图。该平面图的图示内容和要求具体如下。

1. 图名、比例及朝向

图名为底层平面图。这个平面图是在该建筑物底层窗台上方、底层通向二层楼梯平台下方的某位置剖切以后,按正投影原理向下投影所得到的水平剖面图。根据房屋的大小和复杂程度按表 9-1 选用比例为 1∶100。在底层平面图(±0.000 平面位置)中,还应画出指北针,并放在明显位置,所指方向应与总平面图中指北针的方向一致。从图中还可以看出,该建筑主要出入口设置在西南角处。

2. 纵横向定位轴线及其编号

该建筑为砖混结构体系,即承重结构体系为砖墙,因此定位轴线以承重墙体的位置为依据。横向定位轴线从①到⑤,纵向定位轴线从Ⓐ到Ⓓ。外墙为一砖半墙,厚 360 mm。内墙为一砖墙,厚 240 mm。外纵墙及内墙的定位轴线与墙体的中心线重合,而外横墙的定

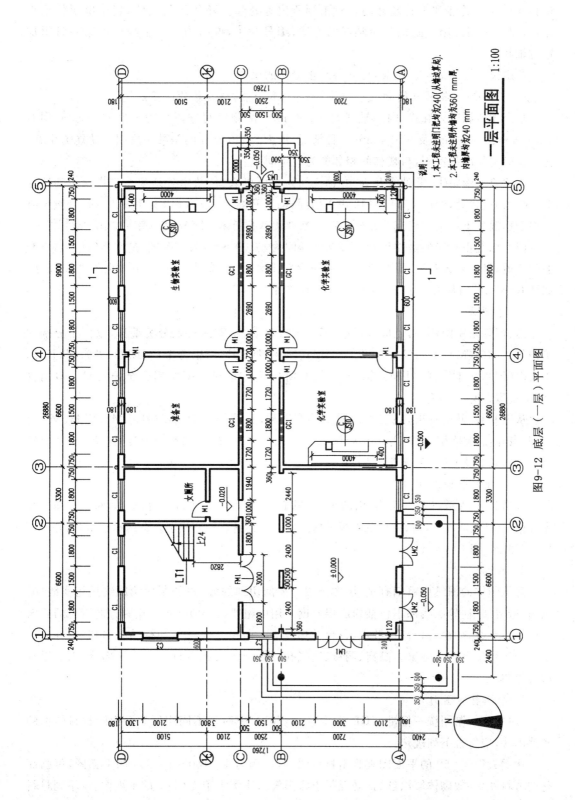

图9-12 底层（一层）平面图

位轴线位于一砖墙和半砖墙之间。对于厕所位置处起分隔作用的墙体,属于次要的承重构件,其定位则采用了附加定位轴线的方法,编号为⓪,说明为ⓒ号轴线后的第一条附加定位轴线。

从定位轴线的编号及距离,可知各承重墙体的位置。

3. 各房屋(包括楼梯间和卫生间等)的组合和分隔,墙及柱的断面形状

整个建筑属于内廊式,内廊轴线宽 2 500 mm,两侧房间进深均为 7 200 mm。开间有 3 300 mm、6 600 mm 及 9 900 mm 三种情况,均为 3 300 mm 的倍数。房间的功能为生物、化学实验室及准备室等,与楼梯间相邻的为卫生间。

该建筑西南角①、②轴线及Ⓐ、Ⓑ轴线间为主要出入口,从室外地坪上三步台阶到达标高−0.050位置处,经门 LM1、LM2 进入门厅,门厅开间为 9 900 mm。主要出入口外侧设有三根钢筋混凝土柱子。建筑物东侧设有一次要出入口,经门 LM3 进入室内。

门厅以北正对着的是楼梯间。楼梯间开间为 6 600 mm,为三跑式,是本建筑中上、下交通的通道,且起防火疏散作用,因此装有防火门 FM1。楼梯要注明上、下方向及主要尺寸,如注有"上 24"指从底层上 24 级刚好到二层楼面。

4. 门、窗的布置和型号

门、窗除采用图例外,还应进行编号,一般按材质、功能或特征分类编排,以便于分别加工制作。如门(M)、木门(MM)、钢门(GM)、塑钢门(SGM)、铝合金门(LM)、卷帘门(JM)、防盗门(FDM)、防火门(FM)等;窗(C)、木窗(MC)、钢窗(GC)、铝合金窗(LC)、塑钢窗(SGC)、防火窗(FC)等。

从图 9-12 可以看出,底层平面图中共有五种门,编号分别为 LM1、LM2、LM3、M1 及 FM1,其宽度分别为 3 000、1 800、1 500、1 000 及 3 000(mm);共有四种类型的窗,编号分别为 C1、C2、C3 及 GC1,其宽度分别 1 800、1 500、2 100 及 1 800(mm)。

5. 其他建筑构配件的位置

包括台阶、坡道、散水、明沟、消防梯、垃圾道、雨水管及水池、台、橱、柜、隔断等。图 9-12 中表达有台阶、散水、水池、讲台及黑板等构配件。南北纵墙外侧分别设有两根落水管,外墙四周设有散水,宽 600 mm。

6. 图线

建筑图中的图线应粗细有别,层次分明。被剖切到的墙、柱的断面轮廓线用粗实线(b)画出,所有墙、柱轮廓线都不包括粉刷层厚度。用中粗线($0.5b$)表示按投影方向所见的建筑构配件轮廓线,如窗台、台阶、散水、花台及梯段等。而尺寸线及各种符号等用细实线绘出,定位轴线用细点画线画出。高窗、洞口、通气孔、槽、地沟及起重机等不可见部分,则应以细虚线绘制。

7. 绘制材料图例

《房屋建筑制图统一标准》(GB/T 50001—2010)中对于不同比例的平面图材料图例的省略画法,应符合下列规定:

比例大于1∶50的平面图宜画出材料图例;比例为 1∶100~1∶200 的平面图,可画简化的材料图例(如砌体墙涂红、钢筋混凝土涂黑等);比例小于1∶200的平面图,可不画材料图例。

8. 尺寸标注

建筑施工图要求标注尺寸清晰、齐全。平面图中标注的尺寸,可分为定形尺寸和定位尺寸两类。定形尺寸指平面图中实体的大小尺寸,如墙厚、柱子断面大小、门窗宽度等;定位尺寸指建筑构配件在平面图中的位置尺寸,如墙与轴线间距、散水距墙或轴线间的距离等。

9. 剖切符号、对称符号、索引符号等其他符号

在底层平面图中,还要画出表示剖面图剖切位置的剖切符号。

房屋的平面布置左、右对称时,画图时可只画房屋的一半,中间用一对称符号作为分界线。

另外,对于需要另见详图的位置还应注有索引符号。图 9-12 中实验室的讲台处标有

$\dfrac{C}{JS10}$,表示该部分将用较大的比例另画详图,详图的位置位于图号为"JS10"的图纸上,详图编号为"C"。

10. 其他

建筑物平面图应注写房间的名称或编号。对于图纸上未能详细注写的尺寸及做法要以"说明"的形式作出具体的文字说明。建筑平面较长时,可分区绘制,但须在各分区底层平面图上给出组合示意图,并明显表示出分区编号。

三、其他建筑平面图

前面已比较详细地介绍了底层平面图的有关内容和要求,这里二层及二层以上各层的平面图、屋顶平面图及局部平面图均归为其他平面图。读者可查阅相关资料自行学习。

第四节　建筑立面图

一、立面图的形成和名称

将建筑物向与其立面平行的投影面正投影所得到的图样称为建筑立面图,简称立面图。如图 9-13～图 9-16 所示为前述实验楼的四个立面图。

立面图主要用来表示建筑物的外部造型、立面装修及其做法,外墙门窗的形状、位置、开启方向以及立面图其他构配件(如墙脚线、雨水管、引条线、窗台、檐口、屋顶水箱、阳台、雨篷等)的位置、尺寸和做法等。

建筑立面图的名称可以采用多种方法来命名。有定位轴线的建筑物,宜根据两端定位轴线号编注立面图名称,如①～⑤立面图、Ⓐ～Ⓓ立面图。无定位轴线的建筑物可按平面图各面的朝向确定名称,如东立面图、南立面图、西立面图、北立面图。有时也可以根据建筑物的主要出入口来命名的,如正立面图、背立面图、左侧立面图、右侧立面图。

二、建筑立面图的图示内容和要求

以图 9-13 所示某实验楼的南立面图为例,说明建筑立面图的图示内容和要求。

1. 图名、比例和定位轴线

该立面图为①～⑤立面图,所表达的内容是朝南的立面及建筑主要出入口处的立面,因此也可称为南立面图或正立面图。比例为 1∶100,通常采用与建筑平面图相同的比例。为便于将立面图与平面图对照,立面图中一般要表示出两端的定位轴线及其编号。

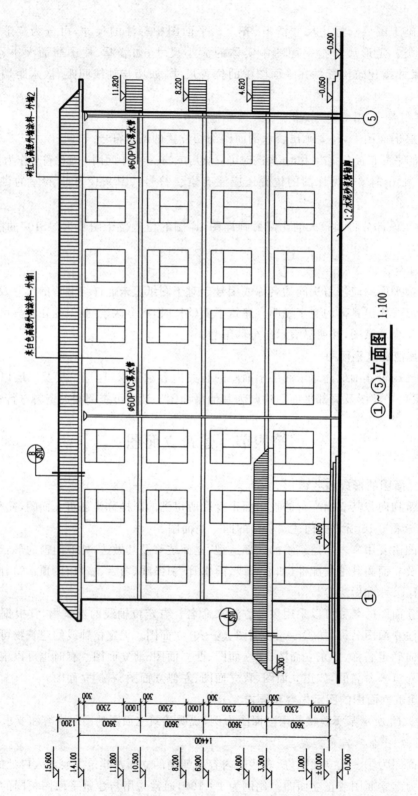

①~⑤ **立面图** 1:100

图9-13 南立面图

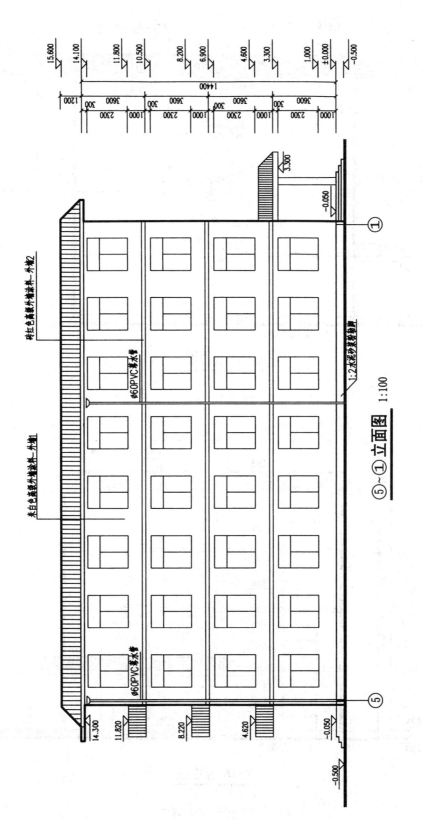

⑤～① 立面图 1:100

图 9-14 北立面图

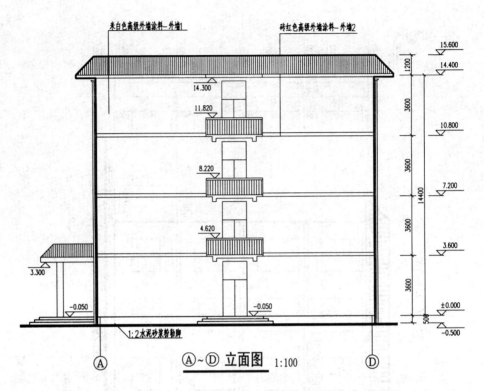

米白色高级外墙涂料-外墙1　　砖红色高级外墙涂料-外墙2

14.300
11.820
8.220
4.620
3.300
−0.050
−0.050

15.600
14.400
10.800
7.200
3.600
±0.000
−0.500

1200 / 3600 / 3600 / 3600 / 3600 / 14400 / 500

1:2水泥砂浆粉勒脚

Ⓐ　　　Ⓐ~Ⓓ **立面图** 1:100　　Ⓓ

图 9-15　东立面图

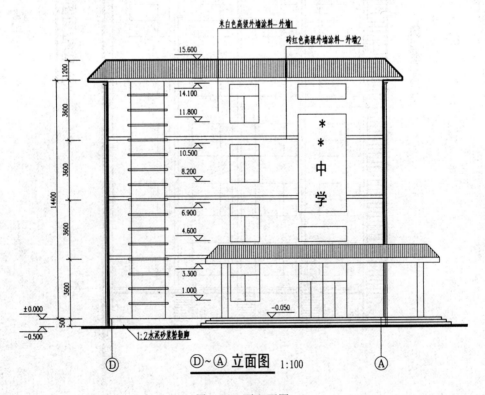

米白色高级外墙涂料-外墙1　　砖红色高级外墙涂料-外墙2

15.600
14.100
11.800
10.500
8.200
6.900
4.600
3.300
1.000
−0.050

±0.000
−0.500

1200 / 3600 / 3600 / 3600 / 3600 / 14400 / 500

**
*
中
学

1:2水泥砂浆粉勒脚

Ⓓ　　　Ⓓ~Ⓐ **立面图** 1:100　　Ⓐ

图 9-16　西立面图

2．外墙面位于室外地坪以上的全貌

包括外墙面上的门窗的形式、位置及其开启方向、屋顶外形、台阶、坡道、花台、雨篷、窗台、阳台、雨水管、水斗、外墙装饰及各种线脚等的位置、形状等。

从图9-13可知：外轮廓线所包围的范围显示出该建筑的总长和总高。建筑物共四层，按实际情况绘出了门窗的可见轮廓线及门窗形式。主出入口处设有门，且雨篷为一层。每层南墙上均有高为2 300 mm、宽为1 500 mm的窗，门及窗的形式采用国标中规定的图例来表示。雨篷及女儿墙檐口处采用波形瓦贴面。

规范规定，在建筑物立面图上，相同的门窗、阳台、外檐装修、构造做法等可在局部重点表示，绘出其完整图形，其余部分可以只画轮廓线。

3．表示外墙面及其上各种构配件的用料、色彩及做法等

《房屋建筑制图统一标准》（GB/T 50001—2010）要求：在建筑物立面图上，外墙面分格线应表示清楚，利用引出线用文字说明各部位所用面材及色彩。如图9-13中用文字说明了外墙面做法为米白色高级外墙涂料，立面装饰的引条线采用砖红色高级外墙涂料。在南墙面上，还有直径为60 mm的PVC落水管。

4．尺寸的标注

立面图中尺寸的标注主要采用相对标高的形式，有时也可注写相应的竖向尺寸。相对标高指的是相对于底层室内地面（标高为零）的标高。

一般应在图形外标注的标高有：室内外地面标高，台阶、平台、坡道面标高，门、窗洞口的上下沿标高，女儿墙（檐口）顶面标高，雨篷底及阳台顶面标高等，并应排列在同一竖直线上，使其整齐、清晰。注写标高时，要注意有建筑标高和结构标高之分。除门、窗洞口不包括粉刷层外，通常在标注构件的上顶面（如女儿墙顶面及阳台栏杆顶面等）时，用建筑标高，即完成面标高；而在标注构件下底面（如阳台底面、雨篷底面等）时，则用结构标高，即不包括粉刷层的毛面标高。

竖向尺寸的尺寸界线位置与所注标高的位置一致，尺寸数字就是标高之差。

如有需要，还可以标注一些无详图的局部尺寸，以补充建筑构配件的本身尺寸及定位尺寸。

5．图线

为了使立面图外形清晰，通常将房屋立面最外轮廓线画成粗线（b），室外地坪线为特粗线（$1.4b$）。门窗洞、窗台、凸出的雨篷、檐口、阳台、台阶等的轮廓线采用中粗线$0.7b$，其余细部（如门窗扇、墙面分格线、雨水管、引出线及标高符号等）采用中线（$0.5b$）或细线（$0.25b$）。

6．其他符号

较简单的对称式建筑物或对称的构配件等，在不影响构造处理和施工的情况下，立面图可绘制一半，并在对称轴处画对称符号。

当在建筑立面图中需要索引出详图或剖面详图时，应加索引符号。如图9-13所示的立面图中，需索引出雨篷檐口及女儿墙檐口的剖面详图，是在建施JS10上编号为Ⓐ和Ⓑ的图样。

图9-14～图9-16分别为这幢实验楼的⑤～①立面图、Ⓐ～Ⓓ立面图及Ⓓ～Ⓐ立面图，即北立面图、西立面图及东立面图，其图示内容及要求与南立面图相同。

第五节　建筑剖面图

一、剖面图的形成及用途

建筑剖面图是房屋的垂直剖面图,假想用一平行于房屋基本墙面的铅垂剖切平面将房屋从屋顶到基础全部剖开,把需要留下的部分投射到与剖切平面平行的投影面上所得到的正投影图,即为建筑剖面图,简称剖面图。

为了能够清楚地表达建筑物的内部情况,如各房间的净空高度、各部分的竖向联系、高度及材料等,剖面图的剖切部位,应选择在高度和层数不同、空间关系比较复杂的部位。一般剖切平面位置都通过门、窗洞及楼梯等,借此来表示门窗洞及楼梯在竖直方向的位置和构造情况。剖面图中基础部分可用折断线折断,省略不画,其内容在结构施工图的基础图中表示。

二、剖面图的图示内容和要求

图 9-17 为某中学实验楼 1—1 剖面图。下面以该剖面图为例说明剖面图的图示内容和要求。

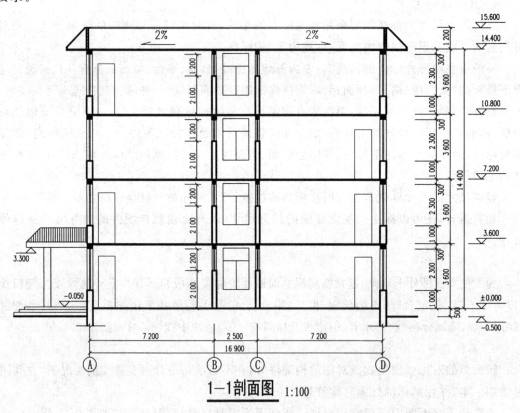

1—1剖面图 1:100

图 9-17　剖面图

1. 图名、比例及定位轴线

图名为 1—1 剖面图。建筑剖面图的比例按表 9-1 宜采用 1∶50、1∶100 或 1∶200,可视房屋的大小和复杂程度而定。通常选用与平面图、立面图相同的比例,如图中选用的比例为 1∶100。用较大比例绘制剖面图时,图中被剖切的构件、配件的截面一般应画上材料图例。

在剖面图中通常要画出被剖切到的墙或柱的定位轴线及其间距尺寸,如图中定位轴线Ⓐ～Ⓓ。在绘制和阅读剖面图时要与平面图对照,应注意剖面图中的定位轴线的左、右相对位置,应与平面图中剖视方向投射后所得到的投影相一致。

2. 被剖切到的建筑构配件及未剖切到的可见构配件

在建筑剖面图中,应画出房屋室内外地面以上各部位被剖切到的建筑构配件以及未剖切到但沿剖视方向可见的构配件的位置、形状及图例。

通常剖切到的建筑构配件包括:室内外地面(包括台阶、明沟及散水等)、楼面层(包括吊天棚)、屋顶层(包括隔热、通风、防水层及吊天棚)、内外墙及其门窗(包括过梁、圈梁、防潮层、女儿墙及压顶)、各种承重梁和连系梁、楼梯梯段及楼梯平台、雨篷、阳台以及孔道、水箱等。如图 9-17 所示剖面图中,剖切到的内容有:剖切到的室内外地面、二至四层楼面、屋面、女儿墙及檐口;轴线为Ⓐ、Ⓓ的外墙,轴线为Ⓑ、Ⓒ的内墙;外墙上的窗户、内墙上的高窗,采用国标规定的图例表示。

未剖切到但沿剖视方向可见的部分,如看到的墙面及其凹凸轮廓、梁、柱、阳台、雨篷、门窗、踢脚、勒脚、台阶、雨水管等,以及看到的楼梯间及其各种装饰等的位置和形状。

3. 图线

剖面图中图线同样也要求粗细分明,室内外地坪线采用特粗线(1.4b)绘制。剖切到的房间、走廊、楼梯、平台等的楼面层和屋顶层,在 1∶100 的剖面图中可只画两条粗实线(b)作为结构层和面层的总厚度;在 1∶50 的剖面图中,则应在两条粗实线的上面加画一条细实线(0.25b)以表示面层。板底的粉刷层厚度一般均不表示。剖切到的墙身轮廓线画粗实线(b),在 1∶100 的剖面图中不包括粉刷层厚度;在 1∶50 的剖面图中,应加绘细实线来表示粉刷层的厚度。

可见的轮廓线,如门窗洞、楼梯梯段及栏杆扶手、可见的女儿墙压顶、内外墙轮廓线、踢脚线、勒脚线等用中粗线(0.7b)绘制。

其他的如尺寸线、尺寸标注、标高符号、门窗扇及其分格线、雨水管、外墙分格线等可视图形或比例大小用中实线(0.5b)及细实线(0.25b)绘制。

4. 尺寸标注

在建筑剖面图中应标出外部及内部一些必要尺寸,即竖直方向剖到部位的尺寸和标高。

外部尺寸通常指沿外墙的竖向标注三道尺寸:最内侧的第一道尺寸标门窗洞及洞间墙的高度尺寸(将楼面以上及楼面以下分别标注);中间的第二道尺寸标层高尺寸,即底层地面至二层楼面、各层楼面至上一层楼面、顶层楼面至檐口处屋面顶面、室内外地面的高差尺寸以及檐口至女儿墙压顶面等的尺寸;最外面第三道尺寸标室外地面以上的总高度尺寸。

内部的尺寸主要包括:内墙上的门窗洞的高度尺寸,有些不另画详图的(如栏杆扶手的)高度尺寸,屋檐和雨篷的挑出尺寸等。

对室内外各部分的地面、楼面、休息平台、阳台、檐口、雨篷及梁底等位置,还应标注标高。对楼地面、楼梯、平台、阳台顶等处的标高应注写完成面的标高,即建筑标高或包括粉刷层在内的标高尺寸;而对于雨篷底及梁底等处的标高应注写毛面的标高,即结构标高或不包括粉刷层在内的标高尺寸。

在建筑剖面图中，主要注写高度方向的尺寸和标高，同时也可适当注写横向方向的尺寸，如定位轴线间的尺寸等。

5. 其他

在需要绘制详图的部位，绘出索引符号。对于地面、楼面、屋面、内墙的构造与材料、做法等，可在建筑剖面图中用引出线从所指的部位引出，按多层构造的层次顺序，用文字加以说明。由于地面、楼面、屋面、内墙的材料及做法在建筑施工说明内已阐述清楚，所以在图 9-17 所示剖面图中就没有必要再用文字加以说明。

第六节　建筑详图

以上平面、立面、剖面图纸，是建筑施工图的基本图纸，一般采用较小的比例绘制（如 1：100、1：200 等），因而某些建筑构配件（如门、窗、楼梯、阳台、各种装饰等）和某些建筑剖面节点（如檐口、窗台、明沟以及楼地面层和屋顶层等）的详细构造（包括式样、层次、做法、用料和详细尺寸等）都无法表达清楚。根据施工需要，必须另外绘制比例较大（如 1：50、1：20、1：10 等）的图样才能表达清楚，这种图样称为建筑详图（大样图）。

下面通过阅读某中学实验楼门窗详图，阐述建筑详图的内容及图示方法。

门窗种类繁多，门窗详图主要用以表达门窗的形式、开启方式、制作尺寸及注意事项等。目前一般的门窗都按标准图集或通用图集进行设计或选型，门窗的制作通常都是由门窗加工厂制作，然后运往工地安装。有标准图集的可直接引用，在设计图纸中只需注明所选用的标准图集或通用图集的名称以及门窗的型号即可，不必再画出门窗详图，或者仅画出表示门窗外形尺寸和开启方向的立面图即可。如需进一步了解它们的构造情况，则可查阅这些图集。当没有标准图引用时，应绘制以门窗立面为主的门窗详图。如图 9-18 所示。

门窗立面详图表示了门、窗的外形尺寸及开启方向。门、窗的开启方向符号用细斜线表示，开启方向线交角一侧为安装合页的一侧，实线表示为外开，虚线表示为内开。对于推拉开启的门窗，则在推拉扇上画箭头表示开启方向。门窗的立面形式应按实际情况绘制，立面划分由于受到材料构造及运输、安装条件的限制，要考虑门窗开启扇及固定扇的最大限制尺寸要求。

其余构配件、节点的建筑详图，请读者自行查阅相关资料学习。

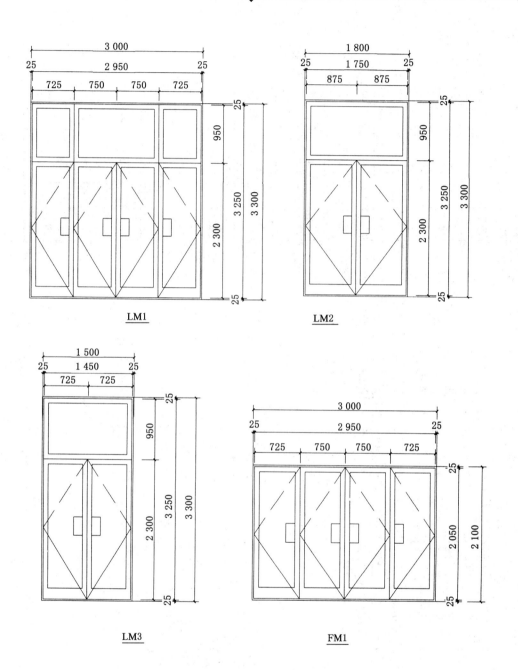

图 9-18　门窗详图

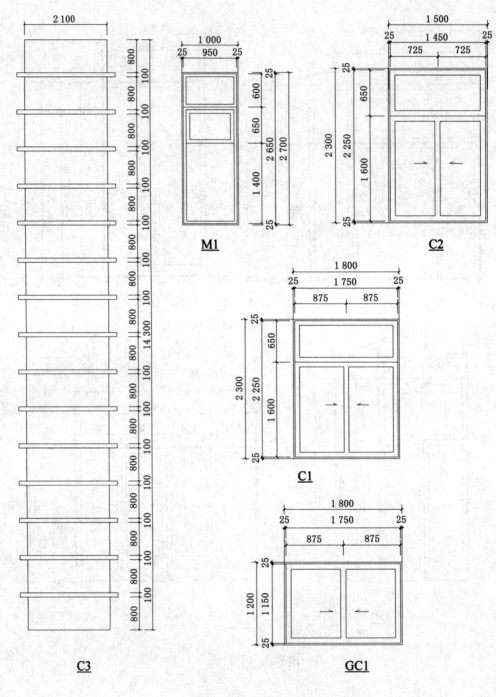

续图 9-18　门窗详图

第十章　道路工程图

【知识要点】　路线工程图的组成及内容,钢筋混凝土结构图的内容,桥梁工程图的组成及绘制要求,隧道工程图的内容,涵洞工程图的类别及内容。

【技能要求】　识读路线工程图、钢筋混凝土结构图、桥梁(隧道、涵洞)工程图。

道路根据其不同的组成和功能特点,可分为公路和城市道路两种。道路工程图是由表达道路整体状况的路线工程图和表达各组成部分的构造物工程图共同构成的。其中,路线工程图由路线平面图、路线纵断面图和路基横断面图三种图样组成;构造物工程图主要由桥梁、隧道、涵洞等工程图组成。

第一节　公路路线工程图

道路路线是指道路沿长度方向的行车道中心线,从整体来看,道路路线是一条空间曲线。道路路线工程图以绘有道路中心线的地形图作为平面图,以纵向展开断面图(纵断面图)作为立面图,以横断面图作为侧面图等三种图样来表达道路的空间位置、线型和尺寸。

一、路线平面图

1. 概念

路线平面图是用标高投影法所绘制的道路沿线周围区域的地形图,用于表达路线的方向、平面线型(直线和左、右弯道)以及沿线两侧一定范围内的地形、地物情况。

2. 路线平面图的内容

如图 10-1 所示为某公路从 K0+000 至 K1+700 段的路线平面图。其内容主要包括地形和路线两部分。

(1)地形部分

地形部分的作用:一是为我们提供沿线的地形地物;二是作为纸上定线和移线的依据。具体内容如下:

① 比例:通常在城镇区为 1:500 或 1:1 000,山岭区为 1:2 000,丘陵区和平原区为 1:5 000 或 1:10 000。

② 指北方向:用指北针或坐标网表示,以指明道路在该地区的方位与走向。指北针箭头所指为正北方向,指北针宜采用细实线绘制;坐标网的 X 轴为南北方向,坐标值增加的方向为正北方向;Y 轴为东西方向,坐标值增加的方向为正东方向。如图 10-1 中的"X3 000,Y2 000"表示两垂直线的交点坐标为距坐标网原点北 3 000 m、东 2 000 m。

③ 地形:平面图中地形的起伏情况主要用等高线表示,本图中每两根等高线之间的高差为 2 m,每隔 4 条等高线画出一条粗的曲线,并标有相应的高程数字。由图中等高线的疏密可以看出,该地区北部有两座山峰,西部、南部和东南部地势比较平坦,并有耕田和农作物。

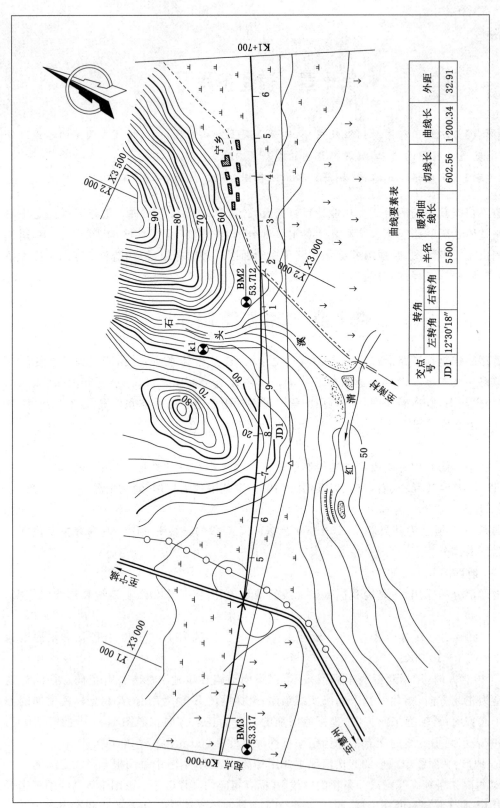

交点号	转角		半径	缓和曲线长	切线长	曲线长	外距
	左转角	右转角					
JD1	12°30′18″		5 500		602.56	1 200.34	32.91

曲线要素表

图 10-1　路线平面图

④ 地物:地物(如河流、房屋、道路、桥梁、电力线、植被等)都是按规定图例绘制的,常见的道路工程地形图图例和常用结构物图例见表 10-1、表 10-2 和表 10-3。

表 10-1 道路工程常用地形图图例

名称	图例	名称	图例	名称	图例
机场		港口		井	
学校		变电室		房屋	
土堤		水渠		烟囱	
河流		冲沟		人工开挖	
铁路		公路		大车道	
小路		低压电力线、高压电力线		电信线	
果园		旱地		草地	
林地		水田		菜地	
导线点		三角点		图根点	
水准点		切线交点		指北针	

表 10-2 道路工程常用结构物图例

	序号	名称	图例	序号	名称	图例
平面	1	涵洞		6	通道	
	2	桥梁(大、中桥按实际长度绘制)		7	分离式立交: (a) 主线上跨; (b) 主线下穿	(a) (b)
	3	隧道		8	互通式立交(按采用形式绘)	
	4	养护机构		9	管理机构	
	5	隔离墩		10	防护栏	

	序号	名称	图例	序号	名称	图例
纵断面	1	箱涵		5	桥梁	
	2	盖板涵	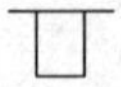	6	箱形通道	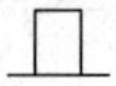
	3	拱涵		7	管涵	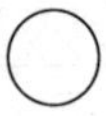
	4	分离式立交： (a) 主线上跨； (b) 主线下穿	 (a)　　(b)	8	互通式立交： (a) 主线上跨； (b) 主线下穿	 (a)　　(b)

表 10-3　　　　　　　　　　　　道路工程常用结构物图例

名称	符号	名称	符号	名称	符号
只有屋盖的简易房		石棉瓦	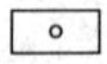	储水池	
砖石或混凝土结构房屋	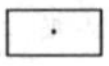	围墙	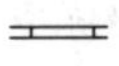	下水道检查井	
砖瓦房		非明确路边线	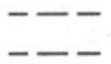	通信杆	

对照图例与图 10-1 可知，在两山峰之间有一条石头溪，流入清江，清江自东向西流过，路线两侧是水稻田和旱地。在 K1＋400 处有一居民点，名为宁乡，一条大车道连接宁乡和竹坪乡，图上绘有宁城至慧州的一条原有公路，并与本公路交叉通过，低压电线在原公路的东侧。另外，图中还表示出了桥梁、沙滩和堤坝的位置等。

（2）路线部分

① 设计路线（道路中心线）

由于道路的宽度相对于长度来说尺寸小得多，通常是沿道路中心线画出一条加粗的粗实线来表示新设计的路线，比较线应采用加粗的粗虚线来表示。

② 里程桩号

道路路线的总长度和各段之间的长度用里程桩号表示。里程桩号应从路线的起点至终点，按从小到大、从左到右的顺序排列。里程桩分公里桩和百米桩两种。公里桩宜注在路线前进方向的左侧，用符号"●"表示桩位，公里数注写在符号的上方，如"K1"表示离起点 1 km。百米桩宜标注在路线前进方向的右侧，用垂直于路线的细短线表示桩位，用注写在短线端部、字头向上的阿拉伯数字表示百米数，如在 K1 公里桩的前方注写的"4"，表示桩号为 K1＋400，说明该点距路线起点为 1 400 m。

③ 平曲线

道路路线在平面上是由直线段和曲线段组成的，在路线的转折处应设平曲线。最常见的较简单的平曲线为圆曲线,其基本的几何要素如图 10-2 所示。JD 为交角点,是路线两直线段的理论交点;α 为转折角(偏角),是路线前进方向向左或向右偏转的角度,α_Z 表示左偏角,α_Y 表示右偏角;R 为圆曲线半径,是连接圆弧的半径长度;T 为切线长,是切点与交角点之间的长度;E 为外距,是曲线中点到交角点的距离;L 为曲线长,是圆曲线两切点之间的弧长。

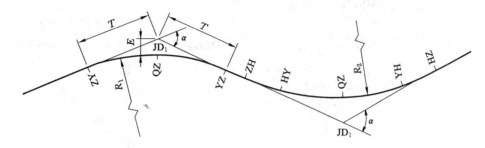

图 10-2　平曲线的几何要素

在路线平面图中,转折处应注写交角点代号并依次编号,如 JD$_1$ 表示第一个交角点;还要注出曲线段的起点 ZY(直圆)、中点 QZ(曲中)、终点 YZ(圆直)的位置;如果设置缓和曲线,则将缓和曲线与前、后段直线的切点分别标记为 ZH(直缓点)和 HZ(缓直点);将圆曲线与前、后段缓和曲线的切点分别标记为 HY(缓圆点)和 YH(圆缓点)。

通过读图 10-1 可以知道,新设计的这段公路是从 K0+000 处开始,在交角点 JD$_1$ 处向左转折,$\alpha_Y = 12°30'16''$,圆曲线半径 $R = 5\ 500$ m,终点里程为 K1+700,总长度为 1 700 m,路线总体走向为由西向东。

④ 水准点

沿线附近每隔一定的距离应设置水准点,并加注编号与高程,水准点用"⊗"符号标记。⊗BM$_2$/53.712 表示该水准点是路线的第二个水准点,高程为 53.712。

二、路线纵断面图

1. 概念

路线纵断面图是用一个假想的平面和曲面组成的铅垂面,沿公路中心线纵向剖切并展到同一平面上而形成的,如图 10-3 所示。它是利用展开剖面图的原理来绘制的,用它来代替三面投影图中的立面图,可表达路线沿中心线的纵向坡度、地面沿纵向高低起伏的变化情况以及沿线的地质情况和构造物设置情况。

2. 路线纵断面图的内容

路线纵断面图的内容包括高程标尺、图样和测设数据表三个部分。图样应画在图纸的上部,测设数据应采用表格形式布置在图幅下部,高程标尺应布置在测设数据表的上方左侧。图 10-4 为某公路从 K6+000 至 K7+600 段的路线纵断面图。

(1)图样部分

① 比例

路线纵断面图的水平方向表示路线的长度,竖直方向表示设计线和地面的高程。为了在路线纵断面图上能够清晰地显示出高程及纵坡变化,绘制时一般竖向比例要比水平比例放大 10 倍,如图 10-4 的水平比例为 1∶2 000,而竖向比例为 1∶200。此外,还应在纵断面

图 10-3　某公路路线纵断面图的形成

图的左侧按竖向比例画出高程标尺。

②　地面线

图中不规则的细折线就是地面线。它表示设计中心线处的地面在纵向高低起伏变化的情况,是剖切平面与原地面的交线,依据原地面上一系列中心桩的实测地面高程而绘制。

③　设计线

图中由直线和曲线构成的粗实线就是道路的设计线。设计线是根据地形起伏和公路等级,按相应的工程技术标准而确定的。设计线上各点的标高通常是指路基边缘的设计高程。由设计线与地面线相应的高程之差就可确定各中心桩处的填挖高度。

④　竖曲线

在设计线的纵坡变化处(变坡点),为了便于车辆行驶,均应设置圆弧竖曲线。根据纵坡的变化情况,竖曲线分为凸形和凹形两种,在图中分别用符号"┬"和"┴"符号表示。

⑤　工程构造物

当路线上设有桥涵、通道、立交等人工构造物时,应在设计线的上方或下方用竖直引出线标注,竖直引出线应对准构造物的中心位置,并注出构造物的名称、种类、大小和中心里程桩号。

⑥　水准点

在路线纵断面图中,对沿线设置的水准点也应进行标注,竖直引出线对准水准点,左侧注写里程桩号,右侧写明其位置,水平线上方注写水准点编号和高程。

(2)测设数据表部分

①　地质概况

概括描述道路在某一区段内的土壤地质情况。

②　坡度与坡长

标注设计线各段的纵向坡度和水平距离长度。表格中的对角线表示坡度方向,左下至

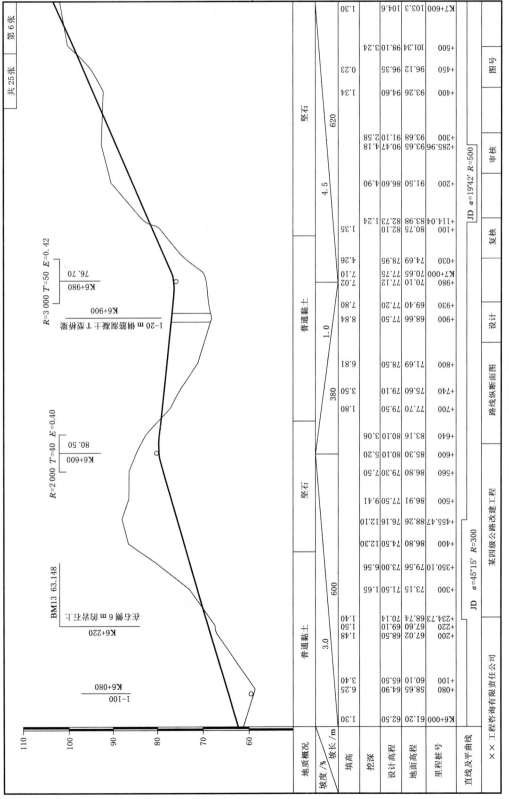

图 10-4　路线纵断面图

右上表示上坡,左上至右下表示下坡,坡度和距离分注在对角线的上、下两侧。如图中第一格的标注"3.0/600",表示此段路线是上坡、坡度为3.0%、坡长为600 m。

③ 填挖高度

设计线在地面线下方为"挖",设计线在地面线上方为"填"。挖或填的高度值应是各中心桩对应的设计高程与地面高程之差的绝对值。

④ 设计高程和地面高程

设计高程和地面高程分别表示设计线和地面线上各点的高程,由坡度的大小和距离计算各中心桩的设计高程,地面高程由野外实测得到。

⑤ 里程桩号

按实测所定的里程桩号数字填写,桩号从左向右排列。一般填写公里桩、百米桩、地形加桩、构造物中心桩和平曲线的起点、中点、终点桩等。

⑥ 直线及平曲线

在路线设计中,竖曲线与平曲线的配合关系直接影响着汽车行驶的安全性、舒适性以及道路的排水状况。故《公路路线设计规范》(JTG D 20—2006)对路线的平、纵配合提出了严格的要求。但由于路线平面图与纵断面图是分别表示的,所以在路线纵断面图的测设数据表中,以简约的方式表示出平、纵配合的关系。

在纵断面图的直线及平曲线一栏中,以"——"表示直线;以"⌊__⌋"和"⌈__⌉"或"⟍__⟋"和"⟋__⟍"四种图样表示曲线段,其中前两种表示不设缓和曲线的情况,后两种表示设置缓和曲线的情况,图样的凹凸表示曲线的转向,上凸表示道路右转弯,下凹表示道路左转弯,并注出平曲线的主要要素。

三、路基横断面图

1. 路基横断面图的作用

路基横断面图主要表达路线各中心桩处地面在横向的变化情况、路基的形式、路基宽度和边坡大小、路基顶面标高及排水设施的布置情况和防护工程的设计,主要用来计算土石方工程数量,为施工提供参考依据。

2. 路基横断面图的形成

在路线每一中心桩处,用一个假想的垂直于道路中心线的剖切平面进行剖切,画出剖切平面与地面的交线,再根据填挖高度及规定的路基宽度、边坡画出路基横断面设计线,即形成路基横断面图。在横断面图中,设计线均采用粗实线表示,原有地面线用细实线表示,路中心线用细点画线表示。为了便于进行土石方量的计算,横断面图的水平方向和高度方向宜采用相同比例,一般为1∶200或1∶100。每个断面均应标注出桩号、填挖高度、填挖面积和顶面设计标高。

3. 路线横断面图的基本形式

(1)填方路基

如图10-5(a)所示,整个路基全为填土区称为路堤,填土高度等于设计标高减去地面标高。填方边坡一般为1∶1.5。

(2)挖方路基

如图10-5(b)所示,整个路基全为挖土区称为路堑,挖土深度等于地面标高减去设计标高,挖方边坡根据土质情况确定。

（3）半填半挖路基

如图 10-5（c）所示，路基断面一部分为填土区，一部分为挖土区，是前两种路基的综合。

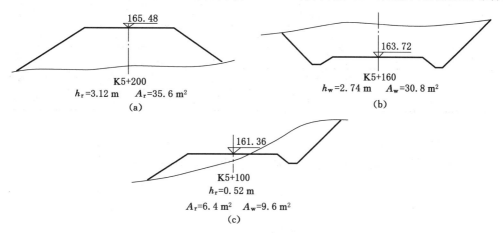

图 10-5　路基横断面的形式

（a）填方路基横断面图；（b）挖方路基横断面图；（c）半填半挖路基横断面图

4. 高速公路横断面图

高速公路横断面主要由中央分隔带、行车道、硬路肩、土路肩等组成，常见的横断面形式如图 10-6 所示。

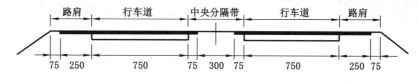

图 10-6　高速公路横断面图

第二节　钢筋混凝土结构图

一、钢筋的基本知识

1. 钢筋的级别与符号

表 10-4　　　　　　　　　　钢筋统一符号

级别	牌号	旧符号	新符号	钢筋形状
Ⅰ	3 号钢	φ	φ	光圆
Ⅱ	16Mn、16SiTi、15SiV	⊘,⊉	Φ	人字纹
Ⅲ	25MnSi、25SiTi、20SiV	⊗	Φ	人字纹
Ⅳ	44Mn2Si、45Si2Ti、40Si2V、45MnSiV	Φ,Φ	Φ	光圆或螺纹
Ⅴ	44Mn2Si、45MnSiV	Φ,Φ	Φ^L	
	5 号钢	φ	φ	螺纹

级别	牌号	旧符号	新符号	钢筋形状
I	冷拉 3 号钢钢筋	Φ\`	Φ\`	光圆
II	冷拉 II 级钢筋	Φ\`、Φ\`	Φ\`	人字纹
III	冷拉 III 级钢筋	Φ\`	Φ\`	人字纹
IV	冷拉 IV 级钢筋	Φ\`、Φ\`	Φ\`	光圆或螺纹
	冷拉 5 号钢筋	Φ\`	Φ\`	螺纹

2. 钢筋的种类及作用

如图 10-7 所示,根据钢筋在整个结构中的作用不同,钢筋可分为:

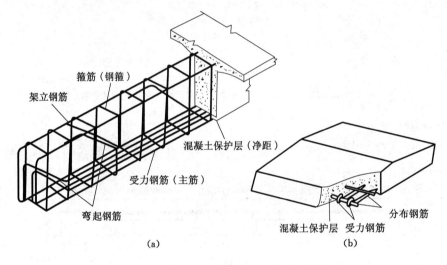

图 10-7　钢筋在构件中的种类示意图

（1）受力钢筋（主筋）:用来承受主要拉力或压力。

（2）钢箍（箍筋）:固定受力钢筋位置,并承受一部分斜拉力。

（3）架立钢筋:一般用来固定钢筋的位置,用于钢筋混凝土梁中。

（4）分布钢筋:一般用于钢筋混凝土板或高梁结构中,用以固定受力钢筋位置,使荷载分布给受力钢筋,并防止混凝土收缩和温度变化出现的裂缝。

（5）其他钢筋:为了起吊安装或构造要求而设置的预埋或锚固钢筋等。

3. 钢筋的弯钩和弯起

（1）钢筋的弯钩

为了增加钢筋与混凝土的黏结力,在钢筋的端部做成弯钩。弯钩的标准形式有半圆弯钩（180°）、直弯钩（90°）和斜弯钩（135°）三种。根据需要,钢筋实际长度要比端点长出 $6.25d$、$4.9d$ 和 $3.5d$,这时钢筋的长度要计算其弯钩的增长数值。图 10-8 中用双点画线表示出了弯钩弯曲前的下料长度,它是计算钢材用量的依据。

（2）钢筋的弯起

根据结构受力要求,有时需要在梁内将部分受力钢筋向上弯起,这时弧长比两切线之和短一些,如图 10-9 所示,其计算长度应减去折减数值（钢筋直径小于 10 mm 时可忽略不

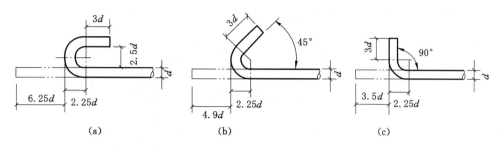

图 10-8　钢筋的弯钩

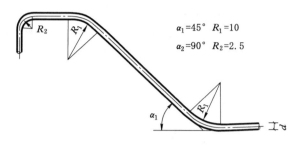

图 10-9　钢筋的弯起

计）。其中,45°弯起和 90°弯起为标准弯起。

4. 钢筋的骨架

为制造钢筋混凝土构件,先将不同直径的钢筋,按照需要的长度截断,根据设计要求进行弯曲(称为钢筋成型或钢筋大样),再将弯曲后的成型钢筋组装。

钢筋组装成型一般有两种方式:一种是用细铁丝绑扎钢筋骨架;另一种是焊接钢筋骨架,先将钢筋焊成平面骨架,然后用箍筋连接(绑或焊)成立体骨架形式。对于焊接骨架(图 10-10),结点处固定主钢筋的焊缝在图中应予以表达。图 10-11 是钢筋焊接骨架的标注形式。

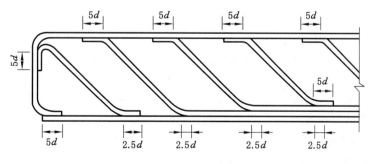

图 10-10　钢筋焊接骨架

二、钢筋混凝土结构图的内容

钢筋混凝土结构图包括两类图样:一类是一般构造图(又叫模板图),即表示构件的形状和大小,但不涉及内部钢筋的布置情况;另一类是钢筋结构图,主要表示构件内部钢筋的配置情况。图 10-12 为图 10-7 所示钢筋混凝土板的钢筋结构图。

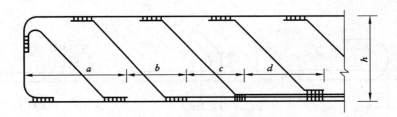

图 10-11　钢筋焊接骨架的标注

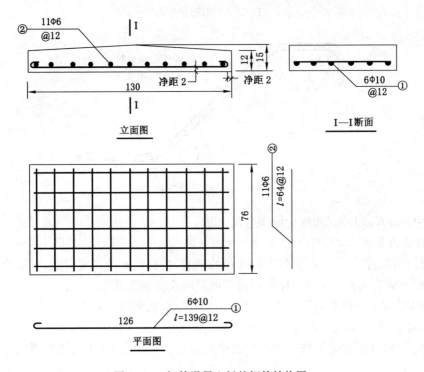

图 10-12　钢筋混凝土板的钢筋结构图

1. 钢筋结构图的图示特点

（1）为突出构件中钢筋的配置情况，把混凝土假设为透明体，结构外形轮廓画成细实线。

（2）钢筋纵向画成粗实线，其中箍筋较细，可画为中实线；钢筋断面用黑圆点表示，钢筋重叠时可以用小圆圈来表示。

（3）在钢筋结构图中为了区分各种类型和不同直径的钢筋，要求对不同类型的钢筋加以编号，并在引出线上注明其规格和间距，编号用阿拉伯数字表示。

（4）钢筋的弯钩和净距的尺寸都比较小，画图时不能严格按照比例画，以免线条重叠，要考虑适当放宽尺寸，以清楚为度，此称为夸张画法。同理，在立面图中遇到钢筋重叠时，亦要放宽尺寸，中间应留有空隙，使图面清晰。

（5）画钢筋结构图时，三面投影图不一定都画出来，而是根据需要来决定，如画钢筋混凝土梁的钢筋结构图时，一般不画平面图，只用立面图和断面图表示。

2. 钢筋的编号和尺寸标注方式

对钢筋编号时,先编主、次部位的主筋,后编主、次部位的构造筋。

(1)编号标注在引出线右侧的细实线圆圈内。

(2)钢筋的编号和根数也可采用简略形式标注,根数注在 N 之前,编号注 N 之后,如 2N2。在钢筋断面图中,编号可标注在对应的细实线方格内。

(3)尺寸单位:在路桥工程图中,钢筋直径的尺寸单位采用毫米(mm),其余尺寸单位均采用厘米(cm),图中无须注出单位。

钢筋编号和尺寸标注方式如下:

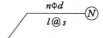

其中　N——钢筋编号,圆圈直径为 4～8 mm;

　　　n——代表钢筋根数;

　　　φ——钢筋直径符号,也表示钢筋的等级;

　　　d——代表钢筋直径的数值,mm;

　　　l——代表每根钢筋的断料长度,cm;

　　　@——钢筋中心间距符号;

　　　s——代表钢筋间距的数值,cm。

第三节　桥梁工程图

一、桥梁的基本组成

桥梁由上部结构、下部结构、支座及附属设施四部分组成,如图 10-13 所示。

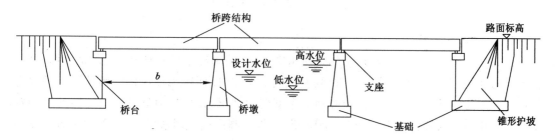

图 10-13　桥梁的基本组成

上部结构主要包括承重结构(主梁或主拱圈)、桥面等,它的作用是承受车辆荷载,并通过支座传给墩台。下部结构主要包括桥台、桥墩和基础。支座是设在桥墩和桥台顶面,用来支承上部结构的传力装置。附属设施主要包括栏杆、灯柱、伸缩缝、护岸、导流结构物等。

二、钢筋混凝土 T 形桥梁

1. 桥位平面图

桥位平面图主要表明桥梁和路线连接的平面位置,通过地形测量绘出桥位处的道路、河流、水准点、钻孔及附近的地形和地物(如房屋、旧桥等),以便作为设计桥梁、施工定位的根据。这种图一般采用较小的比例,如 1∶500,1∶1 000,1∶2 000 等。

图 10-14 所示为一桥的桥位平面图。除了表示路线的平面形状、地形和地物外,还表明了钻孔、里程、水准点的位置和数据。

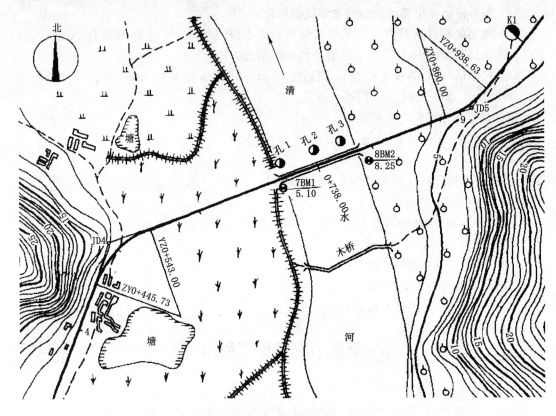

图 10-14　某桥桥位平面图

2. 桥位地质断面图

根据水文调查和地质钻探所得的地质水文资料,绘制桥位所在河床位置的地质断面图,包括河床断面线、最高水位线、常水位线和最低水位线,以便作为设计桥梁和计算工程数量的依据。地质断面图为了显示地质和河床深度变化情况,特意把地形高度(标高)的比例较水平方向比例放大数倍画出。如图 10-15 所示,地形高度的比例采用 1∶200,水平方向比例采用 1∶500。

3. 桥梁总体布置图

总体布置图主要表明桥梁的形式、跨径、孔数、总体尺寸、各主要构件的相互位置关系,桥梁各部分的标高、材料数量以及总的技术说明等,作为施工时确定墩台位置、安装构件和控制标高的依据。如图 10-16 所示。

4. 构件结构图

根据总体布置图采用较大的比例把构件的形状、大小完整地表达出来,才能作为施工的依据,这种图称为构件结构图,也称为详图。如桥台图(图 10-17)、桥墩图(图 10-18)、主梁图和栏杆图等。构件图的常用比例为 1∶10～1∶50,当构件的某一局部在构件中不能清晰、完整地表达时,则应采用更大的比例,如 1∶3～1∶10 等。

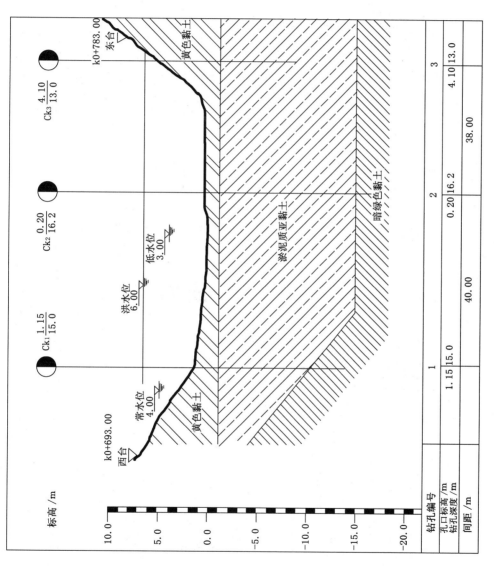

图 10-15　某桥桥位地质断面图

188

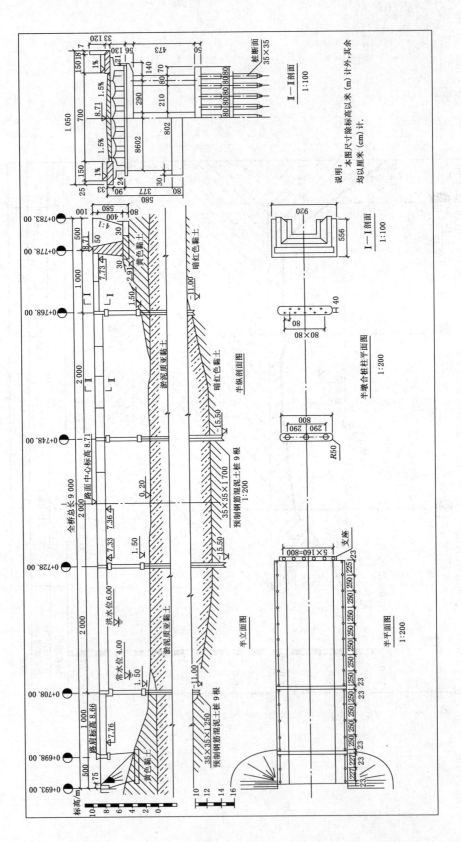

图 10-16 某桥总体布置图

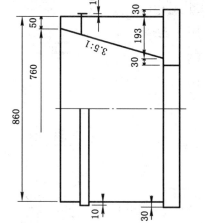

台前　　台后

说明：本图尺寸除标高以米（m）计外，
其余均以厘米（cm）计.

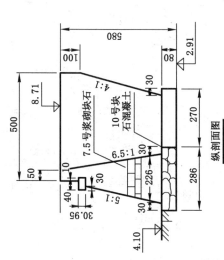

纵剖面图

7.5号浆砌块石

10号块
石混凝土

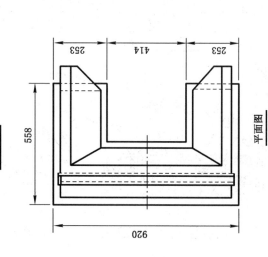

平面图

图 10-17　桥台图

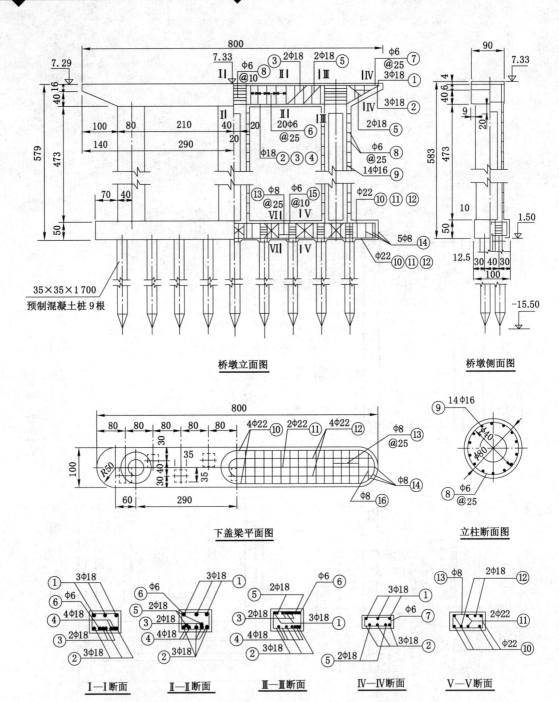

桥墩立面图　　　　　　　　　　桥墩侧面图

下盖梁平面图　　　　　　　　　立柱断面图

Ⅰ—Ⅰ断面　　　Ⅱ—Ⅱ断面　　　Ⅲ—Ⅲ断面　　　Ⅳ—Ⅳ断面　　　Ⅴ—Ⅴ断面

注：1. 本图尺寸钢筋以毫米（mm）计，标高以米（m）计外，其余均以厘米（cm）计.
　　2. 混凝土采用20号.
　　3. 保护层采用 3 cm.
　　4. 桩顶混凝土应凿掉，将钢筋伸入下盖梁内，伸入长度为40 cm.

图 10-18　某桥 3、4 号桥墩构造图

第四节 隧道工程图

隧道是道路穿越山岭的建筑物,它虽然形体很长,但中间断面形状很少变化,所以隧道工程图除了用平面图表示它的位置外,它的构造图主要用隧道洞门图、横断面图(表示洞身形状和衬砌)及避车洞图等来表达。

一、隧道洞门图

隧道洞门大体上可分为端墙式和翼墙式两种。图 10-19(a)所示为端墙式洞门立体图,图 10-19(b)为翼墙式洞门立体图。

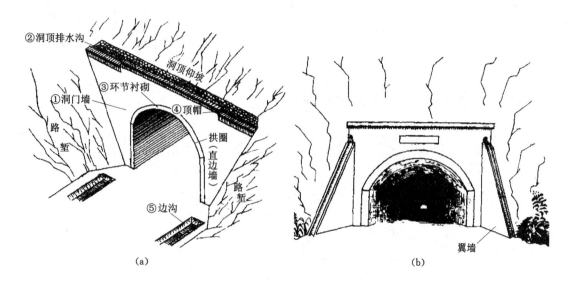

图 10-19 隧道洞门立体图

(a) 端墙式;(b) 翼墙式

图 10-20 所示,为端墙式隧道洞门三投影图。

(1) 正立面图(即立面图)

属于洞门的正立面投影,不论洞门是否左、右对称,均应画全。正立面图反映出洞门墙的式样,洞门墙上面高出的部分为顶帽,同时也表示出洞口衬砌断面类型,它由半径 $R=400$ cm 的圆弧和两直边墙组成,拱圈厚度为 45 cm。洞口净空尺寸高为 740 cm,宽为 790 cm;洞门墙的上面有一条从左往右方向倾斜的虚线,并注有 $i=0.02$ 的箭头,这表明洞口顶部有坡度为 2% 的排水沟,用箭头表示流水方向。其他虚线反映了洞门墙和隧道底面的不可见轮廓线。它们被洞门前面两侧路堑边坡和公路路面遮住,所以用虚线表示。

(2) 平面图

平面图仅画出洞门外露部分的投影,它表示了洞门墙顶帽的宽度,洞顶排水沟的构造及洞门口外两边沟的位置(边沟断面未示出)。

(3) 剖面图

如图 10-20 中 1—1 剖面图,仅画靠近洞口的一小段,图中可以看到洞门墙倾斜坡度为

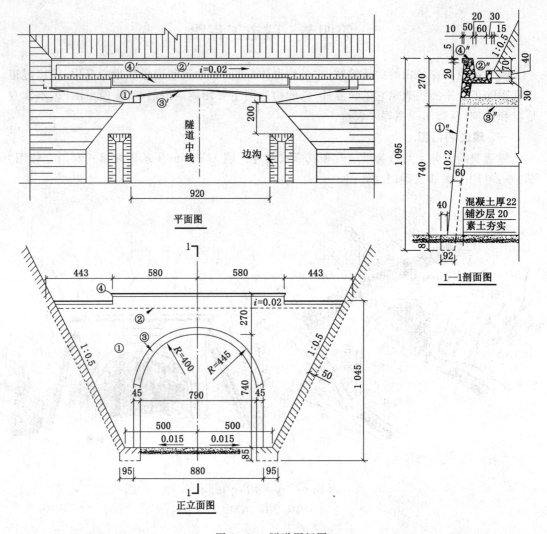

图 10-20　隧道洞门图

10：1，洞门墙厚度为 60 cm，还可以看到排水沟的断面形状、拱圈厚度及材料断面符号等。

为了读图方便，图 10-20 还在三个投影图上对不同的构件分别用数字注出。如洞门墙为①′、①、①″，洞顶排水沟为②′、②、②″，拱圈为③′、③、③″，顶帽为④′、④、④″等。

二、避车洞图

避车洞有大、小两种，是供行人和隧道维修人员及维修小车避让来往车辆而设置的，它们沿路线方向交错设置在隧道两侧的边墙上。通常小避车洞每隔 30 m 设置一个，大避车洞则每隔 150 m 设置一个，为了表示大、小避车洞的相互位置，采用位置布置图来表示。

如图 10-21 所示，由于这种布置图图形比较简单，为了节省图幅，纵横方向可采用不同比例，纵方向常采用 1：2 000，横方向常采用 1：200 等比例。

（1）纵剖面图

纵剖面图表示大、小避车洞的形状和位置，同时也反映了隧道拱顶的衬砌材料和隧道内轮廓情况。

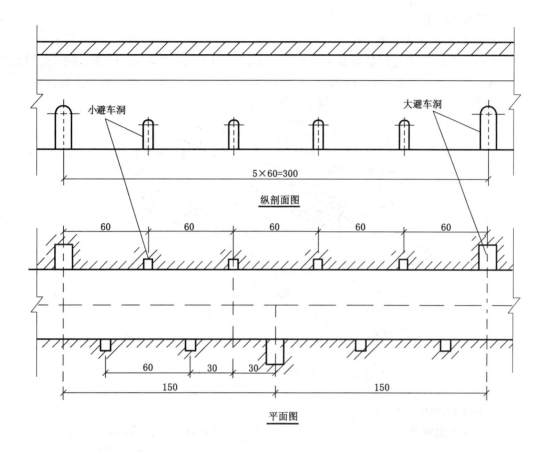

图 10-21 避车洞布置图(纵向 1∶2 000 横向 1∶200)

(2)平面图

平面图主要表示大、小避车洞的进深尺寸和形状,并反映了避车洞在整个隧道中的总体布置情况。

第五节 涵洞工程图

一、涵洞的图示方法及表达内容

涵洞是窄而长的构筑物,它从路面下方横穿过道路,埋置于路基土层中。涵洞工程图主要包括纵剖面图、平面图、侧面图,除上述三种投影图外,还应画出必要的构造详图,如钢筋布置图、翼墙断面图等。

(1)在图示表达时,涵洞工程图以水流方向为纵向(即与路线前进方向垂直布置),并以纵剖面图代替立面图。

(2)平面图一般不考虑涵洞上方的覆土,或假想土层是透明的。有时平面图与侧面图以半剖形式表达,水平剖面图一般沿基础顶面剖切,横剖面图则垂直于纵向剖切。

(3)洞口正面布置在侧视图位置作为侧面视图,当进、出水洞口形状不一样时,则需分别画出其进、出水洞口布置图。

二、涵洞工程图

1. 钢筋混凝土盖板涵洞

图 10-22 所示为单孔钢筋混凝土盖板涵立体图。图 10-23 所示则为其构造图,比例为 1:50,洞口两侧为八字翼墙,洞高 120 cm,净跨 100 cm,总长 1 482 cm。由于其构造对称,故仍采用半纵剖面图、半剖平面图和侧面图等来表示。

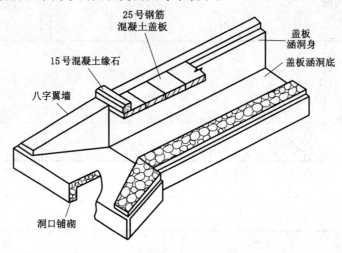

图 10-22　钢筋混凝土盖板涵洞立体图

（1）半纵剖面图

图 10-23 中把带有 1:1.5 坡度的八字翼墙和洞身的连接关系以及洞高 120 cm、洞底铺砌 20 cm、基础纵断面形状、设计流水坡度 1‰ 等表示出来。盖板及基础所用材料亦可由图中看出,但未画出沉降缝位置。

（2）半平面图及半剖面图

用半平面图和半剖面图能把涵洞的墙身宽度、八字翼墙的位置表示得更加清楚,涵身长度、洞口的平面形状和尺寸以及墙身和翼墙的材料均在图上可以看出。为了便于施工,在八字翼墙的 Ⅰ—Ⅰ 和 Ⅱ—Ⅱ 位置进行剖切,并另作 Ⅰ—Ⅰ 和 Ⅱ—Ⅱ 断面图来表示该位置翼墙墙身和基础的详细尺寸、墙背坡度以及材料情况。Ⅳ—Ⅳ 断面图和 Ⅱ—Ⅱ 断面图类似,但有些尺寸要变动,请读者自行思考。

（3）侧面图

图 10-23 中反映出了洞高 120 cm 和净跨 100 cm,同时反映出了缘石、盖板、八字翼墙、基础等的相对位置和它们的侧面形状,在图中按习惯称洞口立面图。

2. 圆管涵洞

图 10-24 所示为圆管涵洞立体分解图。图 10-25 所示为钢筋混凝土圆管涵洞端墙式单孔构造图,比例为 1:50,端墙前洞口两侧有 20 cm 厚干砌片石铺面的锥形护坡,涵管内径为 75 cm,涵管长为 1 060 cm,再加上两边洞口铺砌长度,得出涵洞的总长为 1 335 cm。由于其构造对称,故采用半纵剖面图、半平面图和侧面图来表示。

（1）半纵剖面图

由于涵洞进、出洞口一样,左、右基本对称,所以只画半纵剖面图,以对称中心线为分界

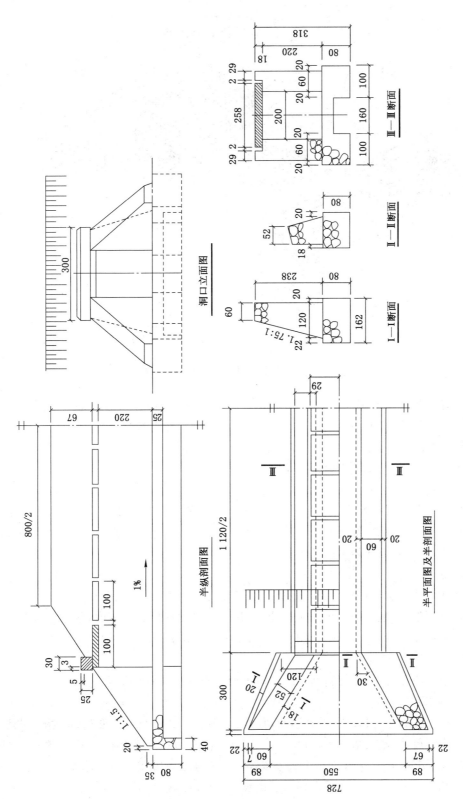

图 10-23 钢筋混凝土盖板涵构造图

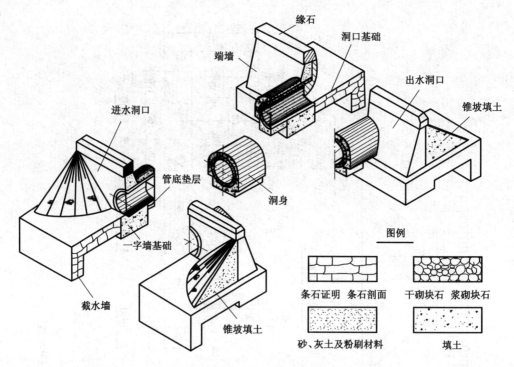

图 10-24   圆管涵洞立体分解图

线。纵剖面图中表示出涵洞各部分的相对位置和构造形状,由图 10-25 可知:管壁厚 10 cm,防水层厚 15 cm,设计流水坡度 1‰,涵身长 1 060 cm,洞身铺砌厚 20 cm,以及基础、截水墙的断面形式,路基填土厚度>50 cm,路基宽度 800 cm,锥形护坡顺水方向的坡度与路基边坡一致,均为 1∶1.5。各部分所用材料均于图中表达出来,但未示出洞身的分段。

(2)半平面图

为了同半纵剖面图相配合,故平面图也只画一半。图 10-25 中表达了管径尺寸与管壁厚度,以及洞口基础、端墙、缘石和护坡的平面形状及尺寸,涵顶覆土作透明处理,但路基边缘线应予画出,并以示坡线表示路基边坡。

(3)侧面图

侧面图主要表示管涵孔径和壁厚、洞口缘石和端墙的侧面形状及尺寸、锥形护坡的坡度等。为了使图形清晰,把土壤作为透明体处理,并且某些虚线未予画出,如路基边坡与缘石背面的交线和防水层的轮廓线等,如图 10-25 中的侧面图,按习惯称为洞口正面图。

3. 钢筋混凝土箱涵洞

涵洞与路线有正交与斜交两种相交方式,下面以单孔斜交钢筋混凝土箱涵洞为例说明斜交工程图的图示特点。

如图 10-26 所示涵洞为抬高式箱涵洞,翼墙式洞口,箱式洞身。该图为标准图,可适用于汽-20、挂-100 荷载,涵顶填土 0.5~8.0 m 高,其涵高及净跨分别为 1.5~4 m 的各等级公路正交与斜交(倾斜角 $\alpha=0°、15°、30°、45°$)布置。左侧进水口采用了抬高式洞门,右侧出水口采用了不抬高式洞门,洞口均采用斜八字式翼墙,以提高通用性。

(1)立面图

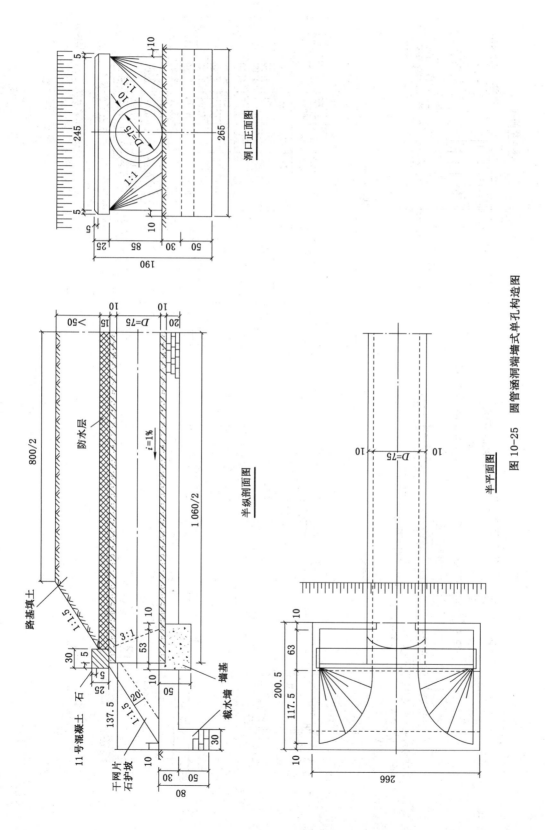

图 10-25　圆管涵洞端墙端式单孔构造图

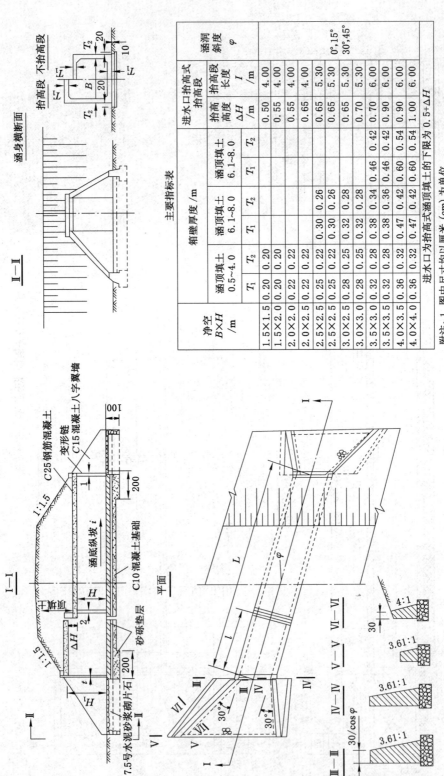

主要指标表

净空 B×H /m	箱壁厚度/m 涵顶填土 0.5~4.0 T1	T2	涵顶填土 6.1~8.0 T1	T2	涵顶填土 6.1~8.0 T1	T2	进水口抬高式抬高段 抬高高度 ΔH/m	抬高段长度 I/m	涵洞斜度 φ
1.5×1.5	0.20	0.20					0.50	4.00	0°,15° 30°,45°
1.5×2.0	0.20	0.20					0.55	4.00	
2.0×2.0	0.22	0.22					0.55	4.00	
2.0×2.5	0.22	0.22					0.65	4.00	
2.5×2.5	0.25	0.22	0.30	0.26		0.26	0.65	5.30	
2.5×3.0	0.25	0.25	0.30	0.26		0.26	0.65	5.30	
3.0×2.5	0.28	0.25	0.32	0.28	0.34	0.28	0.65	5.30	
3.0×3.0	0.28	0.28	0.32	0.28	0.36	0.28	0.70	5.30	
3.5×3.0	0.32	0.28	0.38	0.34	0.42	0.42	0.70	6.00	
3.5×3.5	0.32	0.28	0.38	0.36	0.42	0.42	0.90	6.00	
4.0×3.5	0.36	0.32	0.47	0.42	0.60	0.54	0.90	6.00	
4.0×4.0	0.36	0.32	0.47	0.42	0.60	0.54	1.00	6.00	

附注：1. 图中尺寸均以厘米（cm）为单位。
2. 本图仅绘出抬高式箱涵（平面左半部未示路基填土），不抬高式箱涵进水口构造与出水口基本相同。
进水口为抬高式涵顶填土的下限为 0.5+ΔH。

图 10-26　钢筋混凝土箱涵

立面图采用沿箱涵洞轴线剖切的Ⅰ—Ⅰ纵剖面图,但剖切平面与正立投影面倾斜,故立面图上不反映截断面的实形。

(2) 平面图

平面图左半部分揭掉覆土,表示抬高式洞口部分与箱涵身的水平投影,右半部分则以路中心线为界画出水平投影图,路基边缘以示坡线表示,同时采用截断面法,截去涵身两侧路段。图中采用了省略画法,如图中洞身基础未画出。

(3) 侧面图

侧面图采用Ⅱ—Ⅱ剖面图表示洞口的立面投影,另外还画出了洞身的横断面图,并采用抬高段与不抬高段各画一半的合成图。

4. 石拱涵洞

图 10-27 所示为石拱涵洞示意图,其他相关图形读者可查阅资料学习。

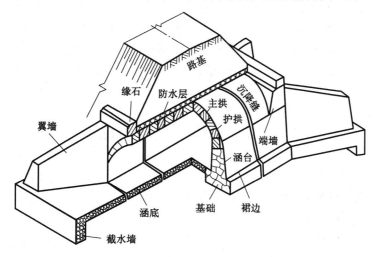

图 10-27 石拱涵洞示意图

第十一章　环境工程图

【知识要点】　比例、图形及标高标注,给排水工程图的内容、要求及识读方法,水污染控制工程图的组成及识读方法,大气污染控制工程图,垃圾填埋场工程图。

【技能要求】　识读给排水工程图、水(大气)污染控制工程图和垃圾填埋场工程图。

　　环境工程的主要研究内容涉及水污染防治工程、大气污染控制工程、固体废物的处理与处置、物理性污染控制、生态工程等。按照总平面布置、处理工艺流程、单元构筑进行细分,可分为厂址选择及总平面布置、工艺流程设计、高程图、管道布置设计、环保设备的设计与选型、项目概预算等。一个工程项目的实施,历经可行性研究、方案设计、方案审评、图纸设计、组织施工、调试运行和验收交付等各个环节,图纸作为信息载体在各个环节中是必备的资料之一。

第一节　环境工程制图标准

一、国家标准

(1)《房屋建筑制图统一标准》(GB/T 50001—2010);

(2)《总图制图标准》(GB/T 50103—2010);

(3)《建筑制图标准》(GB/T 50104—2010);

(4)《建筑结构制图标准》(GB/T 50105—2010);

(5)《建筑给水排水制图标准》(GB/T 50106—2010)。

二、比例

环境工程中常见的图纸比例,见表 11-1。

表 11-1　　　　　　　　　　　　环境工程中常见的图纸比例

名称	比例	说明
区域规划图、区域位置图	1:50 000、1:25 000、 1:10 000、1:5 000、1:2 000	宜与总图专业一致
总平面图	1:1 000、1:500、1:300	宜与总图专业一致
管道纵断面图	纵向:1:200、1:100、1:50 横向:1:1 000、1:500、1:300	
水处理厂(站)平面图	1:500、1:200、1:100	
水处理构造物、设备间、 卫生间、泵房平/剖面图	1:100、1:50、1:40、1:30	

续表 11-1

名称	比例	说明
建筑给排水平面图	1∶200、1∶150、1∶100	宜与建筑专业一致
建筑给排水轴测图	1∶150、1∶100、1∶50	宜与相应图纸一致
详图	1∶50、1∶30、1∶20、1∶10、1∶5、1∶2、1∶1、2∶1	

注:1. 在管道纵断面图中,可根据需要对纵向与横向采用不同的组合比例;

2. 在建筑给排水轴测图中,如局部表达有困难时,该处可不按比例绘制;

3. 水处理流程图、水处理高程图和建筑给排水系统原理图均不按比例绘制。

三、图线

环境工程图常用图线的规定,见表 11-2。

表 11-2 环境工程图常用的图线

名称	线型	线宽	用途
粗实线	——————	b	新设计的各种排水和其他重力流管线
粗虚线	— — — — —	b	原有的各种排水和其他重力流管线的不可见轮廓线
中粗实线	——————	$0.75b$	新设计的各种给水和其他压力流管线
中粗虚线	— — — — —	$0.75b$	原有的各种给水和其他压力流管线及轮廓线重力流管线的不可见轮廓线
中实线	——————	$0.50b$	设备、零(附)件的可见轮廓线,总图中新建的建筑物和构筑物的可见轮廓线
中虚线	— — — — —	$0.50b$	原有设备、零(附)件的不可见轮廓线,总图中原有的建筑物和构筑物的不可见轮廓线,原有的各种给水和其他压力流管线的不可见轮廓线
细实线	——————	$0.25b$	建筑的可见轮廓线,总图中原有的建筑物和构筑物的可见轮廓线,制图中的各种标注线
细虚线	— — — — —	$0.25b$	建筑的不可见轮廓线,总图中原有的建筑物和构筑物的不可见轮廓线
单点长画线	—— - —— - ——	$0.25b$	中心线,定位轴线
折断线	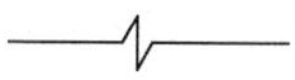 ———√\————	$0.25b$	断开界限
波浪线	 ∿∿∿	$0.25b$	平面图中水面线,局部构造层次范围线,保温范围示意线等

四、尺寸标注

标注尺寸的要求在第一章中已详细讲述,本节重点讲解标高标注。

1. 标高标注位置

(1)沟渠和重力流管道的起讫点、转角点、连接点、变坡点、变尺寸(管径)点及交叉点。

(2)压力流管道中的标高控制点。

（3）管道穿外墙、剪力墙和构筑物的壁及底板等处。

（4）不同水位线处。

（5）构筑物和土建部分的相关标高。

2．标注方式

（1）平面图中，管道标高方式如图 11-1 所示。

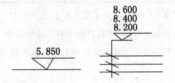

图 11-1　平面图中管道标高

（2）平面图中，沟渠标高方式如图 11-2 所示。

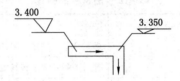

图 11-2　平面图中沟渠标高

（3）剖面图中，管道及水位标高方式如图 11-3 所示。

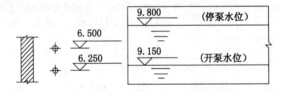

图 11-3　剖面图中管道及水位标高

（4）轴测图中，管道标高方式如图 11-4 所示。

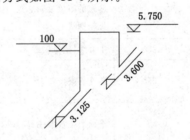

图 11-4　轴测图中管道标高

第二节　环境工程给水排水工程图

给水排水工程图是表达室外给排水及室内给排水工程设施的结构形状、大小、位置、材料以及有关技术要求的图样。给水排水工程图一般是由基本图和详图组成,基本图包括管道设计平面布置图、剖面图、系统轴测图以及原理图、说明、详图等。

室内给水排水工程图一般包括图纸目录、设计说明、主要设备及材料表、图例、平面图、系统图(轴测图)、详图等。

室外给水排水工程图根据工程内容还应包括管道断面图、剖面图、给水排水节点图等。一张平面图上可以绘制几种类型的管道,一般来说,给水和排水管道可以在一起绘制。若图纸管线复杂,也可以分别绘制,以图纸能清楚地表达设计意图而图纸数量又较少为原则。

一、设计说明

设计说明应通俗易懂、简明清晰,有关工程项目的总体问题应在设计说明中体现,局部问题应注写在本张图纸内。用工程绘图无法表达清楚的给水、排水、热水供应、雨水系统等管材、防腐、防冻、防露的做法;或难以表达的诸如管道连接、固定、竣工验收要求,施工中特殊情况技术处理措施或施工方法要求必须遵守的技术规程、规定等,可在图纸中用文字写出设计说明。工程选用的主要材料及设备表,应列明材料类别、规格、数量以及设备名称和主要尺寸。设计说明通常包括下列内容:

(1)工程概况;

(2)设计内容、范围、依据;

(3)给水排水系统的形式及铺设方式;

(4)选用的管材及接口方法;

(5)用水设备和卫生器具的类型及安装方式;

(6)消防设计说明;

(7)管路和设备的防腐、保温方法;

(8)施工验收应达到的质量要求,施工安装应注意的事项;

(9)其他要说明的问题等。

二、设备及材料表

为了能使施工准备的材料及设备符合图纸要求,对重要工程中的材料和设备需逐项列出,制成明细表,以便施工备料,简单工程可以不列。设备及材料表应包括编号、名称、型号规格、单位、数量、质量要求及附注等项目。工程图中涉及的管材、阀门、仪表、设备等均需列入表中。

三、给水排水工程图的图示特点

(1)给水排水工程图中所表示的设备装置和管道一般均采用统一图例,在绘制和识读给水排水工程图前,应查阅和掌握与图纸有关的图例及其所代表的内容。

(2)给水排水管道的布置往往是纵横交叉,一般采用轴测投影法画出管道系统的直观图。

(3)给水排水工程图中管道设备安装应与土建工程图相互配合,尤其是预留洞、预埋件、管沟等方面对土建的要求,必须在图纸说明上表示和注明。

四、常用给水排水图例

给水排水图纸上的管道、卫生器具、设备等均按照《建筑给水排水制图标准》(GB/T 50106—2010)使用统一的图例来表示,如管道、管道附件、管道连接、管件、阀门、给水配件、消防设施、卫生设备及水池、小型给水排水构筑物、给水排水设备、仪表等均采用制图标准图例。给水排水工程图中的常用阀门及龙头图例见表 11-3，表 11-4 为管道图例，表 11-5 为常用附件图例。

表 11-3　　　　　　　　　　　　　阀门及龙头图例表

图例	名称	图例	名称
	闸阀	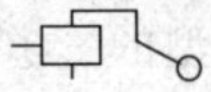	液压浮球阀
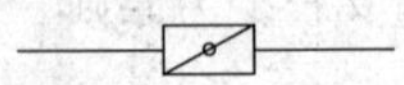	蝶阀	 平面　系统	自动排气阀
	截止阀 DN≥50		延时自闭冲洗阀
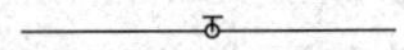	截止阀 DN<50		压力调节阀
	止回阀	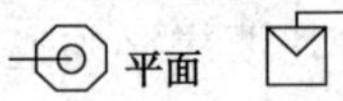 平面　系统	吸水底阀
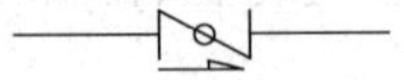	消声止回阀	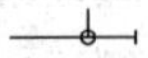	角阀
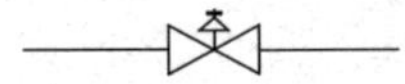	超压泄压阀	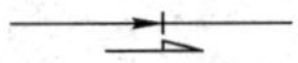	管道倒流防止阀
	电动阀	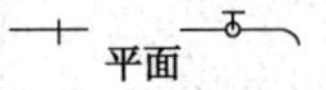 平面　系统	水龙头
	电磁阀	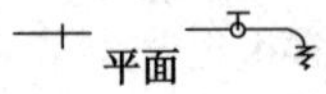 平面　系统	皮带水龙头(洗衣机龙头)
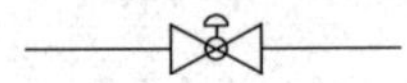	温度调节阀		混合水龙头
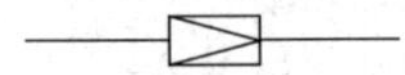	减压阀	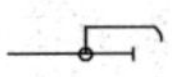	旋转水龙头
	安全阀		浴盆带软管喷头混合水龙头
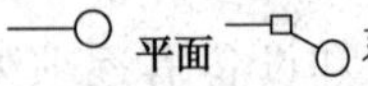 平面　系统	浮球阀	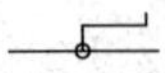	肘开关

表 11-4　　　　　　　　　　　　管道图例表

名称	图例	备注
生活给水管	—J—	
热水给水管	—RJ—	
热水回水管	—RH—	
中水给水管	—ZJ—	
循环给水管	—XJ—	
循环回水管	—Xh—	
热介质给水管	—RM—	
热介质回水管	—RMH—	
蒸汽管	—Z—	
凝结水管	—N—	

续表 11-4

名称	图例	备注
废水管	——F——	可与中水源水管合用
压力废水管	——YF——	
通气管	——T——	
污水管	——W——	
压力污水管	——YW——	
雨水管	——Y——	
压力雨水管	——YY——	
膨胀管	——PZ——	

表 11-5　　　　　　　　　　　　　管道附件图例表

名称	图例	名称	图例
套管伸缩器	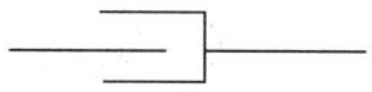	管道滑动支架	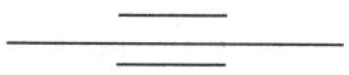
波纹管	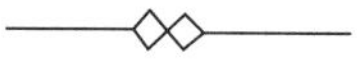	立管检查口	
方形伸缩器		清扫口	 平面　　系统
可曲挠橡胶接头		通气帽	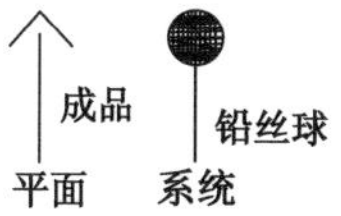 成品　铅丝球 平面　系统
刚性防水套管	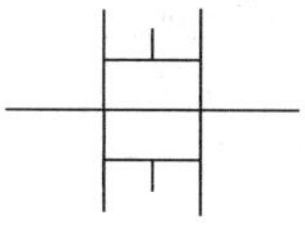	雨水斗	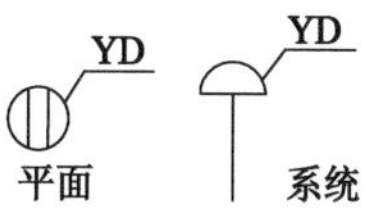 YD　YD 平面　　系统
管道固定支架		排水漏斗	 平面　　系统
柔性防水套管		圆形地漏	 平面　　系统

五、管线的表示方法

管线即指管道，是介质流动的通道。

（1）单线管道图：在同一张图上的给水、排水管道，习惯上用粗实线表示给水管道，粗虚线表示排水管道。

（2）双线管道图：双线管道图是用两条粗实线表示管道，不画管道中心轴线，一般用于重力管道纵断面图，如室外排水管道纵断面图。

（3）三线管道图：三线管道图是用两条粗实线画出管道轮廓线，用一条细点画线画出管道中心轴线，同一张图纸中不同类别管道常用文字注明。此种管道图广泛用于给水排水工程图中的各种详图，如室内卫生设备安装详图等。

六、管道的标注及编号

1. 标高标注

本章第一节已详述，此处不再赘述。

2. 管径标注

管径应以毫米（mm）为单位。水煤气输送钢管（镀锌或非镀锌）、铸铁管等管材，管径宜以公称直径 DN 表示（如 DN15、DN50）；无缝钢管、焊接钢管（直缝或螺旋缝）、铜管、不锈钢管等管材，管径宜以外径（D）×壁厚表示（如 D108×4、Dl59×9.5 等）；钢筋混凝土（或混凝土）管、陶土管、耐酸陶瓷管、缸瓦管等管材，管径宜以内径 d 表示（如 d230、d380 等）；塑料管材，管径宜按产品标准的方法表示。当设计均用公称直径 DN 表示管径时，应用公称直径 DN 与相应产品规格对照表。管径的标注方法应符合下列规定：① 单根管道时，管径应按图 11-5 所示的方式标注；② 多根管道时，管径应按图 11-6 所示的方式标注；③ 管道转向、连接表示法如图 11-7 所示。

图 11-5　单管管径表示法

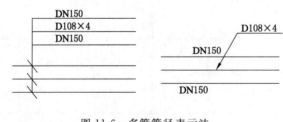

图 11-6　多管管径表示法

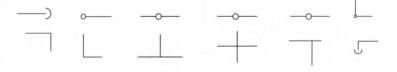

图 11-7　管道转向、连接表示法

3. 管道编号

（1）当建筑物的给水引入管或排水排出管的数量超过 1 根时，宜进行编号，编号宜按图

11-8 所示的方法进行。

引入（排出）管

管道类别代号

同类管道编号

J
1

图 11-8　引入（排出）管编号表示方法

（2）建筑物穿越楼层的立管，其数量超过 1 根时宜进行编号，编号宜按图 11-9 所示的方法表示。

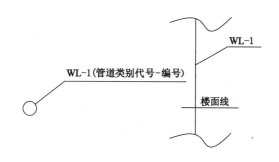

WL-1

WL-1（管道类别代号－编号）

楼面线

图 11-9　立管编号表示方法

（3）在总平面图中，当给排水附属构筑物的数量超过 1 个时，宜进行编号。给水构筑物的编号顺序为：从水源到干管，再从干管到支管，最后到用户；排水构筑物的编号顺序为：从上游到下游，先干管后支管。

（4）当给水排水机电设备的数量超过 1 台时，宜进行编号，并应有设备编号与设备名称对照表。

七、排水系统工程图

排水系统是指排水的收集、输送、水质的处理和排放等设施以一定方式组合成的总体。

1. 排水系统分类及体制

排水系统根据所接纳的污废水类型不同，可分为生活污水管道系统、工业废水管道系统和屋面雨水管道系统三类。生活污水管道系统是收集排除居住建筑、公共建筑及工厂生活间生活污水的管道，可分为粪便污水管道系统和生活废水管道系统。工业废水管道系统是收集排除生产过程中所排出的污废水。污废水按污染程度分为生产污水排水系统和生产废水排水系统。屋面雨水管道系统是收集排除建筑屋面上雨、雪水的管道。

建筑排水体制分合流制和分流制。采用何种方式，应根据污废水性质、污染情况，结合室外排水系统的设置、综合利用及水处理要求等确定。

2．排水系统组成

室外排水系统由排水管道、检查井、跌水井、雨水口和污水处理厂等组成。室外污水排除系统与雨水排除系统可以采用合流制或分流制。

室内排水系统的基本要求是：迅速、通畅地排除建筑内部的污废水，保证排水系统在气压波动下不致使水封破坏。其组成包括以下几部分：

（1）卫生器具或生产设备受水器：是排水系统的起点。

（2）存水弯：是连接在卫生器具与排水支管之间的管件，防止排水管内腐臭、有害气体、虫类等通过排水管进入室内。如果卫生器具本身有存水弯，则不再安装。

（3）排水管道系统：由排水横支管、排水立管、埋地干管和排出管组成。排水横支管是将卫生器具或其他设备流来的污水排到立管中去；排水立管是连接各排水支管的垂直总管；埋地干管连接各排水立管；排出管将室内污水排到室外第一个检查井。

（4）通气管系统：是使室内排水管与大气相通，减少排水管内空气的压力波动，保护存水弯的水封不被破坏。常用的形式有器具通气管、环行通气管、安全通气管、专用通气管、结合通气管等。

（5）清通设备：是疏通排水管道、保障排水畅通的设备，包括检查口、清扫口和室内检查井。如图 11-10 所示。

3．排水管道管材与连接

排水管采用建筑排水塑料管（UPVC）及管件或柔性接口机制铸铁管及管件。由成组洗脸盆或饮用水喷水器到共用水封之间的排水管和连接卫生器具的排水短管，可使用钢管。

排水管材连接方法有柔性承插口连接与黏接。塑料管与铸铁管连接时，宜采用专用配件；塑料管与钢管、排水栓连接时，采用专用的配件。

室内排水管道一般按排出管、立管、通气管、支管和卫生器具的顺序安装，也可以随土建施工的顺序进行排水管道的分层安装。

（1）排出管安装。排出管一般铺设在地下室或地下。排出管穿过地下室外墙或地下构筑物的墙壁时，应设置防水套管；穿过承重墙或基础处时，应预留孔洞，并做好防水处理。排出管与室外排水管连接处设置检查井，一般检查井中心至建筑物外墙的距离不小于 3 m，不大于 10 m。排出管在隐蔽前必须做灌水试验，其灌水高度应不低于底层卫生器具的上边缘或底层地面的高度。排水管室内外界限划分，以排出管出户第一个排水检查井为界。

（2）排水立管安装。排水立管通常沿卫生间墙角敷设，不宜设置在与卧室相邻的内墙，宜靠近外墙。排水立管在垂直方向转弯时，应采用"乙"字弯或两个 45°弯头连接。立管上的检查口与外墙成 45°角。立管上应用管卡固定，管卡间距不得大于 3 m，承插管一般每个接头处均应设置管卡。立管穿楼板时，应预留孔洞。排水立管应做通球试验。

（3）排水横支管安装。排水横支管、立管应做灌水试验。

（4）排水铸铁管安装。

（5）建筑排水硬聚氯乙烯管安装。塑料排水管应按设计要求设置伸缩节。

4．通气管的安装

（1）伸顶通气管。生活排水管道或散发有害气体的生产污水管道，均应将立管延伸到屋面以上进行通气，即设置伸顶通气管。伸顶通气管高出屋面不得小于 0.3 m，且必须大于最大积雪厚度。在通气管口周围 4 m 以内有门窗时，通气管口应高出门窗顶 0.6 m 或引向

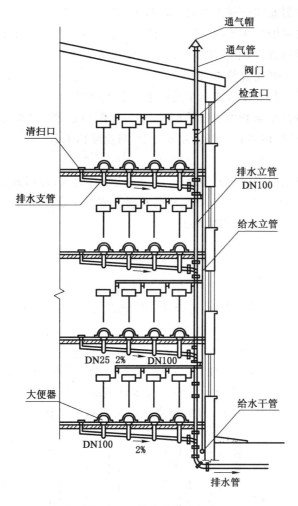

图 11-10　排水系统的组成

无门窗一侧。在经常有人停留的平屋面上,通气管口应高出屋面 2.0 m,并根据防雷要求考虑设置防雷装置。伸顶通气管的管径不小于排水立管的管径,但是在最冷月平均气温低于 −13 ℃的地区,应在室内平顶或吊顶以下处将管径放大一级。

　　(2)辅助通气系统。对卫生、安静要求较高的排水系统,宜设置器具通气管,器具通气管设在存水弯出口端。连接 4 个及以上卫生器具并与立管的距离大于 12 m 的污水横支管和连接 6 个及以上大便器的污水横支管应设环形通气管。环形通气管在横支管最始端的两个卫生器具间接出,并在排水支管中心线以上与排水管呈垂直或 45°连接。专用通气立管只用于通气,专用通气立管的上端在最高层卫生器具上边缘或检查口以上与主通气立管以斜三通连接,下端应在最低污水横支管以下与污水立管以斜三通连接。专用通气立管应每隔两层、主通气立管每隔 8∼10 层,与排水立管以结合通气管连接。专用通气管的安装过程同排水立管的安装,并按排水立管的安装要求安装伸缩节。

　　5. 清通设备

　　(1)检查口和清扫口

检查口为可双向清通的管道维修口,清扫口仅可单向清通。

立管上检查口之间的距离不大于 10 m,但在最低层和设有卫生器具的二层以上坡屋顶建筑物的最高层设置检查口,平顶建筑可用通气管顶口代替检查口。立管上如有"乙"字管,则在该层"乙"字管的上部应设检查口。

在连接两个及以上的大便器或 3 个及以上的卫生器具的污水横管上,应设清扫口。在转弯角度小于 135°的污水横管的直线管段,应按一定距离设置检查口或清扫口。污水横管上如设清扫口,应将清扫口设置在楼板或地坪上,与地面相平。

（2）地漏

地漏用于排泄卫生间等室内的地面积水,有钟罩式、筒式、浮球式等形式。每个男女卫生间、盥洗间均应设置 1 个 DN50 mm 规格的地漏。地漏应设置在易溅水的卫生器具[如洗脸盆、拖布池、小便器（槽)]附近的地面上。

（3）检查井

不散发有害气体或大量蒸汽的工业废水的排水管道可以在建筑物内设置检查井,可以在管道转弯和连接支管处、管道的管径、坡度改变处、直线管段上隔一定的距离处设置。生活污水排水管道,不得在建筑物内设检查井。检查井内壁应按排水水质考虑防水、防腐的要求。

6. 排水系统图的识读

识读排水系统图时,一般按卫生器具或排水设备的存水弯、器具排水管、横支管、立管、排出管的顺序进行。如图 11-11 所示为污水排水管道纵断面图,识读时首先根据纵断面图中的节点(如阀门井、检查井)编号,对照相应的给水排水平面图（图 11-12),确定所识读的

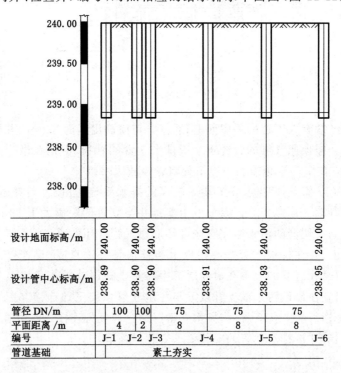

设计地面标高/m	240.00	240.00	240.00		240.00		240.00		240.00
设计管中心标高/m	238.89	238.90	238.90		238.91		238.93		238.95
管径 DN/m		100	100	75		75		75	
平面距离 /m		4	2	8		8		8	
编号	J-1	J-2	J-3		J-4		J-5		J-6
管道基础			素土夯实						

图 11-11　污水排水管道纵断面图

管道纵断面图是平面图中的哪条管道,其平面位置和方向如何;然后在相应的室外给水排水平面图中查找该管道及其相应的各节点;再在该管道纵断面图的数据表格内查找其管道纵断面图形中各节点的有关数据。图 11-11 中,1# 检查井(J-1)的地面标高为 240.00 m;管内底标高为 238.89 m。该管段管径 200 mm,管道坡度为 1‰,检查井之间距离为 8 m,整个管道基础为混凝土带形基础。

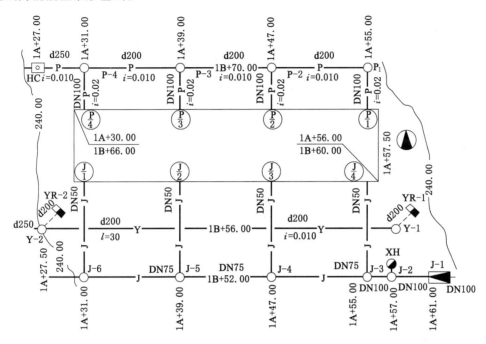

图 11-12 某小区室外给水排水管网总平面布置图

八、给水系统工程图

给水的任务是将城镇市政给水管网中的水引入室内,经配水管输送到建筑物内部的生活用水中各种卫生器具的给水配件、生产工艺的用水设备或消防系统的灭火设施,并保证用户对水质、水量、水压、水温等方面的要求。

1. 给水系统分类

根据用户对用水的不同要求,结合室外市政管网的供水情况,建筑内部给水系统一般可分为以下三部分:

(1) 生活给水系统

生活给水系统包括供民用住宅、公共建筑以及工业企业建筑内的饮用、烹调、盥洗、洗涤、淋浴等生活用水,即使是车间、厂房,除了生产用水,还必须有生活用水,也需满足饮用、洗涤、盥洗、淋浴等方面的需要。生活给水系统必须满足用水点对水量、水压的要求。根据用水需求的不同,生活给水系统又可以再分为饮用水(优质饮水)系统、杂用水系统、建筑中水系统等。

(2) 生产给水系统

生产给水系统供生产过程中产品工艺用水、清洗用水、冷饮用水、生产空调用水、稀释用水、除尘用水、锅炉用水等用途的用水。由于工艺过程和生产设备的不同,这类用水的水质要求有较大的差异,有的低于生活用水标准,有的远远高于生活饮用水标准。

（3）消防给水系统

消防给水该系统供民用建筑、公共建筑以及工业企业建筑中各种消防设备的用水。为保证各种消防设备的有效使用，消防给水系统必须按照建筑防火规范的要求，保证足够的水量和水压。

2. 给水系统的组成

建筑内部给水系统主要由引入管、水表节点、给水管道、给水附件、配水设施、增压和储水设备、计量仪表等组成，如图 11-13 所示。

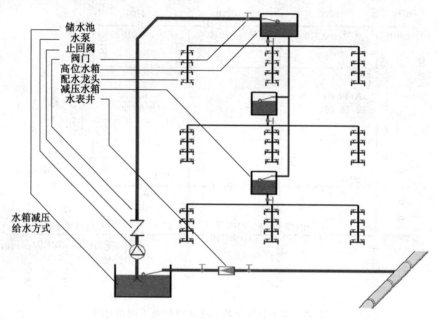

图 11-13　给水系统的组成

（1）引入管

引入管为建筑物的总进水管，与室外供水管网连接。一般建筑引入管可以只设一条，从建筑物中部进入。如图 11-14 所示。

不允许间断供水的建筑，引入管不少于两条，应从室外环状管网不同管段引入。当一条管道出现问题需要检修时，另一条管道仍可保证供水。必须同侧引入时，两条引入管的间距不得小于 15 m，并在两条引管之间的室外给水管上装阀门。如图 11-15 所示。

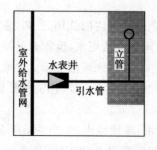

图 11-14　单条引入管

图 11-15　双条引入管

（2）水表节点

水表节点是引入管上水表及其前、后设置的阀门和泄水装置的总称，如图 11-16 所示。

（3）给水管道

给水管道系统包括干管、立管、支管等。干管是将引入管送来的水输送到各个立管中去的水平管道；立管是将干管送来的水输送到各个楼层的竖直管道；支管是将立管送来的水输送给各个配水装置。如图 11-17 所示。

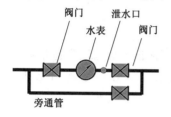

图 11-16　水表节点

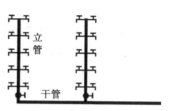

图 11-17　给水管道

（4）给水附件

给水附件是指给水管道上调节水量、水压、控制水流方向或检修用的各类阀门，具体包括截止阀、止回阀、闸阀、安全阀、浮阀以及各种水龙头和各种仪表等。

（5）配水设施

配水设施即用水设施或配水点。生活给水系统配水设施主要指卫生器具的给水配件或配水龙头；生产给水系统配水设施主要指用水设备；消防给水系统配水设施主要指室内消火栓、消防软管卷盘、自动喷水灭火系统中的各种喷头等。

（6）增压和储水设备

当室外供水管网的水压、水量不能满足建筑用水要求，或建筑物内部对供水的稳定性、安全性有要求时，必须设置各种附属设备，起调节水量、升压、储水等作用，如水泵、气压给水装置、水池、水箱等。

（7）计量仪表

计量仪表包括流量、压力、温度和水位等专用计量仪表，如水表、流量表、压力计、温度计和水位计等。

3. 给水系统图的识读

识读给水系统图时，可以将室外给水管道节点图与室外给水排水平面图中相应的给水管道图对照着看，或由第一个节点开始，顺次看至最后一个节点止。如图 11-18 所示。

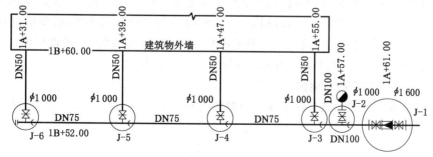

图 11-18　给水管道节点图

第三节　水污染控制工程图

一、污水处理厂的平面布置

污水处理厂的平面布置包括处理构筑物、办公化验及其他辅助建筑物，以及各种管道、道路、绿化等的布置。根据污水厂规模的大小，采用一定比例绘制总平面图。管道图可单独绘制。

污水厂平面布置的一般原则如下：

（1）与城市总体规划相衔接，与周围景观相协调，厂区出入口与厂外道路顺畅连接。

（2）厂区功能分区明确，构筑物布置紧凑，力求最经济合理地利用土地，减少占地面积。

（3）力求工艺流程简短、顺畅，避免管线迂回重复。

（4）厂区内生产管理建筑物和生活设施宜布置在主导风向的上风向。

（5）生产建筑物应根据进水方向、出水位置、工艺流程特点及厂址地形、地质条件等因素进行布置。

（6）污泥处理区作为一个相对独立的区域，便于管理和污泥的运输，以及臭气的收集和处理。

（7）营造优美舒适的工作环境，尽量加大厂区绿化面积。

（8）交通顺畅，便于施工与管理。

（9）厂区总图布置，既要考虑流程合理、管理方便、经济实用，还要考虑建筑造型、厂区绿化等因素。

（10）对分期建造的工程，既要考虑近期的完整性，又要考虑远期工程建成后整体布局的合理性。

如图 11-19 所示，污水厂的平面布置图基本组成有：① 生产构筑物和建筑物，包括处理构筑物、清水池、二级泵站、药剂间等。② 辅助建筑物，其中又分生产辅助建筑物和生活辅助建筑物两种。前者包括化验间、修理部门、仓库、车库及值班宿舍等；后者包括办公楼、食堂、浴室、职工宿舍等。

二、污水处理厂的高程布置

图 11-20 为某水厂高程布置图，图中表明了构筑物之间位置、高程关系。

三、污水处理工艺流程图

污水处理工艺流程是用于某种污水处理的工艺方法的组合。通常根据污水的水质和水量，回收的经济价值，排放标准及其他社会、经济条件，经过分析和比较，必要时还需要进行试验研究，决定所采用的处理流程。一般原则是：改革工艺、减少污染、回收利用、综合防治、技术先进、经济合理等。图 11-21 为某污水处理站工艺流程图。

四、污水处理构筑物剖面图

污水处理构筑物剖面图是污水处理构筑物的补充和完善文件。图 11-22 为某污泥干化场剖面图。

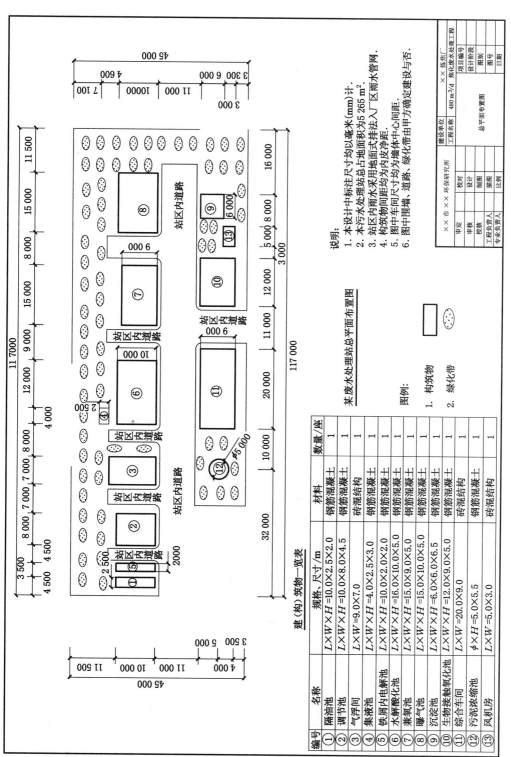

图 11-19 某废水处理站平面布置图

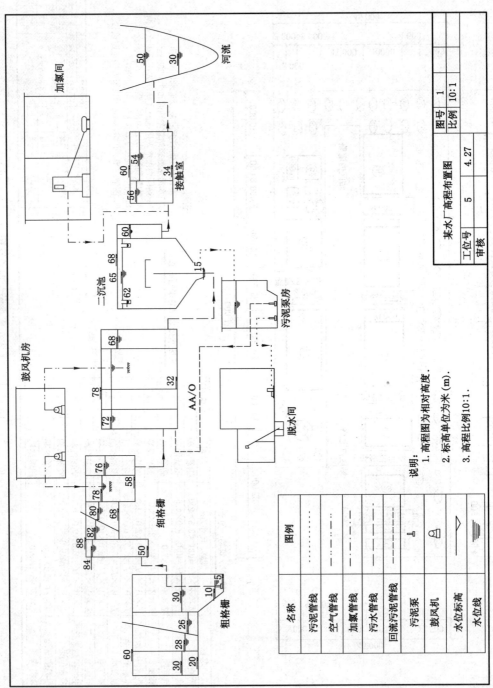

图 11-20 某水厂高程布置图

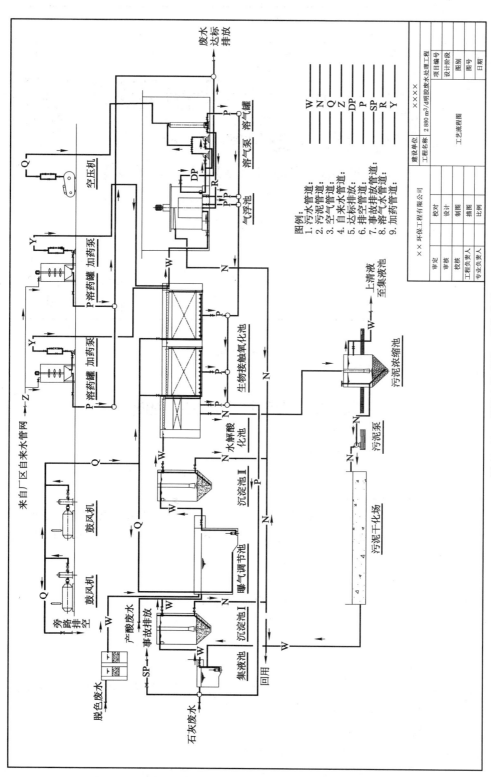

图 11-21　某污水处理站工艺流程图

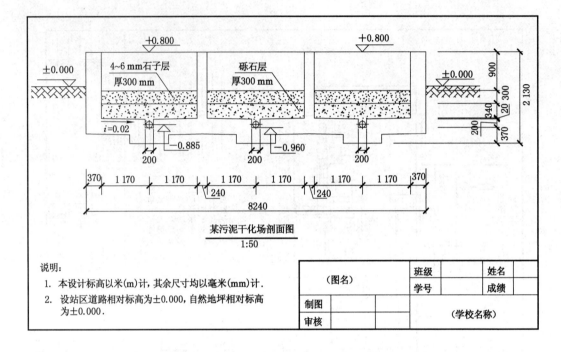

图 11-22　某污泥干化场剖面图

第四节　大气污染控制工程图

大气污染通常是指由于人类活动或自然过程引起某些物质进入大气中,呈现出足够的浓度,达到足够的时间,并因此危害了人体的舒适、健康,或危害了环境的现象。

一、大气污染物及其分类

大气污染物是指由于人类活动或自然过程排入大气的对人或环境产生有害影响的物质。大气污染物种类很多,根据其存在状态可将其分为两大类:颗粒污染物和气态污染物。

（1）颗粒污染物

颗粒污染物是指大气中除气体之外的物质,包括各种各样的固体、液体和气溶胶。从大气污染控制角度分析,常见颗粒污染物有粉尘、总悬浮微粒、降尘、飘尘、飞尘、黑烟、液滴、轻雾及重雾。

（2）气态污染物

气态污染物包括气体和蒸汽。其中,气体是在常温、常压下以气态形式存在的物质。常见的气体污染物有 SO_2、NO_2、CO、NH_3、H_2S 等。

二、颗粒污染物控制工程图

颗粒污染物控制的方法和设备主要有四类:

（1）通过力的作用达到除尘目的的机械除尘器,包括重力沉降室、惯性除尘器、旋风除尘器、声波除尘器。如图 11-23 所示为 XD 型旋风除尘器。

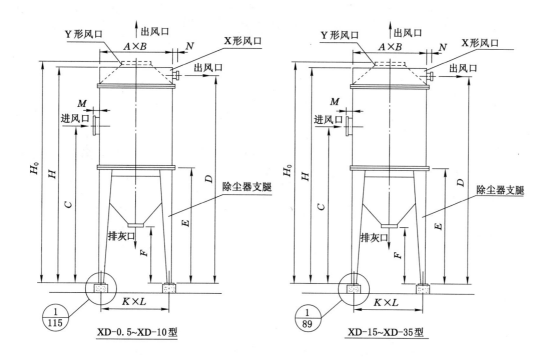

<u>XD-0.5~XD-10 型</u>　　　　　　<u>XD-15~XD-35 型</u>

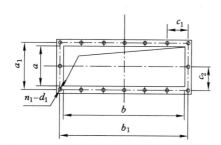

<u>X 形进出风口及 Y 形
进风口法兰尺寸</u>

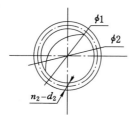

<u>Y 形出风口法兰尺寸</u>

图 11-23　XD 型旋风除尘器

（2）用多孔过滤介质来分离捕集气体中的尘粒的过滤式除尘器，包括袋式过滤器和颗粒层过滤器。如图 11-24 所示为 LDC 型袋式除尘器。

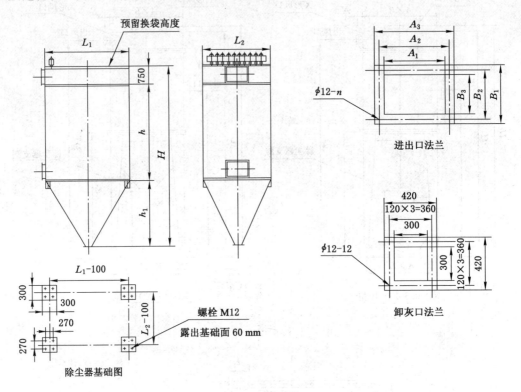

图 11-24　LDC 型袋式除尘器

（3）利用高压电场产生的静电力的作用分离含尘气体中的固体粒子或液体粒子的静电除尘器，包括干式静电除尘器和湿式静电除尘器。

（4）利用液体所形成的液膜、液滴或气泡来洗涤含尘气体，使尘粒随液体排出，气体得到净化的湿式除尘器。

三、气态污染物控制工程图

气态污染物控制的方法和设备主要有两大类：

（1）分离法

分离法是利用污染物与废气中其他组分物理性质的差异使污染物从废气中分离出来的方法，如吸收法、吸附法、冷凝法、膜分离法等。

（2）转化法

转化法是使废气中污染物发生某些化学反应，把污染物转化成无害物质或易于分离的物质的方法，如催化转化法、燃烧法、生物处理法、电子束法等。

图 11-25 所示为烟气脱硫脱硝工艺流程图。

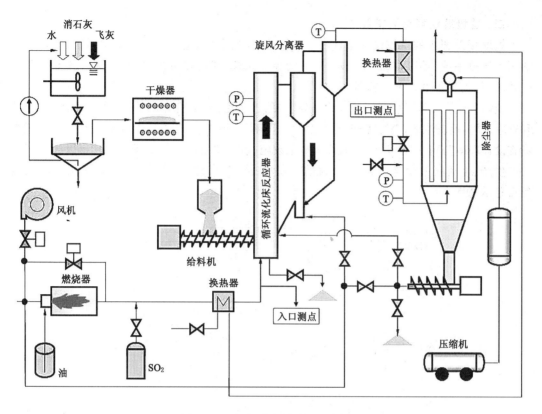

图 11-25 烟气脱硫脱硝工艺流程图

第五节 垃圾填埋场工程图

一、垃圾填埋场工艺流程

垃圾填埋场卫生填埋的作业流程一般为:计量→卸料→推铺→压实→覆盖→灭虫。垃圾转运车进入垃圾填埋场,经计量系统称重计量后,进入卫生填埋区,在作业面上倾倒,推土机将垃圾推平后,由压实机进行压实处理,达到单元作业厚度时,再由推土机推土进行单元覆盖。当垃圾厚度达到中间覆盖厚度时,进行中间层覆盖,如此反复,直至终场。

图 11-26 所示为垃圾填埋场工艺流程图。

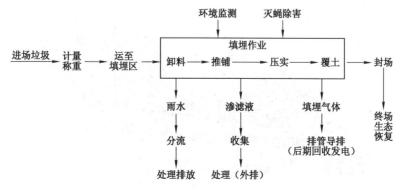

图 11-26 垃圾填埋场工艺流程图

二、垃圾填埋场总图布置

填埋场总图中的主体设施布置内容应包括:计量设施、基础处理与防渗系统、地表水及地下水导排系统、场区道路、垃圾坝、渗滤液导流系统、渗滤液处理系统、填埋气体导排及处理系统、封场工程及监测设施等。

填埋场配套工程及辅助设施和设备应包括:进场道路,备料场,供配电,给排水设施,生活和管理设施,设备维修、消防和安全卫生设施,车辆冲洗、通信、监控等附属设施或设备。填埋场宜设置环境监测室、停车场,并宜设置应急设施(包括垃圾临时存放、紧急照明等设施)。

生产、生活服务设施包括:办公、宿舍、食堂、浴室、交通、绿化等。图 11-27 为填埋场典型布置示意图。

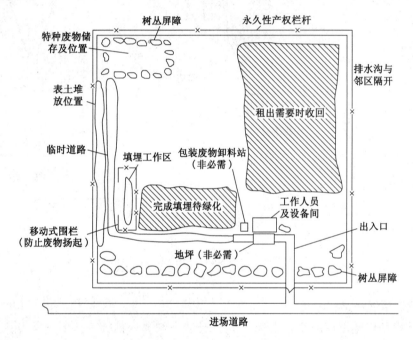

图 11-27　填埋场典型布置示意图

三、填埋作业要求

垃圾填埋应采用分区、分单元、分层作业方法进行,如图 11-28 所示。

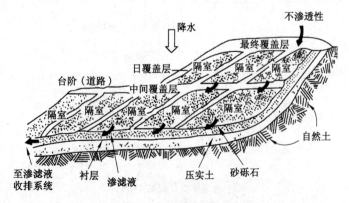

图 11-28　填埋场剖面示意图

第六节 典型环保设备图样

一、管板

管板是管壳式换热器的主要零件,绝大多数管板是圆形平板。板上开很多管孔,每个孔固定连接着换热管,板的周边与壳体的管箱相连。板上管孔的排列形式应考虑流体性质、结构紧凑等因素,有正三角形、转角正三角形、正方形、转角正方形等四种排列形式,如图11-29所示。

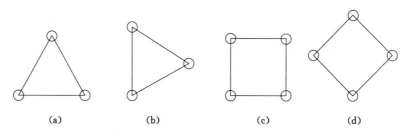

(a)   (b)   (c)   (d)

图 11-29 管孔排列形式

(a) 正三角形排列;(b) 转角正三角形排列;(c) 正方形排列;(d) 转角正方形排列

换热管与管板的连接,应保证充分的密封性能和足够的紧固强度,常用胀接、焊接或胀焊并用等方法,其中焊接方式的密封性最可靠。如采用胀接方法,当 $P_g > 6$ MPa 时,应在管孔中开环形槽,当管板厚 $t > 25$ mm 时,可开两个环形槽。

管板与壳体的连接有可拆式和不可拆式两类。固定管板式采用不可拆的焊接连接,浮头式、填料函式、U 形管式采用的是可拆式连接,通常是把固定端管板夹在壳体法兰和管箱法兰之间,如图 11-30 所示。

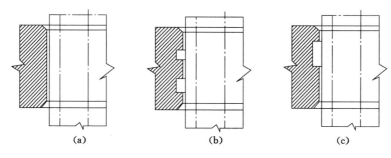

(a)   (b)   (c)

图 11-30 管板的连接

二、折流板

折流板常用于水处理过程及其他生产流程中,一般设置在壳程,可以提高传热效果,还起到支承管束的作用。其结构形式有弓形和圆盘-圆环形两种,如图11-31所示。目前应用比较广泛的是弓形折流板。

三、膨胀节

膨胀节在给排水等工程中广泛应用,是装在固定管板式换热器壳体上的挠性部件,以补偿由于温差引起的变形。最常用的是波形膨胀节。

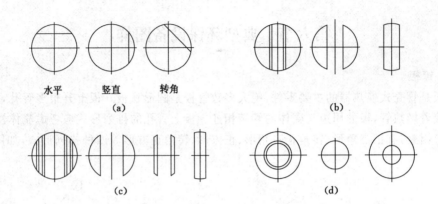

水平　　竖直　　转角
(a)　　　　　　　　　　　　(b)

(c)　　　　　　　　　　　　(d)

图 11-31　折流板

(a) 单弓形；(b) 双弓形；(c) 三弓形；(d) 圆盘-圆环形

　　波形膨胀节可分为整体成形小波高膨胀节(代号 ZX)、整体成形大波高膨胀节(ZD)、两半波零件焊接膨胀节(HF)和带直边两半波零件焊接膨胀节(HZ)。使用时有立式(L 型)和卧式(W 型)两类，如图 11-32 所示。若带内衬套，又分为立式(LC 型)和卧式(WC 型)。另外，还有带丝堵(A 型)和无丝堵(B 型)两种。

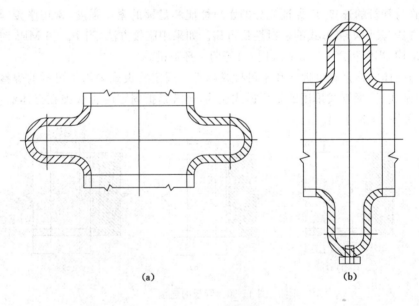

(a)　　　　　　　　　　　　(b)

图 11-32　膨胀节

(a) 立式波形膨胀节；(b) 卧式波形膨胀节

四、塔

　　塔广泛用于石油、环境治理工程生产中的蒸馏、吸收等传质过程。塔设备通常分为板式塔和填料塔两大类。

　　塔设备以主、俯两个视图表达为主。主视图用全剖表达整个塔体主要内、外结构及形状，俯视图主要表示设备各管口的方位以及吊柱的安装方位。另外，采用若干局部放大视图以表达一些焊接结构和局部安装结构。

1. 板式塔

板式塔主要由塔体、塔盘、裙座、除沫装置、气-液相进出孔、吊柱、液面计（温度计）等零部件组成，为了改善气-液相接触的效果，在塔盘上采用了各种结构措施。当塔盘上结构措施为泡罩、浮阀和筛孔时，分别称为泡罩塔、浮阀塔和筛板塔。

2. 填料塔

填料塔主要由塔体、喷淋装置、填料、再分布器、栅板及气液进出口、卸料孔、裙座等组成，如图 11-33 所示。

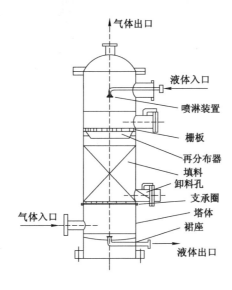

图 11-33　填料塔

（1）栅板

栅板是填料塔的主要零件之一，它起着支承填料环的作用。栅板分为整块式和分块式，当直径小于 500 mm 时，一般使用整块式；直径为 900～1 200 mm 时，可分成三块；直径再大的，可分成宽 300～400 mm 的多块，以便装拆及进出孔，如图 11-34 所示。

（2）塔盘

塔盘是板式塔的主要部件之一，它是实现传热、传质的结构，包括塔板降液管及溢流堰、紧固件和支承件等。塔盘可以分为整块式与分块式两种：一般塔径为 300～800 mm，采用整块式；塔径大于 800 mm，可采用分块式。

五、设备图样安排原则

（1）装配图一般单独存在。对于简单环保设备，其零部件图可与装备图在同一张纸上。

（2）部件及所属零件图样尽可能画在同一张图纸上，部件图在图纸的右方或右下方。

（3）零件图尽可能编成 A1 幅面。相连零部件，或者是加工、安装、结构密切的零件应安排在同一张图纸上。

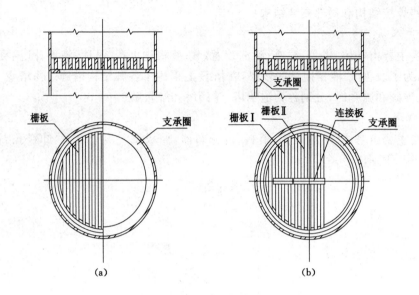

图 11-34　栅板

第十二章　化工工艺图

【知识要点】　首页图,工艺方案流程图,工艺管道及仪表流程图,化工工艺图的用法,设备布置图的内容及规定画法,管道的画法。

【技能要求】　识读化工工艺图,正确抄绘和标注设备布置图,抄绘管道连接、交叉、弯折、重叠图,绘制基本管道轴测图。

第一节　化工工艺流程图

化工工艺流程图是用来表达化工生产过程与联系的图样,如物料的流程顺序和操作顺序,它不但是化工工艺人员进行工艺设计的主要内容,也是进行工艺安装和指导生产的技术文件。

一、首页图

在工艺设计施工图中,将所采用的部分规定以图表形式绘制成首页图,以便于识图和更好地使用设计文件。首页图如图12-1所示,它包括如下内容:

(1)管道及仪表流程图中所采用的图例、符号、设备位号、物料代号和管道编号等。

(2)装置及主项的代号和编号。

(3)自控(仪表)专业在工艺过程中所采用的检测和控制系统的图例、符号、代号等。

(4)其他有关需要说明的事项。

二、工艺方案流程图

工艺方案流程图是视工艺复杂程度、以工艺装置的主项(工段或工序、车间或装置)为单元绘制的,按照工艺流程的顺序,将设备和工艺流程线从左向右展开,画在同一平面上,并附以必要标注和说明的一种示意性展开图。工艺方案流程图是设计设备的依据,也可作为生产操作的参考。图12-2为空压站岗位工艺方案流程图,由图中可以看出,空气经空压机加压后冷却降温,通过气液分离器排去气体中的冷凝杂液,再进入干燥器和除尘器进一步除去液固杂质,最后送入储气罐,以供应仪表和装置使用。

三、工艺管道及仪表流程图

工艺管道及仪表流程图是在工艺方案流程图基础上绘制的,是内容更为详细的工艺流程图。工艺管道及仪表流程图要绘出所有生产设备和管路,以及各种仪表控制点和管件、阀门等有关图形符号。它是经物料平衡、热平衡、设备工艺计算后绘制的,是设备布置、管路布置的原始依据,也是施工的参考资料和生产操作的指导性技术文件。

若辅助物料及其他介质流程复杂时,可按介质类型分别绘制。辅助系统包括正常生产和开停工所需的仪表空气、工业空气、加热用燃料(油或气)、脱吸及置换的惰性气、放空系统等,如辅助系统管道图、仪表控制系统图、蒸汽伴热系统图、消防水/汽系统图等。

1. 画法

(1)设备与管路的画法和方案流程图的规定相同。

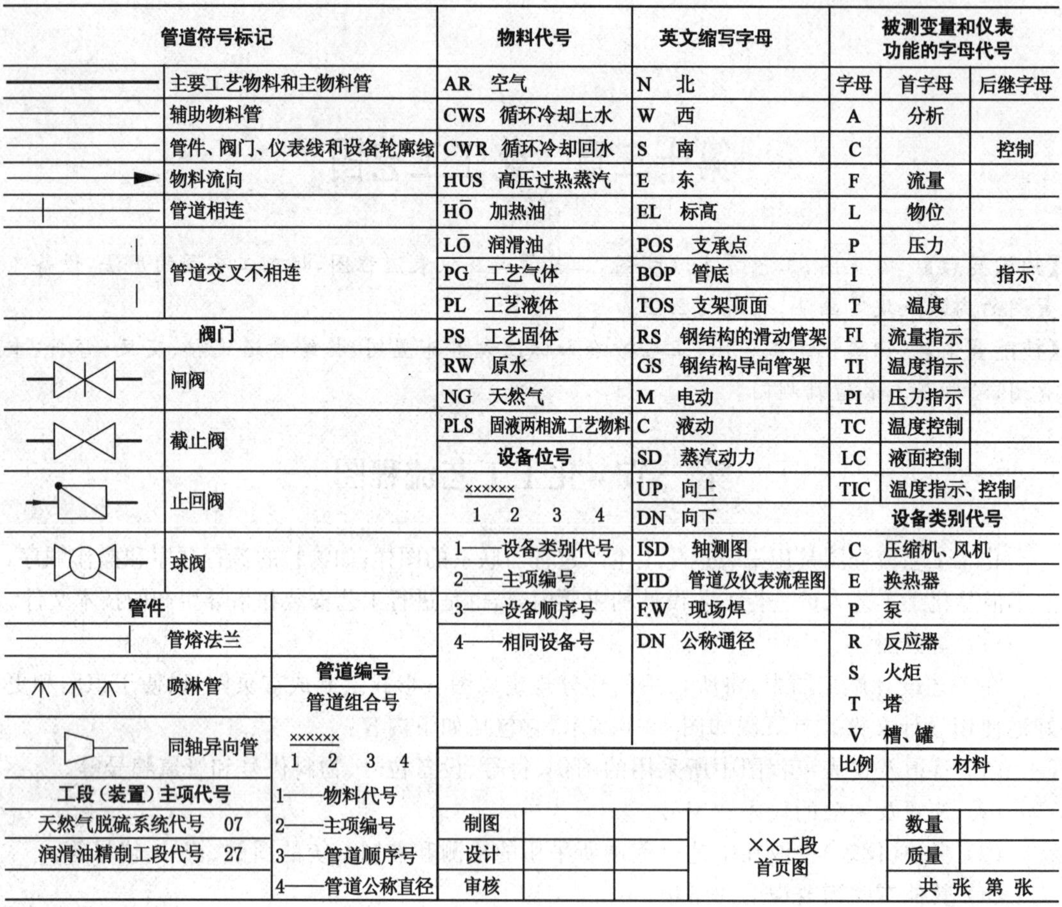

管道符号标记
主要工艺物料和主物料管
辅助物料管
管件、阀门、仪表线和设备轮廓线
物料流向
管道相连
管道交叉不相连
阀门
闸阀
截止阀
止回阀
球阀
管件
管熔法兰
喷淋管
同轴异向管
工段（装置）主项代号
天然气脱硫系统代号 07
润滑油精制工段代号 27
物料代号
AR 空气
CWS 循环冷却上水
CWR 循环冷却回水
HUS 高压过热蒸汽
HŌ 加热油
LŌ 润滑油
PG 工艺气体
PL 工艺液体
PS 工艺固体
RW 原水
NG 天然气
PLS 固液两相流工艺物料
设备位号
××××××
1 2 3 4
1——设备类别代号
2——主项编号
3——设备顺序号
4——相同设备号
管道编号
管道组合号
××××××
1 2 3 4
1——物料代号
2——主项编号
3——管道顺序号
4——管道公称直径
英文缩写字母
N 北
W 西
S 南
E 东
EL 标高
POS 支承点
BOP 管底
TOS 支架顶面
RS 钢结构的滑动管架
GS 钢结构导向管架
M 电动
C 液动
SD 蒸汽动力
UP 向上
DN 向下
ISD 轴测图
PID 管道及仪表流程图
F.W 现场焊
DN 公称通径
被测变量和仪表功能的字母代号
字母 首字母 后继字母
A 分析
C 控制
F 流量
L 物位
P 压力
I 指示
T 温度
FI 流量指示
TI 温度指示
PI 压力指示
TC 温度控制
LC 液面控制
TIC 温度指示、控制
设备类别代号
C 压缩机、风机
E 换热器
P 泵
R 反应器
S 火炬
T 塔
V 槽、罐
比例 材料
制图
设计
审核
××工段
首页图
数量
质量
共 张 第 张

图 12-1 首页图

工业水
空气
C0601A-C
E0601
V0601
E0602AB
V0602AB
V0603
仪表用气
装置用气
排地沟
排污
排污
排污
C0601A-C
空压机
E0601
后冷却器
V0601
气液分离器
E0602AB
干燥器
V0602AB
除尘器
V0603
储气罐

图 12-2 空压站岗位工艺方案流程图

（2）管路上所有的阀门和管件用细实线按标准规定的图形符号（表 12-1）在相应处画出。

（3）仪表控制点以细实线在相应的管道设备上用符号画出（表 12-2）。符号包括图形符号和字母代号，它们组合起来表达工业仪表所处理的被测变量和功能，或表示仪表、设备、元件、管线的名称。

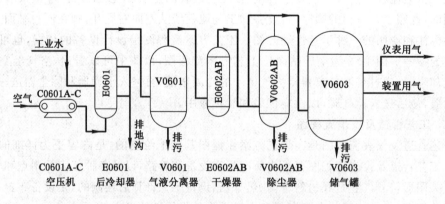

表 12-1　　　　　　　　　　　　　管路系统常用阀门图形符号

名称	符号	名称	符号	名称	符号
截止阀		旋塞阀		闸阀	
球阀		节流阀		隔膜阀	
止回阀		减压阀		角式截止阀	
角式球阀		角式节流阀		三通截止阀	

注:阀门图例尺寸一般长 6 mm、宽 3 mm 或长 8 mm、宽 4 mm。

表 12-2　　　　　　　　　　　　　仪表安装位置的图形符号

安装位置	图形符号	备注	安装位置	图形符号	备注
就地安装仪表			就地仪表盘面安装仪表		
		嵌入管道	就地仪表盘后安装仪表		
集中仪表盘面安装仪表			集中仪表盘后安装仪表		

仪表图形符号是一直径约为 10 mm 的细实线圆,用细实线连到设备轮廓线或工艺管路的测量点上,如图 12-3 所示。

2. 标注

(1) 设备的标法

设备的标注与方案流程图的规定相同。

(2) 管道流程线的标注

管道流程线上除应画出介质流向箭头,并用文字标明介质的来源或去向外,还应对每条管路进行标注。水平管路标注在管路的上方,垂直管路标注在管路的左方(字头向左)。

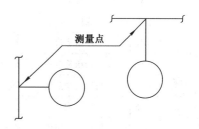

图 12-3　仪表的图形符号

管道应标注四部分内容:① 管道号:由三个单元组成,即物料代号、工段号、管段序号;② 管道公称通径;③ 管道压力等级代号;④ 隔热或隔声代号。

上述四项总称为管道组合号,其标注格式如图 12-4(a)所示,也可将管道等级和隔热(或隔声)标注在管道下方,如图 12-4(b)所示。

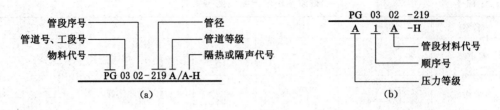

图 12-4 管道组合号的标注

对于工艺流程简单、管道规格不多时,管道组合中的管道等级和隔热或隔声代号可省略。相关国标规定,物料代号(表 12-3)以英文名称的第一个字母(大写)来表示。管道公称压力等级代号见表 12-4,管道材质代号见表 12-5,隔热或隔声代号见表 12-6。

表 12-3 物料名称及代号

类别	代号	物料名称	类别	代号	物料名称	类别	代号	物料名称
工艺物料	PA	工艺空气	水	DNW	脱盐水	制冷剂	AG	气氨
	PG	工艺气体		DW	饮用水、生活用水		AL	液氨
	PL	工艺液体		FW	消防水		ERG	气体乙烯或乙烷
	PS	工艺固体		HWR	热水回水		ERL	液体乙烯或乙烷
	PGL	气液两相流工艺物料		HWS	热水上水		FRG	氟利昂气体
	PGS	气固两相流工艺物料		RW	原水、新鲜水空气		FRL	氟利昂液体
	PLS	固液两相流工艺物料		SW	软水		PRG	气体丙烯或丙烷
	PW	工艺水		WW	生产软水		PRL	液体丙烯或丙烷
蒸汽及冷凝水	AR	空气	燃料	FG	燃料气		RWR	冷冻盐水回水
	CA	压缩空气		FL	液体燃料		RWS	冷冻盐水上水
	IA	仪表空气		FS	固体燃料	油	D$\overline{O}$	污油
	HS	高压蒸汽		NG	天然气		F$\overline{O}$	燃料油
	MS	中压蒸汽	其他物料	DR	排液、导淋		G$\overline{O}$	填料油
	LS	低压蒸汽		FSL	熔盐		L$\overline{O}$	润滑油
	HUS	高压过滤蒸汽		FV	火炬排放气		R$\overline{O}$	原油
	MUS	中压过滤蒸汽		H	氢		S$\overline{O}$	密封油
	LUS	低压过滤蒸汽		H$\overline{O}$	加热油	增补代号	AG	气氨
	TS	伴热蒸汽		IG	惰性气		AL	液氨
	SC	蒸汽冷凝水		N	氮		AW	氨水
水	BW	锅炉给水		$\overline{O}$	氧		CG	转化气
	CSW	化学污水		SL	泥浆		NG	天然气
	CWR	循环冷却水回水		VE	真空排放气		SG	合成气
	CWS	循环冷却水上水		VT	放空		TG	尾气

表 12-4　　　　　　　　　　　管道公称压力等级代号

压力范围/MPa	代号	压力范围/MPa	代号	压力范围/MPa	代号
$P \leqslant 1.0$	L	$4.0 < P \leqslant 6.4$	Q	$20.0 < P \leqslant 22.0$	U
$1.0 < P \leqslant 1.6$	M	$6.4 < P \leqslant 10.0$	R	$22.0 < P \leqslant 25.0$	V
$1.6 < P \leqslant 2.5$	N	$10.0 < P \leqslant 16.0$	S	$25.0 < P \leqslant 32.0$	W
$2.5 < P \leqslant 4.0$	P	$16.0 < P \leqslant 20.0$	T		

表 12-5　　　　　　　　　　　管道材质代号

材料类型	代号	材料类型	代号	材料类型	代号	材料类型	代号
铸铁	A	普通低合金钢	C	不锈钢	E	非金属	G
碳钢	B	合金钢	D	有色金属	F	衬里及内防腐	H

表 12-6　　　　　　　　　　　隔热与隔声代号

功能类型	代号	备注	功能类型	代号	备注
保温	H	采用保温材料	蒸汽伴热	S	采用蒸汽伴管和保温材料
保冷	C	采用保冷材料	热水伴热	W	采用热水伴管和保温材料
人身防护	P	采用保温材料	热油伴热	O	采用热油伴管和保温材料
防结露	D	采用保冷材料	夹套伴热	J	采用夹套管和保温材料
电伴热	E	采用电热带和保温材料	隔声	N	采用隔声材料

（3）仪表及仪表位号的标注

在检测控制系统中构成一个回路的每个仪表（或元件），都应有自己的仪表位号。仪表位号由字母代号组合与阿拉伯数字编号组成。第一位字母表示被测变量。后续字母表示仪表的功能（可一个或多个组合，最多不超过五个，字母的组合示例见表 12-7），用两位数字表示工段号，用两位数字表示回路顺序号，如图 12-5 所示。在施工流程图中，仪表位号中的字母代号填写在圆圈的上半圆中，数字编号填写在圆圈的下半圆中，如图 12-6 所示。

表 12-7　　　　　　　　　　　被测变量及仪表功能字母组合示例

仪表功能	被测变量								
	温度 T	温差 TD	压力 P	压差 PD	流量 F	物位 L	分析 A	密度 D	未分类的量 X
指示 I	TI	TDI	PI	PDI	FI	LI	AI	DI	XI
记录 R	TR	TDR	PR	PDR	FR	LR	AR	DR	XR
控制 C	TC	TDC	PC	PDC	FC	LC	AC	DC	XC
变送 T	TT	TDT	PT	PDT	FT	LT	AT	DT	XT
报警 A	TA	TDA	PA	PDA	FA	LA	AA	DA	XA
开关 S	TS	TDS	PS	PDS	FS	LS	AS	DS	XS

仪表功能	被测变量								
	温度 T	温差 TD	压力 P	压差 PD	流量 F	物位 L	分析 A	密度 D	未分类的量 X
指示、控制	TIC	TDIC	PIC	PDIC	FIC	LIC	AIC	DIC	XIC
指示、开关	TIS	TDIS	PIS	PDIS	FIS	LIS	AIS	DIS	XIS
记录、报警	TRA	TDRA	PRA	PDRA	FRA	LRA	ARA	DRA	XRA
控制、变送	TCT	TDCT	PCT	PDCT	FCT	LCT	ACT	DCT	XCT

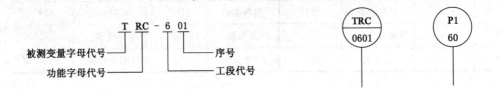

图 12-5　仪表位号的组成　　　　　图 12-6　仪表位号的标注

3. 识读带控制点的工艺流程图

以图 12-7 为例,主要介绍识读带控制点工艺流程图的方法和步骤。

(1) 分析设备的数量、名称和位号

由图 12-7 可知,图上方的设备标注中共 10 台设备,有 3 台空压机(位号 C601A-C)、一台后冷却器(位号 E0601)、一台气液分离器(位号 V0601)、两台干燥器(位号 E0602A、B)、两台防尘器(位号 V0602A、B)和一台储气罐(位号 V0603)。

(2) 分析主要物料的工艺流程

从空压机出来的压缩空气,经测温点 TI0601 进入后冷却器。冷却后的压缩空气经测温点 TI0602 进入气液分离器,除去油和水的压缩空气分两路进入两干燥器进行干燥,然后分两路经测压点 PI0601、PI0603 进入两台除尘器。除尘后的压缩空气经取样点进入储气罐后,送去外管道使用。

(3) 分析其他物流的工艺流程

冷却水沿管道 RW0601-32×3 经截止阀进入后冷却器,与温度较高的压缩空气进行热量交换,经管道 DR0601-32×3 排入地沟。

(4) 分析阀门、仪表控制情况

图中主要有 5 个止回阀,分别安装在空压机和干燥器出口处,其他皆是截止阀。仪表控制点有温度显示仪表两个,压力显示仪表 5 个,这些仪表都是就地安装的。

四、化工工艺图的图线用法

1. 图线的画法

化工工艺图的图线宽度分为三种:粗线 0.9～1.2 mm;中粗线 0.5～0.7 mm;细线 0.15～0.3 mm。化工工艺图图线用法的一般规定见表 12-8。

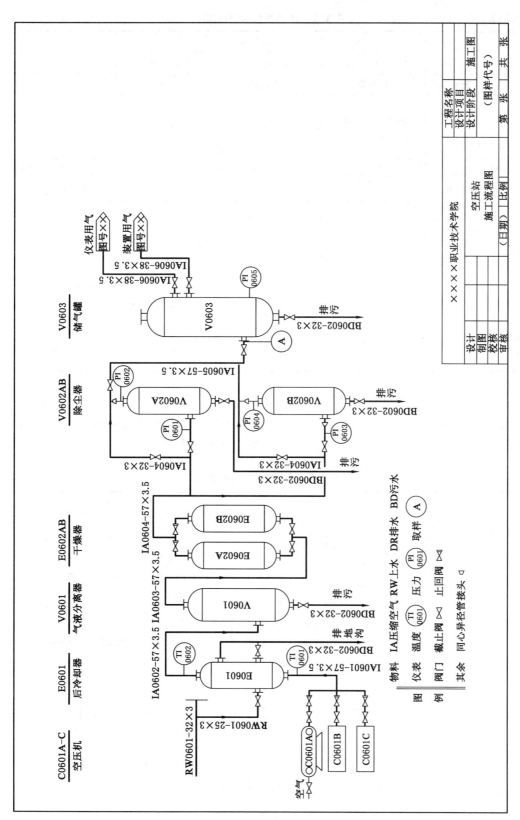

图12-7 空压站带控制点工艺流程图

表 12-8　　　　　　　　　　化工工艺图图线用法的规定

类型		图线宽度/mm			备注
		粗线/0.9～1.2	中粗线/0.5～0.7	细线/0.15～0.3	
工艺管道及仪表流程图		主物料管道	其他物料管道	其他	
辅助管道及仪表流程图 公用系统管道及 仪表流程图		辅助管道总管 公用系统管道总管	支管	其他	
动设备布置图 设备管口方位图		设备轮廓	设备支架 设备基础	其他	动设备若只绘出设备 基础,图线宽度 0.9 mm
管道 布置图	单线 (实线或虚线)	管道		法兰、阀门及其他	
	双线 (实线或虚线)		管道		
管道轴测图		管道	法兰、阀门、承插焊、螺 纹连接等管件的表示线	其他	
设备支架图、管道支架图		设备支架及管架	虚线部分	其他	
管件图		管件		其他	

2. 设备的画法

（1）用细实线从左至右、按流程顺序依次绘出能反映设备大致轮廓的示意图。一般不按比例,但要保持其相对大小及位置高低。常用设备的画法见表 12-9。

表 12-9　　　　　　　　　　化工工艺图常用设备代号和图例

名称	符号	图例	名称	符号	图例
塔	T	填料塔　　板式塔　　喷洒塔	泵	P	离心泵　液下泵　齿轮泵 螺杆泵　往复泵　喷射泵
工业炉	F	箱式炉　　圆筒炉	火炬烟囱	S	火炬　　烟囱

名称	符号	图例	名称	符号	图例
容器	V	卧式容器　碟形封头容器　球罐 锥顶罐　平顶容器　（地下/半地下）池、槽、坑 旋风分离器　湿式电除尘器　固定床过滤器	换热器	E	固定管板式列管换热器　　U型管式换热器 浮头式列管换热器　　板式换热器
压缩机	C	鼓风机　（卧式）（立式）旋转式压缩机 离心式压缩机 二段往复式压缩机（L型）	其他机械	M	压缩机　挤压机　混合机
反应器	R	固定床式反应器　列管式反应器　反应釜（带搅拌夹套）	动力机	M/E S/D	Ⓜ Ⓔ Ⓢ Ⓓ 电动机　内燃机　燃气机、汽轮机　其他动力机

（2）设备上重要接管口的位置，应大致符合实际情况。各设备之间应保留适当距离，以便布置流程线，两个或两个以上的相同设备，可以只画一套，备用设备可以省略不画。

3. 流程线的画法

（1）用粗实线画出各设备之间的主要物料流程。用中粗线（$d/2$）画出其他辅助物料的流程线。流程线一般画成水平线和垂直线（不用斜线），转弯一律画成直角。

（2）在两台设备之间的流程线上，至少应有一个流向箭头。当流程线发生交错时，应将其中一线断开或绕弯通过。一般同一物料线交错，按流程顺序"先不断、后断"；不同物料线交错时，主物料线不断，辅助物料线断，即"主不断、辅断"。

4. 标注

(1) 将设备的名称和位号,在流程图上方或下方靠近设备示意图的位置排成一行,如图 12-2 所示。在水平线(粗实线)的上方注写设备位号,下方注写设备名称。

(2) 设备位号由设备类别代号(表 12-10)、工段号(两位数字)、设备顺序(两位数)和相同设备数量尾号(大写拉丁字母)四部分组成,如图 12-8 所示。

(3) 在流程线开始和终止的上方,用文字说明介质的名称、来源和去向。

表 12-10　　　　　　　　　　设备类别代号

设备类型	代号	设备类型	代号	设备类型	代号
塔	T	反应器	R	容器	V
泵	P	起重设备	L	其他机械	M
工业炉	F	压缩机	C	其他设备	X
换热器	E	火炬烟囱	S	计量设备	W

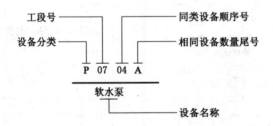

图 12-8　设备位号的标注

第二节　设备布置图

用来表示设备与建筑物、设备与设备之间的相对位量,能直接指导设备安装的图样称为设备布置图。

一、设备布置图的内容

设备布置图采用正投影的方法绘制,是在简化了的厂房建筑图上,增加设备布置的内容。图 12-9 为空压站岗位设备布置图,从图中可以看出设备布置图一般包括以下内容:

(1) 一组视图

视图包括平面图和剖面图,表示厂房建筑的基本结构,以及设备在厂房内外的布置情况。

平面图是用来表达某层厂房设备布置概况的水平剖视图。当厂房为多层建筑时,应按楼层分别绘制平面图。平面图主要表示厂房建筑的方位、占地大小、内部分隔情况,以及与设备安装定位有关的建筑物的结构形状和相对位置。

剖面图是在厂房建筑的适当位置上,垂直剖切后绘制出的,用来表达设备沿高度方向的布置安装情况。

(2) 必要的标注

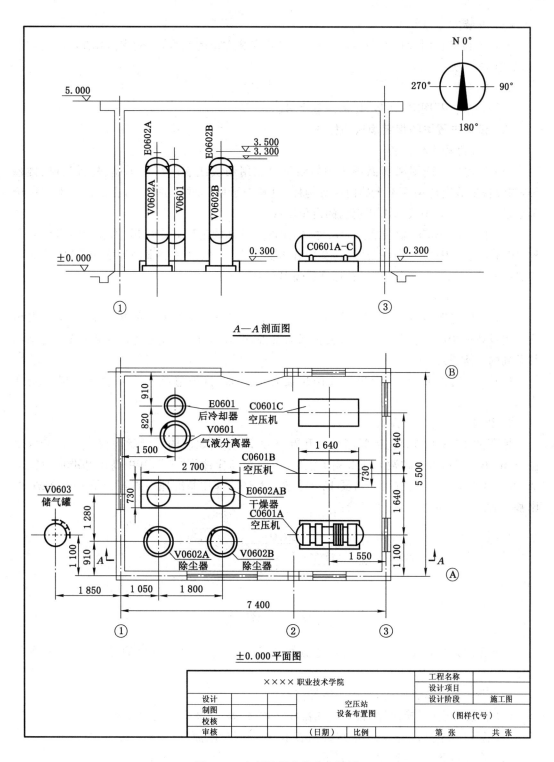

图 12-9　空压站岗位设备布置图

　　设备布置图中应标注出建筑物的主要尺寸,建筑物与设备之间、设备与设备之间的定位尺寸,厂房建筑定位轴线的编号、设备的名称和位号,以及注写必要的说明等。

（3）安装方位标

安装方位标也叫设计北向标记，是确定设备安装方位的基准，一般将其画在图样的右上方，如图 12-9 所示。

（4）标题栏

标题栏应注写图名、图号、比例及签字等。

二、设备布置图的规定画法和标注

1. 厂房的画法和标注

（1）厂房的平面图和剖面图用细实线绘制。用细实线表示厂房的墙、柱、门、窗、楼梯等，与设备安装定位关系不大的门窗等构件，以及表示墙体材料的图例，在剖面图上则一概不予表示。用细点画线画出建筑物的定位轴线。

（2）标注厂房定位轴线之间的尺寸，标注设备基础的定形和定位尺寸，注出设备位号名称（应与工艺流程图一致），标注厂房室内外地面标高（一般以底层室内地面为基准，作为零点进行标注），标注厂房各层标高，标注设备基础标高。

2. 设备的画法

（1）在厂房平面图中，用粗实线画出设备、支架、基础、操作平台等基本轮廓，用细点画线画出设备的中心线。若有多台规格相同的设备，可只画出一台，其余则用粗实线简化画出其基础的轮廓投影。

（2）在厂房剖面图中，用粗实线画出设备的立面图（被遮挡的设备轮廓一般不予画出）。

3. 设备标高的标注方法

标高尺寸（图 12-10）包括标高符号和标高数字，基准地面的设计标高写成 ±0.000（单位为 m，小数点后取三位数），正标高不注"＋"，负标高应注写"－"，其中高于基准地面往上加，低于基准地面往下减（可参考图 12-9）。如 12.500，即比基准地面高 12.5 m；－1.000，即比基准地面低 1 m。

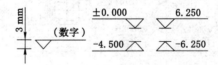

图 12-10　标高尺寸

（1）标注设备标高时，在设备中心线的上方标注与流程图一致的设备位号、设备的标高。

（2）卧式换热器、槽、罐，以中心线标高表示。

（3）反应器、立式换热器、板式换热器和立式槽、罐，以支承点标高表示。

（4）泵和压缩机，以主轴中心线标高表示，或以底盘底面（即基础顶面）标高表示。

（5）管廊和管架，以架顶标高表示。

4. 安装方位标的绘制

安装方位标由直径为 20 mm 的圆（粗实线绘制）及水平、垂直的轴线构成，并分别在水平、垂直等方位上注以 0°、90°、180°、270°等字样，如图 12-9 中右上角所示。一般采用建筑北向(以"N"表示)作为 0°方位基准。该方位一经确定,凡必须表示方位的图样(如管口方位图、管段图等)均应统一。

三、识读设备布置图

通过识读设备布置图,主要了解设备与建筑物、设备与设备之间的相对位置,指导设备的安装施工,以及开工后的操作、维修或改造,并为管道布置建立基础。现以图 12-9 的空压站岗位设备布置图为例,介绍读图的方法和步骤。

图 12-9 包括设备布置平面图和 A—A 剖面图,从设备布置平面图可知,本系统的三台压缩机 C0601A、C601B、C0601C 布置在距③轴 1 550 mm,距 A 轴分别为 1 500 mm、3 000 mm、4 500 mm 的位置处;一台后冷却器 E0601 布置在距 B 轴 900 mm,距①轴 2 350 mm 的位置处;一台气液分离器 V0601 布置在距 B 轴 1 900 mm,距①轴 2 350 mm 的位置处;两台干燥器 E0602A、E0602B 布置在距 A 轴 1 800 mm,距①轴分别为 1 250 mm、3 450 mm 的位置处,两台除尘器 V0602A、V0602B 布置在距 A 轴 900 mm,距①轴分别为 1 250 mm、3 450 mm 的位置处;一台储气罐 V0603 布置在室外,距 A 轴为 750 mm,距①轴为 2 000 mm 的位置处。

在 A—A 剖面图中,反映了设备的立面布置情况,如后冷却器 E0601、气液分离器 V0601 布置在标高为 +0.250 m 的基础平面上;压缩机 C0601、干燥器 E0602 及除尘器 V0602 布置在标高 +0.100 m 的平面上。

图中右上角的安装方位标,指明了设备的安装方位。

第三节　管道布置图

管道布置图又称配管图,主要表达管道及其附件在厂房建筑物内外空间位置、尺寸和规格,以及与有关机器、设备的连接关系,如图 12-11 所示。

一、管道及附件的图示方法

1. 管道的表示法

在管道布置图中,公称通径(DN)大于和等于 400 mm(或 16 in)的管道,用双线表示;小于和等于 350 mm(或 14 in)的管道,用单线表示。如果在管路布置图中,大口径的管道不多时,则公称通径(DN)大于和等于 250 mm(或 10 in)的管道,用双线表示;小于和等于 200 mm(或 8 in)的管道,用单线表示。如图 12-12 所示。

2. 管道弯折的表示法

向上弯折 90°角的管道画法,如图 12-13(a)所示;向下弯折 90°角的管道画法,如图 12-13(b)所示;大于 90°角的弯管道画法,如图 12-13(c)所示;二次弯折的管道画法,如图 12-13(d)、(e) 所示。

3. 管道交叉的表示法

当管道交叉时,一般表示方法如图 12-14(a)所示。若需要表示两管道的相对位置时,将下面(后面)被遮盖部分的投影断开,如图 12-14(b)所示,或将下面(后面)被遮盖部分的投影用虚线表示,如图 12-14(c)所示。也可将上面的管道投影断裂表示,如图 12-14(d)所示。三通或管路分叉的表示法,如图 12-14(e)、(f)所示。

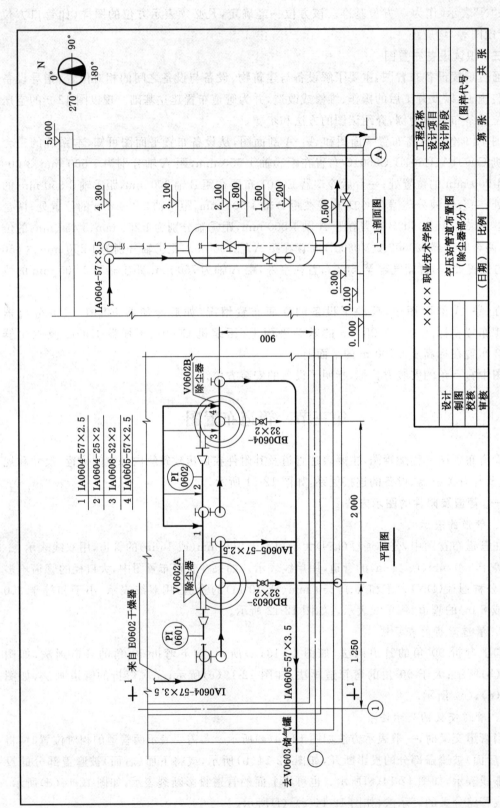

图 12-11 空压站岗位（除尘部分）管道布置图

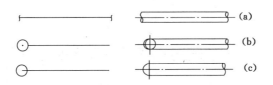

图 12-12　管道的表示法

(a) 直管；(b) 向我而来；(c) 离我而去

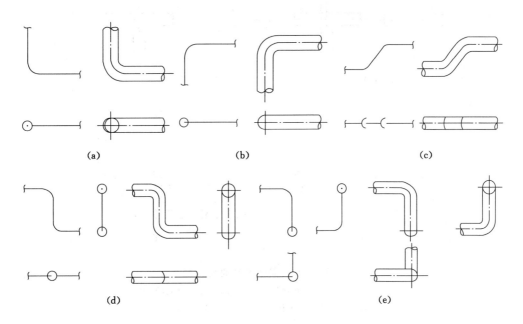

图 12-13　管道弯折的画法

(a) 向上弯折 90°；(b) 向下弯折 90°；(c) 大于 90°的弯折；

(d) 左右二次弯折；(e) 左右、前后二次弯折

4. 管道重叠的表示法

当管道的投影重合时，将可见管道的投影断裂表示，不可见管道的投影则画至重影处（稍留间隙），如图 12-15(a)所示。当多条管道的投影重合时，最上一条画双重断裂符号，如图 12-15(b)所示，也可在管道投影断处注上 a、a 和 b、b 等小写字母加以区分，如图 12-15(d)所示。当管道转折后的投影重合时，则后面的管道画至重影处，并稍留间隙，如图 12-15(c)所示。

5. 管道连接的表示法

当两段直管相连时，根据连接的形式不同，其画法也不同。常见的四种连接形式及画法见表 12-11。

6. 阀门及控制元件的表示法

阀门在管路中用来调节流量、切断或切换管路，对管路起安全、控制作用。常用的阀门图形符号见表 12-1，管道的连接方式见表 12-11，常用的阀门控制元件符号见表 12-12。

242

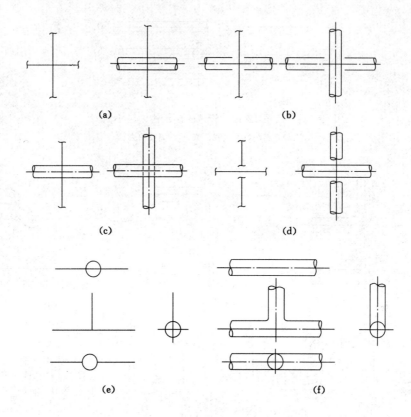

图 12-14　管道交叉的画法

(a) 一般画法；(b) 遮挡画法；(c) 虚线画法；(d) 断开画法；

(e) 三通管的单线画法；(f) 三通管的双线画法

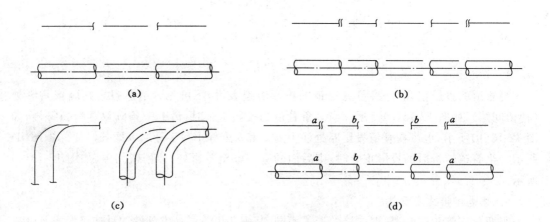

图 12-15　管道重叠的表示法

(a) 可见管道画断裂符号；(b) 最后一条画双重断裂符号；

(c) 前面管道完整画出；(d) 用字母加以区分

表 12-11　　　　　　　　　　　　　管道的连接方式

连接方式	轴测图	装配图	规定画法
法兰连接			单线 / 双线
承插连接			单线 / 双线
螺纹连接			单线 / 双线
焊接			单线 / 双线

表 12-12　　　　　　　　　　　　常用的阀门控件元件符号

形式	图形符号	备注	形式	图形符号	备注
通用的执行机构		不区别执行机构形式	电磁执行机构	S	
带弹簧的气动薄膜执行机构			活塞执行机构		
电动执行机构	M		带气动阀门定位器的气动薄膜执行机构		
无弹簧的气动薄膜执行机构			执行机构与手轮组合(顶部或侧面安装)		

　　阀门和控制元件图形符号的一般组合方式,如图 12-16 所示。阀门和管道的连接方式如图 12-17 所示。各种阀门在管道中的安装方位,一般应在管道中画出,其画法见表 12-13。

手动

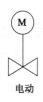
电动

气动

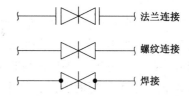
法兰连接

螺纹连接

焊接

图 12-16　阀门和控制元件的组合方式　　　　图 12-17　阀门和管道的连接画法

表 12-13　　　　　　　　　　　　阀门在管道中的安装方位图例

名称	主视图	俯视图	左视图	轴测图
闸阀				
截止阀				
节流阀				
止回阀				
球阀				

7. 管件与管道连接的表示法

管道与管件连接的表示法,如图 12-18 所示,其中连接符号之间的是管件。

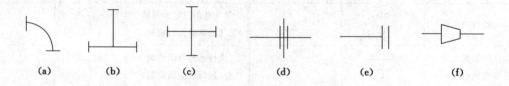

图 12-18　管道与管件连接的表示法

（a）弯头；（b）三通管；（c）四通管；（d）活接头；（e）盲板；（f）同心异径管接头

8. 管架的表示法

管道是利用各种形式的管架安装并固定在建筑或基础之上的。管架的形式和位置在管道平面图上用符号表示,如图 12-19(a)所示。管架的编号由五部分内容组成,标注的格式如图 12-19(b)所示。管架类别和管架生根部位的结构,用大写英文字母表示,见表 12-14。

管廊及外管上的通用型托架,仅注明导向架及固定架的编号。凡未注编号、仅有管架图例者,均为滑动管托。

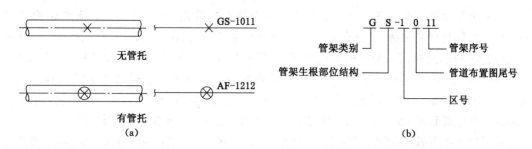

图 12-19　管架的表示方法及编号方法

表 12-14　　　　　　　　　　　　管架类别和管架生根部位的结构

管架类别					
代号	类别	代号	类别	代号	类别
A	固定架	H	吊架	E	特殊架
G	导向架	S	弹性吊架	T	轴向限位架
R	滑动架	P	弹簧支座		
管架生根部位的结构					
C	混凝土结构	S	钢结构	W	墙
F	地面基础	V	设备		

二、管道标高的标注方法

管道布置图中标注的标高以米(m)为单位,小数点后取三位数。管子的公称直径以及其他尺寸一律以毫米(mm)为单位,只注数字,不注单位。在管道布置图上标注标高的规定为:① 用单线表示的管道,在其上方(用双线表示的管道在中心线上方)标注与流程图一致的管道代号,在其下方(或中心线下方)标注管道标高;② 当标高以管道中心线为基准时,直接标注;③ 当标高以管底为基准时,需加注管底代号;④ 在管道布置图中标注设备标高时,在设备中心线的上方标注与流程图一致的设备位号,下方标注支承点的标高或标注设备主轴中心线的标高。具体的标注方法如图 12-10 所示。

三、识读管道布置图

由于管道布置图是根据带控制点工艺流程图、设备布置图绘制的,因此阅读管道布置图之前应先读懂相应的带控制点工艺流程图和设备布置图。

以图 12-11 为例,介绍管道布置图的阅读方法和步骤。

1. 概括了解

先了解图中平面图、剖面图的配置情况。从图 12-11 可知,该管道布置图包括平面图和1—1 剖面图两个视图,仅表示出了与除尘器有关的管道布置情况。

2. 详细分析

按流程顺序、管段号,对照管道布置图、立面图的投影关系,联系起来进行分析,搞清图中各路管道规格、走向及管件、阀门等情况。

(1)了解厂房建筑、设备布置情况及定位尺寸、管口方位等。由设备布置图可知,两台除尘器距南墙 900 mm,距西墙分别为 1 250 mm、3 250 mm。

（2）由平面图与剖面图可知，来自 E0602 干燥器的管道 IA0604-57×3.5 到达除尘器 V0602A 左侧时分成两路：一路向右去另一台除尘器 V0602B；另一路向下至标高 1.500 m 处，经过截止阀，至标高 1.200 m 处向右拐弯，经异径接头后与除尘器 V0602A 的管口相接。此外，这一路在标高 1.800 m 处分出另一支管向前、向上，经过截止阀到达标高 3.100 m 时向右拐，至除尘器 V0602A 顶端与除尘器接管口相连，并继续向右、向下、向前，与来自 V0602B 的管道 IA0605-57×3.5 相连。该管道最后向后、向左穿过墙去储气罐 V0603。

（3）除尘器底部的排污管至标高 0.300 m 时拐弯向前，经过截止阀再穿过南墙后排入池沟。

3. 归纳总结

所有管道分析完毕后，进行综合归纳，从而建立起一个完整的空间概念。

四、管道轴测图

管道轴测图又称为管段图，是用来表达一个设备至另一设备或某区间一段管道的空间走向以及管道上所附管件、阀门、仪表控制点等安装布置的立体图样，如图 12-20 所示。

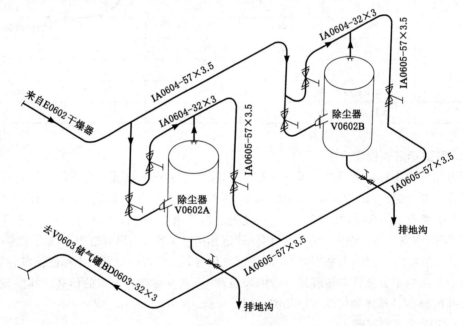

图 12-20　空压站岗位（除尘器部分）的管道布置轴测图

1. 画法

（1）管段图反映的是个别局部管道，原则上一个管段画一张管段图。对于复杂的管段或长而多次改变方向的管段，可利用法兰或焊接点作为自然点断开，分别绘制几张管段图，但需用一个图号注明页数。对比较简单，物料、材质均相同的几个管段，也可画在一张图样上，并分别注出管段号。

（2）管段图一般按正等测图绘制。

（3）绘制管段图可以不按比例，根据具体情况而定，但位置要合理整齐，图面要均匀美观，即各种阀门、管件的大小及在管道中的位置和相对比例要协调。

（4）管道一律用粗实线单线绘制，管件（弯头、三通除外）、阀门、控制点则用细实线以规定的图形符号绘制，相接的设备可用细双点画线绘制，弯头可以不画成圆弧。更多管道与管件的连接画法,可参见表 12-15。

表 12-15　　　　　　　　　　　　　　　　　　管件与管路连接的表示法

名称 连接方式		螺纹或承插焊	对焊		法兰式	
			单线	双线	单线	双线
90°弯头	主视图					
	俯视图					
90°弯头	轴测图					
三通管	主视图					
	俯视图					
	轴测图					
四通管	主视图					
	俯视图					
	轴测图					

名称	连接方式	螺纹或承插焊	对焊		法兰式	
			单线	双线	单线	双线
45°弯头	主视图	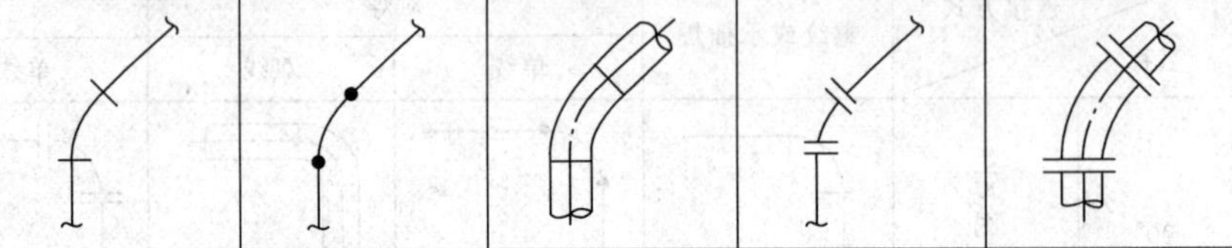				
	俯视图	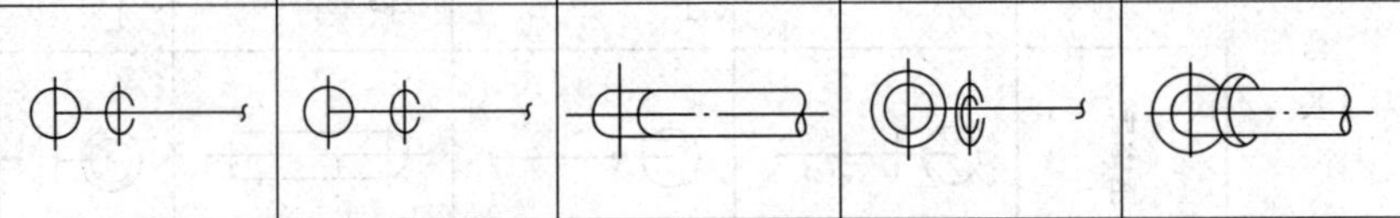				
45°弯头	轴测图	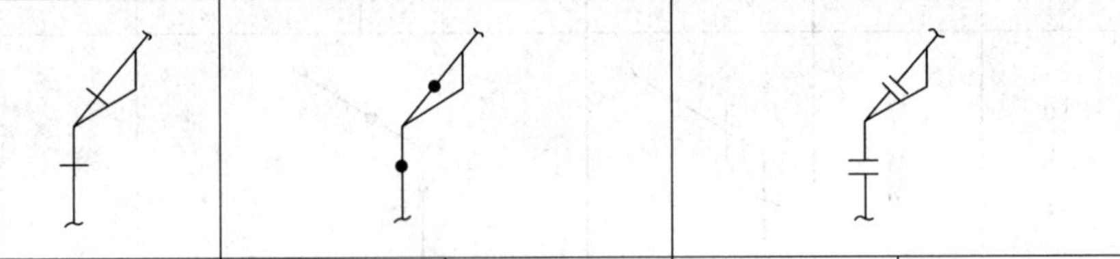				
偏心异径管	主视图	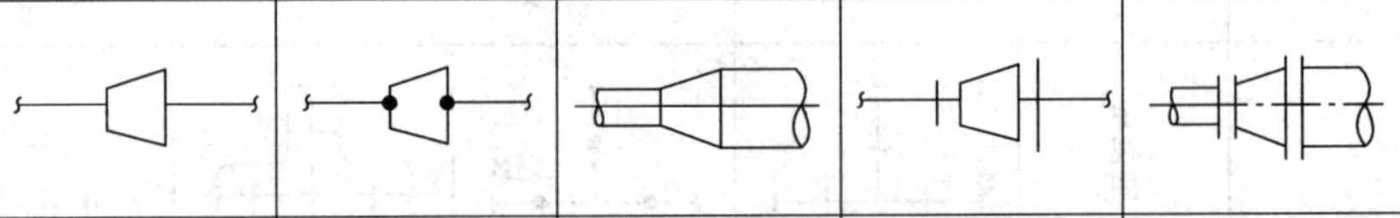				
	俯视图	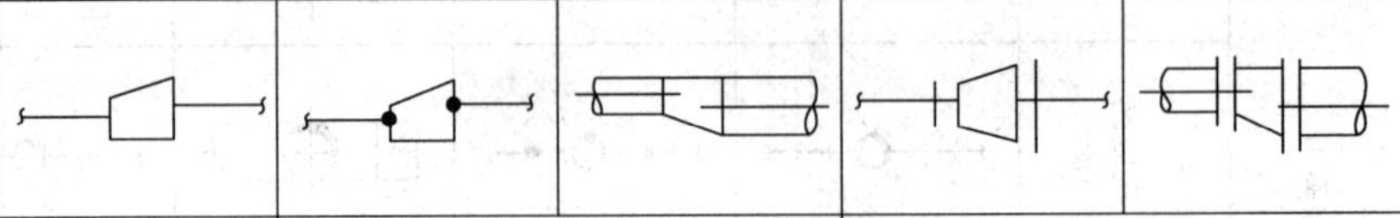				
	轴测图	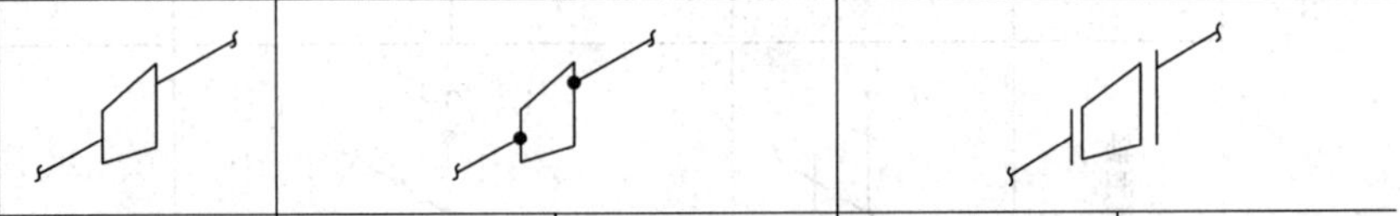				
管帽	主视图	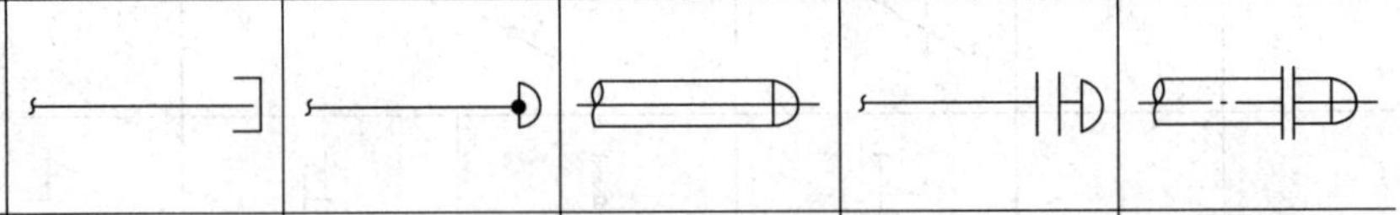				
	俯视图	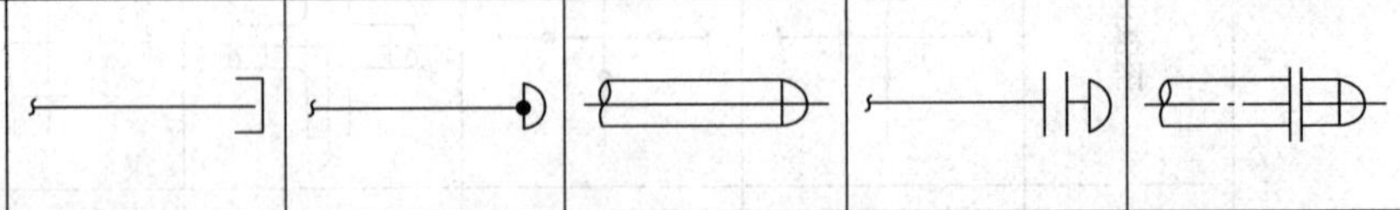				
	轴测图	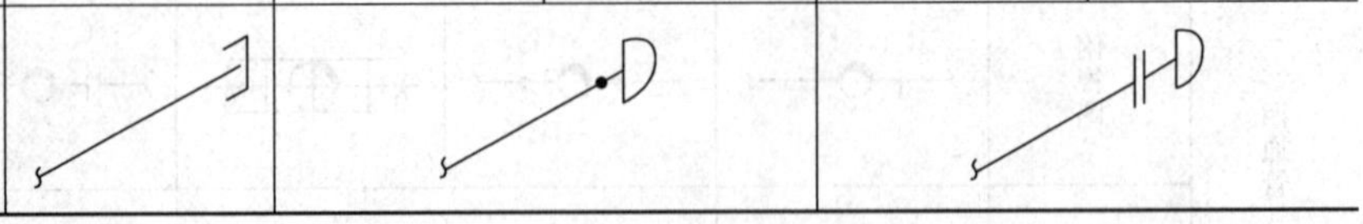				

（5）管道与管件、阀门连接时，注意保持线向的一致，如图 12-21 所示。

（6）为便于安装维修和操作管理，并保证劳动场所整齐美观，一般工艺管道布置大都力求平直，使管道走向同三轴测方向一致。但有时为了避让，或由于工艺、施工的特殊要求，必须将管道倾斜布置，此时称为偏置管（也称斜管）。

在平面内的偏置管，用对角平面表示，如图 12-22（a）所示；对于立体偏置管，可将偏置管

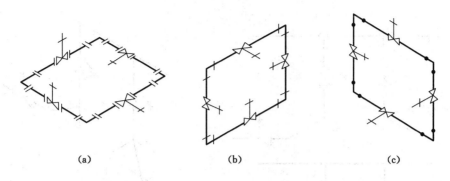

图 12-21 空间管路的连接(线向)

(a) H 面法兰连接;(b) V 面螺纹连接;(c) W 面焊接

画在由三个坐标组成的六面体内,如图 12-22(b)所示。

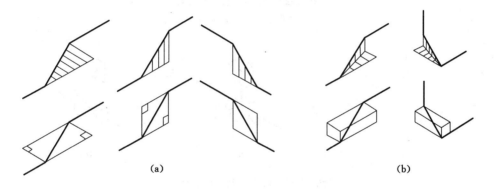

图 12-22 空间偏置管表示法

(a) 平面内的偏置管;(b) 立体偏置管

图 12-23(a)所示为一段包含偏置管的平、立面图,图 12-23(b)所示为根据其平、立面图绘制的管段图。

(7) 必要时,画出阀门上控制元件的图形符号,如图 12-24 所示。

2. 标注

(1) 注出管子、管件、阀门等为加工预制及安装所需的全部尺寸。如阀门长度、垫片厚度等细节尺寸,以免影响安装的准确性。

(2) 尺寸界线从管件中心线或法兰面引出,尺寸线与管道平行。

(3) 垂直管道可不注高度尺寸,以水平标高表示。

(4) 对于不能准确计算或有待施工时,实测修正的尺寸,加注符号"~"作为参考尺寸。现场焊接要注明"F. W"。

(5) 每级管道至少有一个表示流向的箭头,尽可能在流向箭头附近标注管段编号。

(6) 注出管道所连接的设备位号及管口序号。

(7) 列出材料表,说明管段所需的材料、尺寸、规定、数量等。

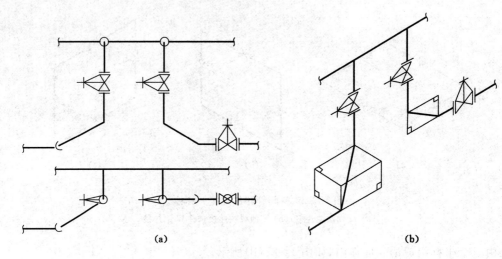

图 12-23　绘制偏置管管段图

(a) 平、立面图；(b) 管段图

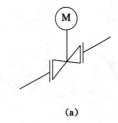 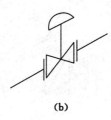 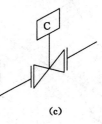

(a)　　　　　　　　　　　(b)　　　　　　　　　　　(c)

图 12-24　仪表控制元件表示法

(a) 电动式；(b) 气动式；(c) 液压式

参 考 文 献

[1] 龚野.环境工程制图[M].北京:化学工业出版社,2011.
[2] 胡建生.工程制图[M].5版.北京:化学工业出版社,2014.
[3] 黄从国.大气污染控制技术[M].北京:化学工业出版社,2013.
[4] 刘慧芬.工程制图[M].北京:化学工业出版社,2012.
[5] 刘雪松,姚青梅.道路工程制图[M].3版.人民交通出版社,2012.
[6] 陆怡.化工设备识图与制图[M].北京:中国石化出版社,2011.
[7] 王金梅,薛叙明.水污染控制技术[M].2版.北京:化学工业出版社,2011.
[8] 王娟玲.道路工程制图[M].2版.北京:中国水利水电出版社,2014.
[9] 魏秀婷,刘桂凤.土木工程制图与CAD[M].徐州:中国矿业大学出版社,2008.
[10] 杨川.机械图样的识读与绘制[M].重庆:重庆大学出版社,2010.
[11] 张晶.环境工程制图与CAD[M].北京:化学工业出版社,2014.
[12] 赵少贞.化工识图与制图[M].北京:化学工业出版社,2009.
[13] 赵云华.道路工程制图[M].2版.北京:机械工业出版社,2012.
[14] 周鹏翔,何文平.工程制图[M].3版.北京:高等教育出版社,2008.

全国高等职业教育"十三五"规划教材

工程图样的识读与绘制习题集

主　编　庞　成　秦江涛
副主编　黄文祥　张恩正　罗　乐　赵　雪

中国矿业大学出版社

内 容 提 要

本习题集为全国高等职业教育"十三五"规划教材《工程图样的识读与绘制》配套用书。全书主要内容有:制图基本知识和技能,投影基础,组合体的三视图,轴测图,物体的表达方式,标准件及常用件,零件图,装配图,建筑施工图,道路工程图,环境工程图,化工工艺图等。

本教材适用于高职高专非机械类专业,尤其对建筑、路桥、隧道、监理、环境、化工、安全等专业更具针对性,也适用于近机械类专业。

图书在版编目(CIP)数据

工程图样的识读与绘制习题集 / 庞成,秦江涛主编.
—徐州:中国矿业大学出版社,2017.9
ISBN 978 - 7 - 5646 - 3626 - 5

Ⅰ.①工… Ⅱ.①庞…②秦… Ⅲ.①工程制图—高
等学校—习题集②工程制图—识图—高等学校—习题集
Ⅳ.①TB23-44

中国版本图书馆 CIP 数据核字(2017)第 170806 号

书　　名	工程图样的识读与绘制习题集
主　　编	庞　成　秦江涛
责任编辑	何晓明
出版发行	中国矿业大学出版社有限责任公司
	(江苏省徐州市解放南路　邮编 221008)
营销热线	(0516)83885307　83884995
出版服务	(0516)83885767　83884920
网　　址	http://www.cumt.com　E-mail:cumtpvip@cumt.com
印　　刷	江苏淮阴新华印刷厂
开　　本	787×1092　1/16　**本册印张** 9.25　**本册字数** 120 千字
版次印次	2017 年 9 月第 1 版　2017 年 9 月第 1 次印刷
定　　价	48.00 元(共两册)

(图书出现印装质量问题,本社负责调换)

目 录

第一章 制图基本知识和技能

1-1 1:1 标注尺寸（从图中量取整数）。

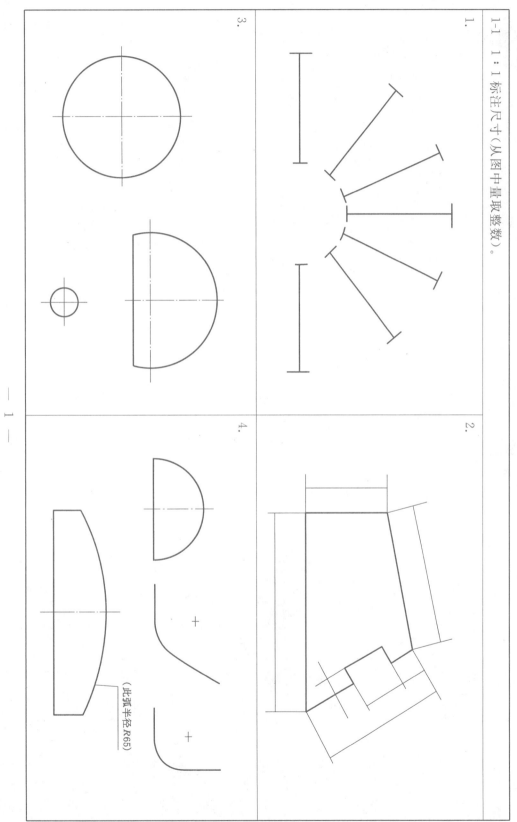

1.

2.

3.

4.

（此弧半径 R65）

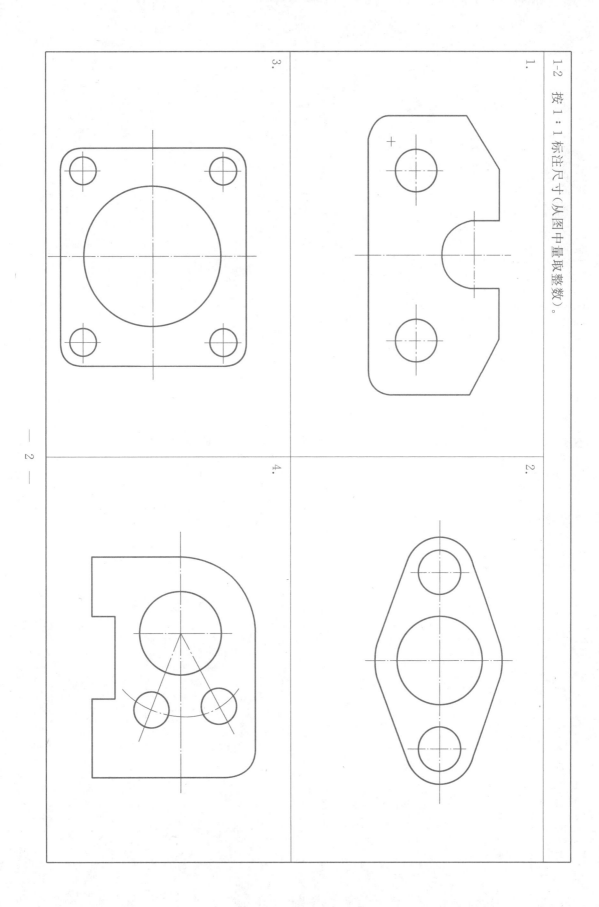

1-2 按 1 : 1 标注尺寸（从图中量取整数）。

1.

2.

3.

4.

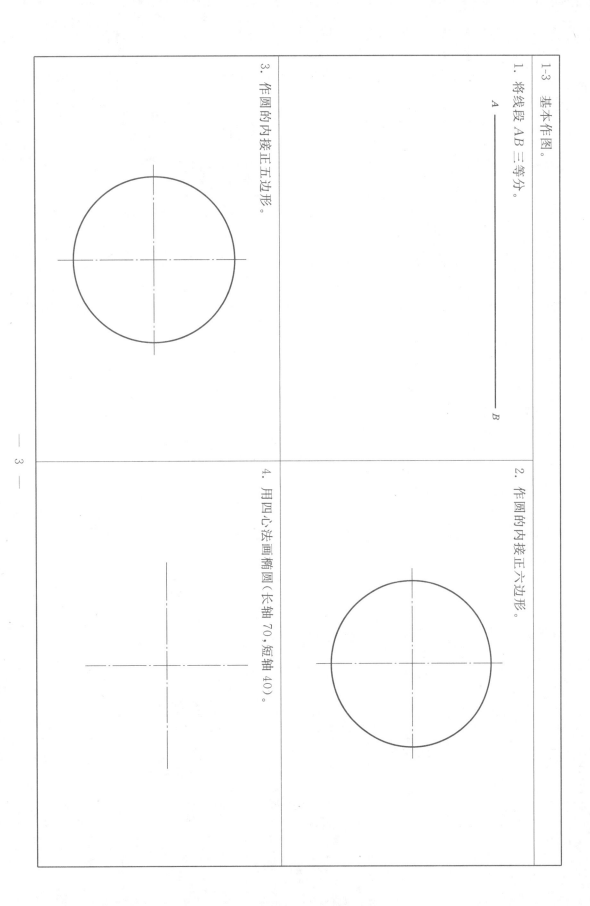

1-3 基本作图。

1. 将线段 AB 三等分。

A ————————— B

2. 作圆的内接正六边形。

3. 作圆的内接正五边形。

4. 用四心法画椭圆（长轴 70，短轴 40）。

1.

2.

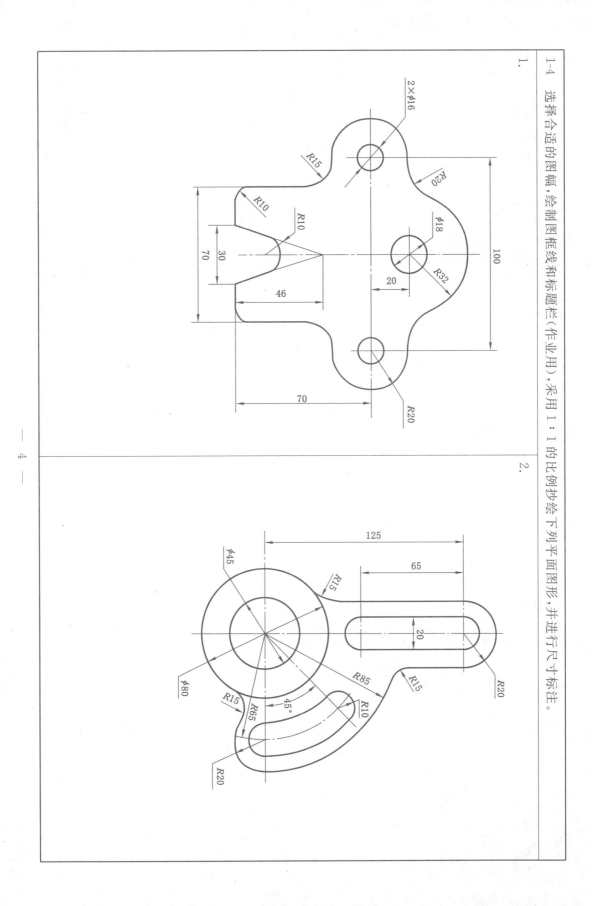

1-5 选择合适的图幅，绘制图框线和标题栏（作业用），采用 1：1 的比例抄绘下列平面图形，并进行尺寸标注。

1.

2.

2-1　观察物体的三视图，在轴测图中找出对应的物体，填写对应的序号。

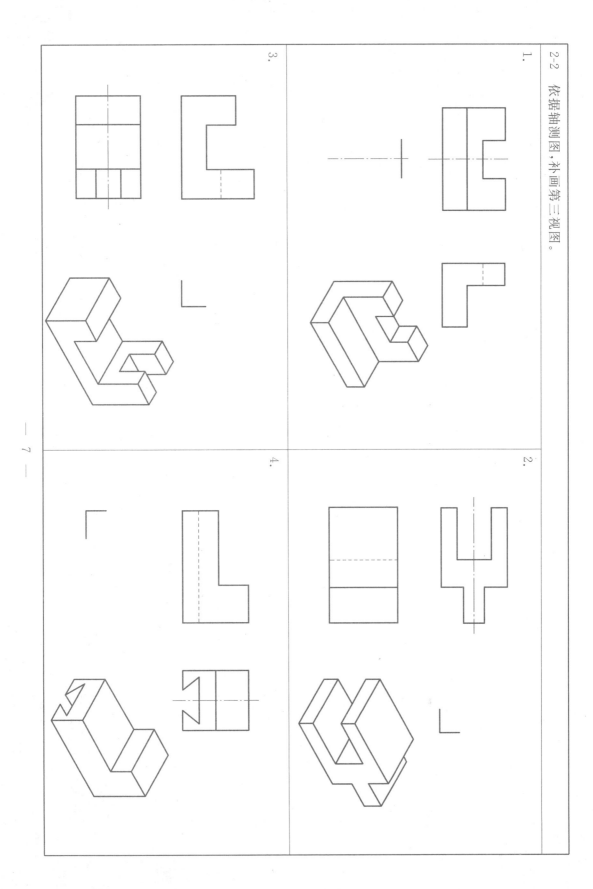

1.

2.

3.

4.

2-3　点的投影练习题（一）。

1. 求作点 A、点 B 的第三面投影。

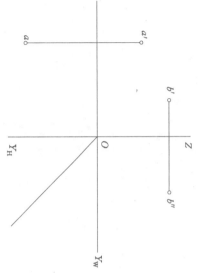

2. 求作点 A(10,15,10)，点 B(25,10,20)，点 C(0,20,15)，点 D(18,25,0) 的三面投影。

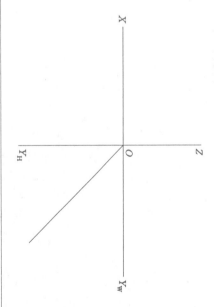

3. 从投影中量取点的坐标值，取整数，填入括号中。

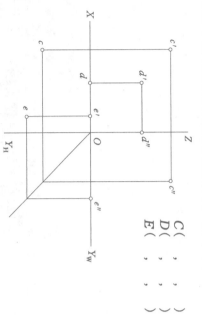

C(　, 　, 　)
D(　, 　, 　)
E(　, 　, 　)

4. 已知 A 点距 H 面为 20 mm，距 V 面为 15 mm，距 W 面为 25 mm，作出其三面投影。

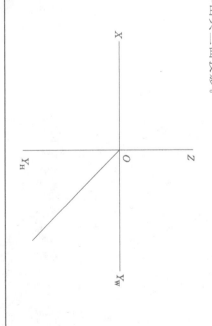

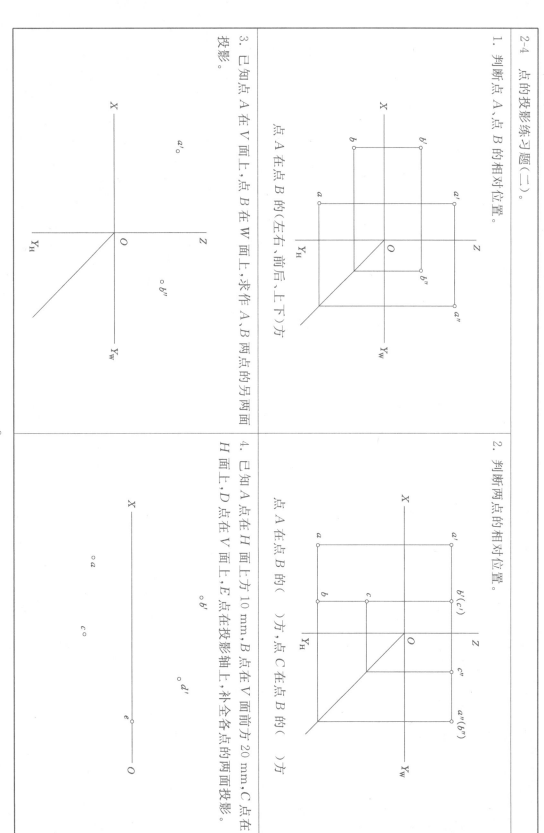

2-4 点的投影练习题（二）。

1. 判断点 A，点 B 的相对位置。

点 A 在点 B 的（左右，前后，上下）方

2. 判断两点的相对位置。

点 A 在点 B 的（　　）方，点 C 在点 B 的（　　）方

3. 已知点 A 在 V 面上，点 B 在 W 面上，求作 A，B 两点的另两面投影。

4. 已知 A 点在 H 面上方 10 mm，B 点在 V 面前方 20 mm，C 点在 H 面上，D 点在 V 面上，E 点在投影轴上，补全各点的两面投影。

2-5 点的投影练习题（三）。

1. 已知 A 点距 V 面 15 mm，求作 A 点的另两面投影。

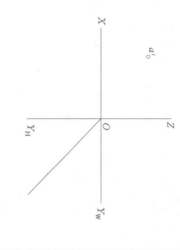

2. 已知点的两面投影，完成其第三面投影。

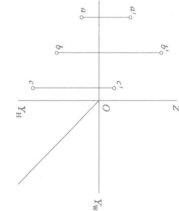

3. 已知点的两面投影，完成其第三面投影。

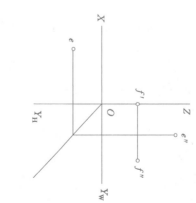

4. 判断 A,B,C 点的空间位置。

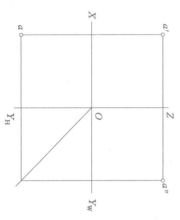

A 点在（ ），B 点在（ ），C 点在（ ）

5. 已知点 B 在点 A 正后方 15 mm，求作其三面投影。

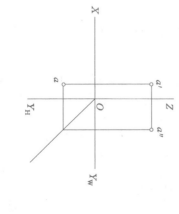

6. 已知点 B 在点 A 之左 15 mm，之前 6 mm，之下 10 mm，求作其三面投影。

2-6 直线的投影练习题(一)。

1. 已知直线的两面投影,请补画第三面投影,并判断直线的类型。

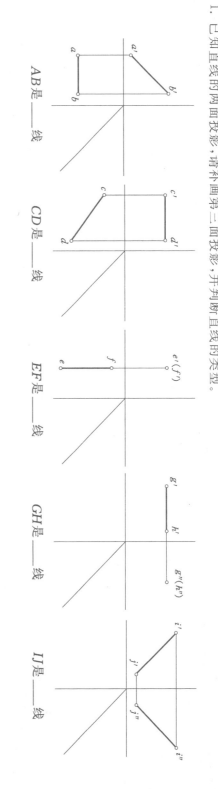

AB 是____线

CD 是____线

EF 是____线

GH 是____线

IJ 是____线

2. 在三视图和轴测图上注全 AB、CD 的投影,并说明其类型。

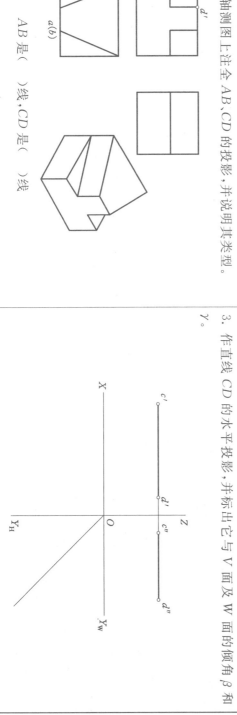

AB 是( )线,CD 是( )线

3. 作直线 CD 的水平投影,并标出它与 V 面及 W 面的倾角 β 和 γ。

1. 已知水平线 AB（点 B 在点 A 的左后方），与 V 面的倾角为 30°，长 25 mm。请完成直线 AB 的三面投影。

2. 过点 A 作正平线 AB，与 H 面的倾角为 30°，长 25 mm，有几种解？请作出其中一种解。

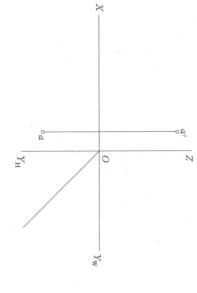

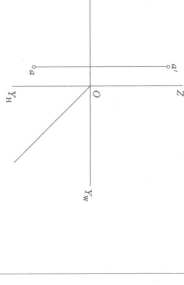

3. 判定两直线重影点的可见性。

（1）

（2）

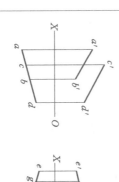

4. 判定下列两直线的关系（填空）。

（1）　　　（　）直线

（2）　　　（　）直线

（3）　　　（　）直线

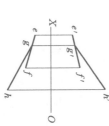

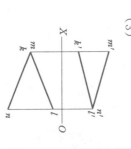

1. 过点 A 作一直线 AB 与 CD 相交，其交点 B 距离 H 面为 10 mm。

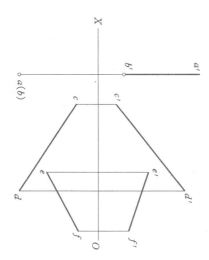

2. 在直线 AB 上找一点 M，使点 M 到 V 面和 H 面的距离相等，作出其三面投影。

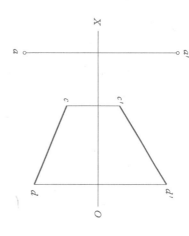

3. 作一直线与直线 AB，CD 相交，并与直线 EF 平行。

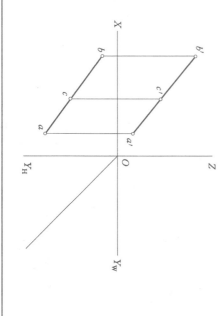

4. 作直线 AB 及其上一点 C 的第三面投影。

请在三视图中标出指定平面的其他两个投影,并在轴测图上用大写字母标出各平面的位置。

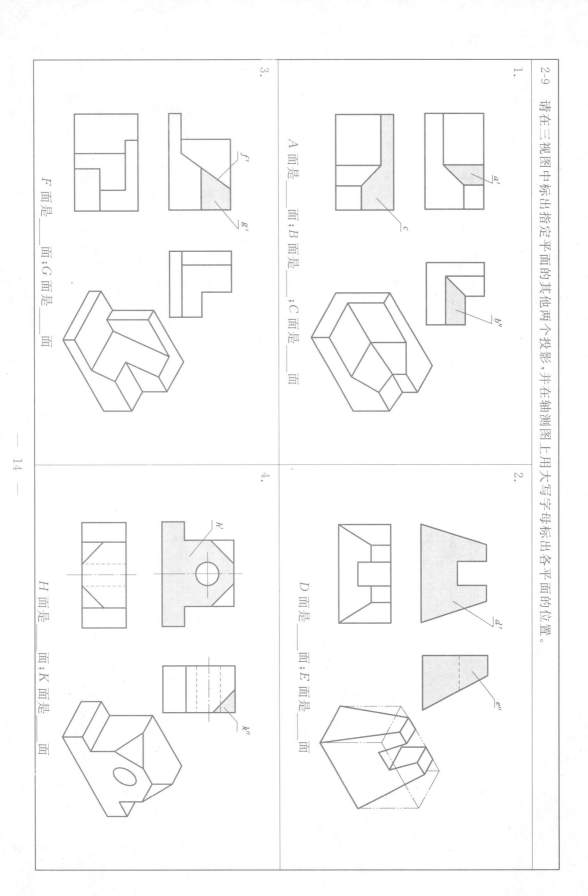

1.

A 面是____面;B 面是____;C 面是____面

2.

D 面是____面;E 面是____面

3.

F 面是____面;G 面是____面

4.

H 面是____面;K 面是____面

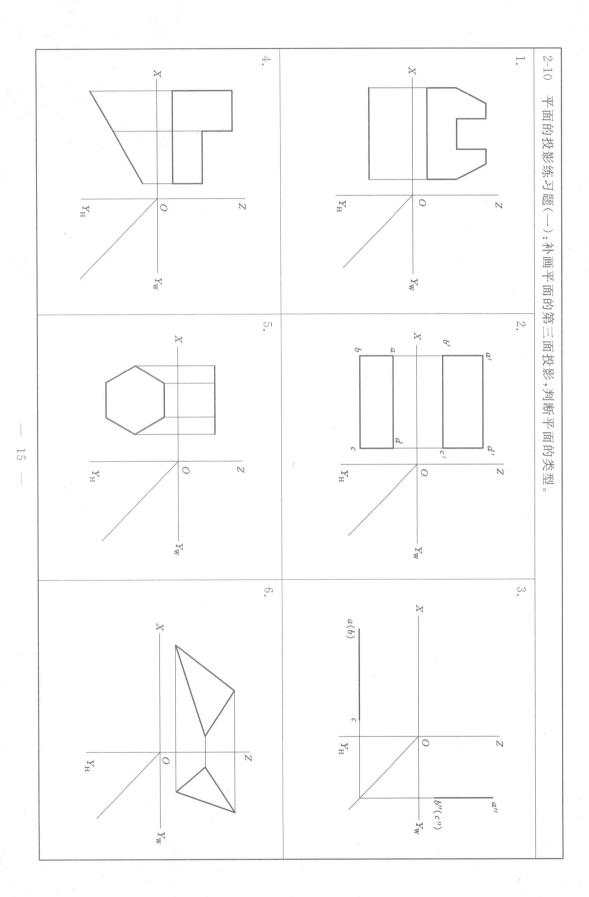

2-11 平面的投影练习题（二）。

1. 作图判定点 K 是否在平面△ABC 内。

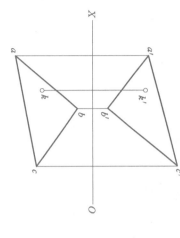

（在，不在）

2. 已知点 K 在平面△ABC 内，完成 △ABC 的正面投影。

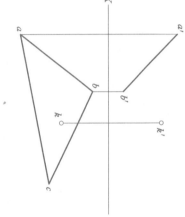

3. 在△ABC 上作正平线 EF，EF 距 V 面 18 mm。

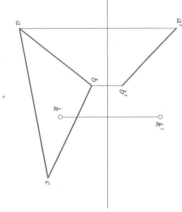

4. 在平行四边形 ABCD 上过点 M 作水平线 MN，完成其两面投影。

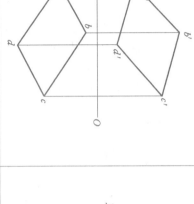

5. 在△ABC 上作一点 K，点 K 到 H 面，V 面的距离均为 18 mm。

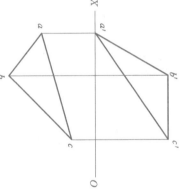

6. 判定点 D 是否在平面△ABC 内。

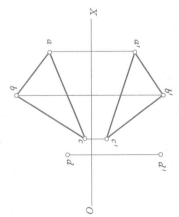

（在，不在）

— 16 —

2-12 平面的投影练习题（三）

1. 完成四边形 ABCD 的正面投影。

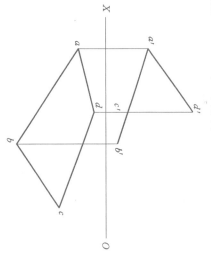

2. 完成五边形 ABCDE 的正面投影。

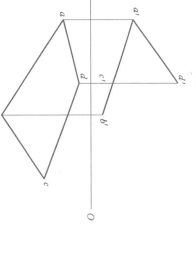

3. 已知正垂面 p 与 H 面倾角为 30°，作出其 V 面和 W 面的投影。

4. 作图说明直线 BD 是否在△ABC 平面上。（在，不在）

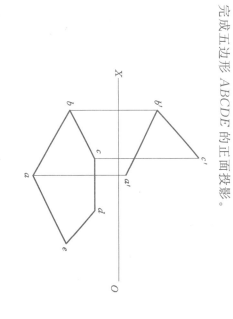
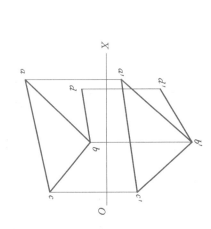

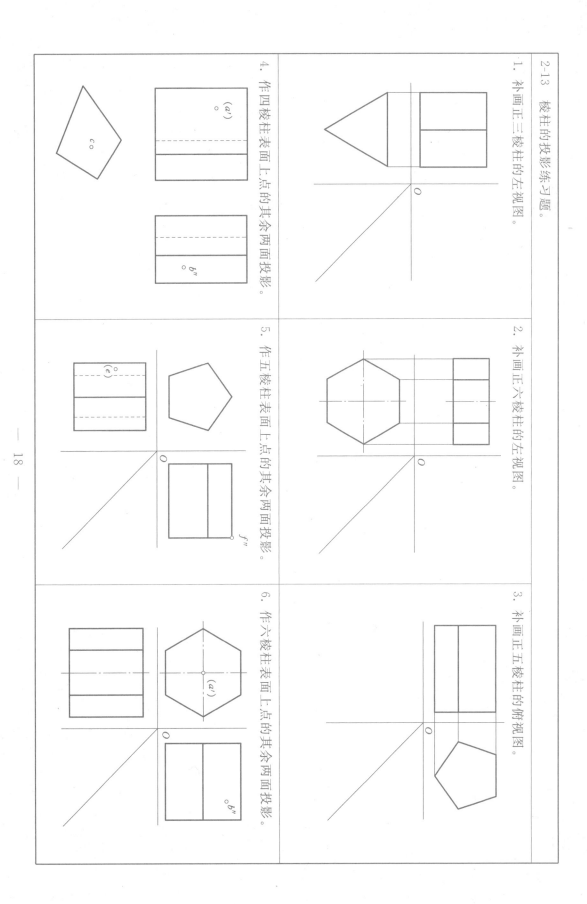

2-13 棱柱的投影练习题。

1. 补画正三棱柱的左视图。

2. 补画正六棱柱的左视图。

3. 补画正五棱柱的俯视图。

4. 作四棱柱表面上点的其余两面投影。

5. 作五棱柱表面上点的其余两面投影。

6. 作六棱柱表面上点的其余两面投影。

2-14 棱锥的投影练习题。

1. 补画三棱锥的左视图。

2. 作三棱锥表面点 C 的另两面投影。

3. 作正五棱锥表面上点的其余两面投影。

4. 补画三棱台的俯视图。

5. 补全正四棱锥的主视图和俯视图，并作出其左视图。

6. 补全四棱台的俯视图。

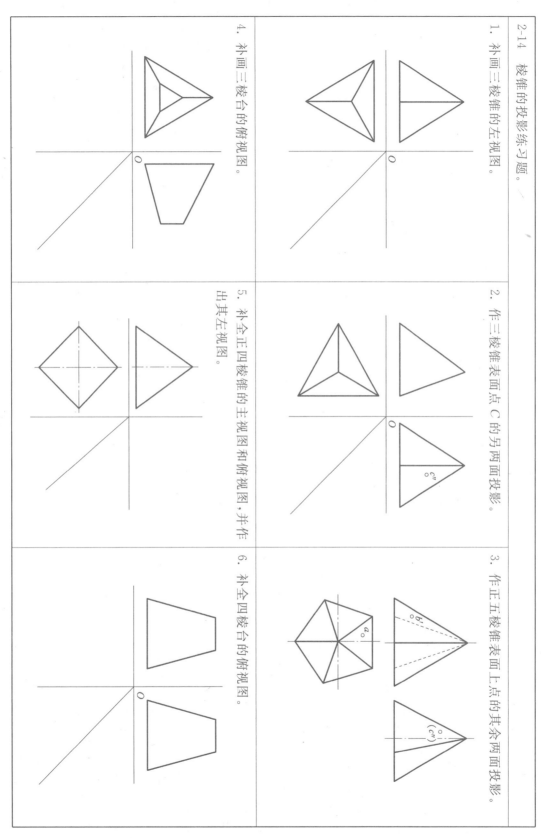

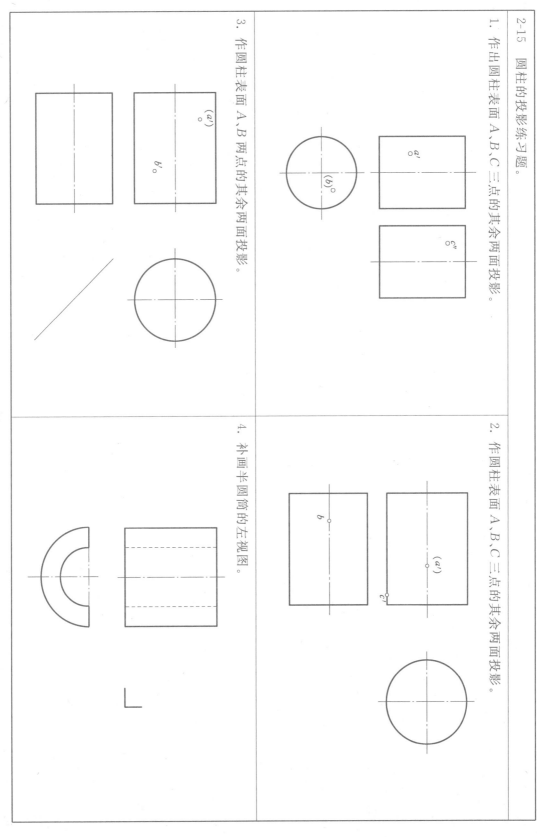

2-15　圆柱的投影练习题。

1. 作出圆柱表面 A、B、C 三点的其余两面投影。

2. 作圆柱表面 A、B、C 三点的其余两面投影。

3. 作圆柱表面 A、B 两点的其余两面投影。

4. 补画半圆筒的左视图。

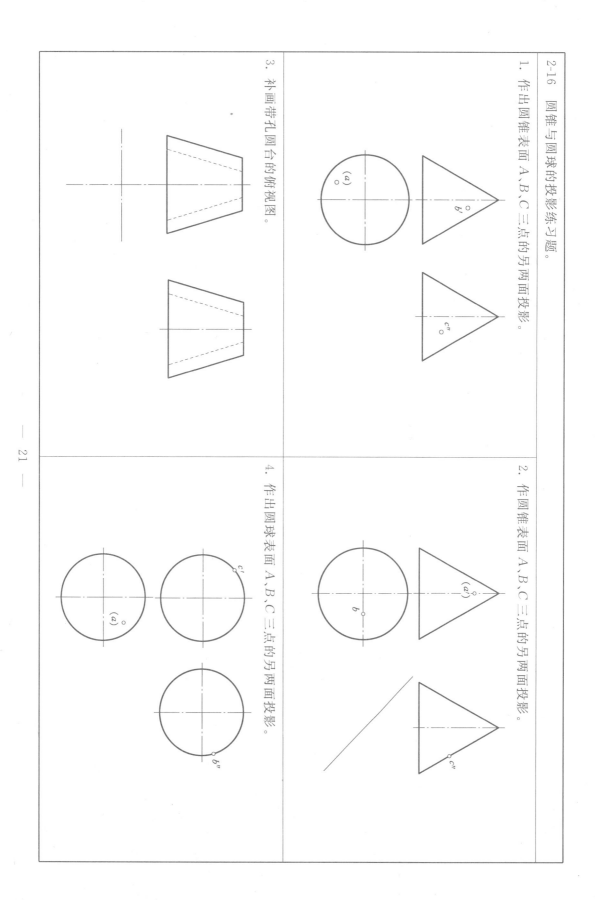

2-16 圆锥与圆球的投影练习题。

1. 作出圆锥表面 A, B, C 三点的另两面投影。

2. 作出圆锥表面 A, B, C 三点的另两面投影。

3. 补画带孔圆台的俯视图。

4. 作出圆球表面 A, B, C 三点的另两面投影。

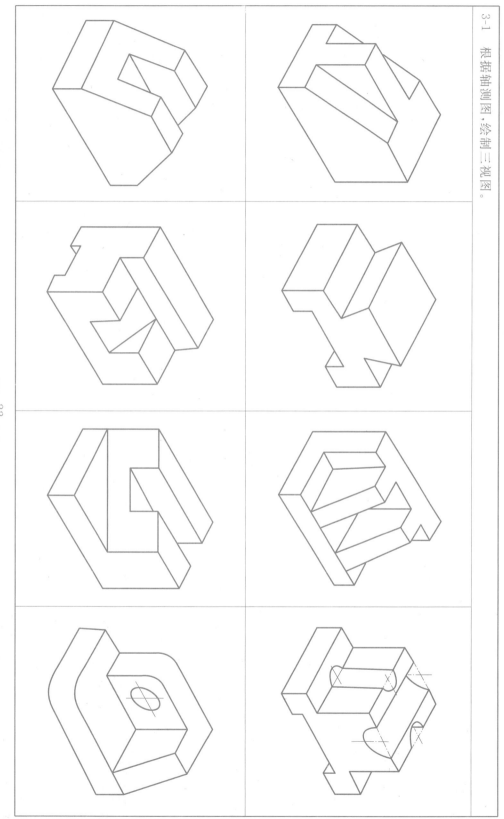

3-2 下列组合体的左视图相同，主视图不同，请采用形体分析法分析其构成。

1.

2.

3.

4.

5.

6.

7.

8.

9.

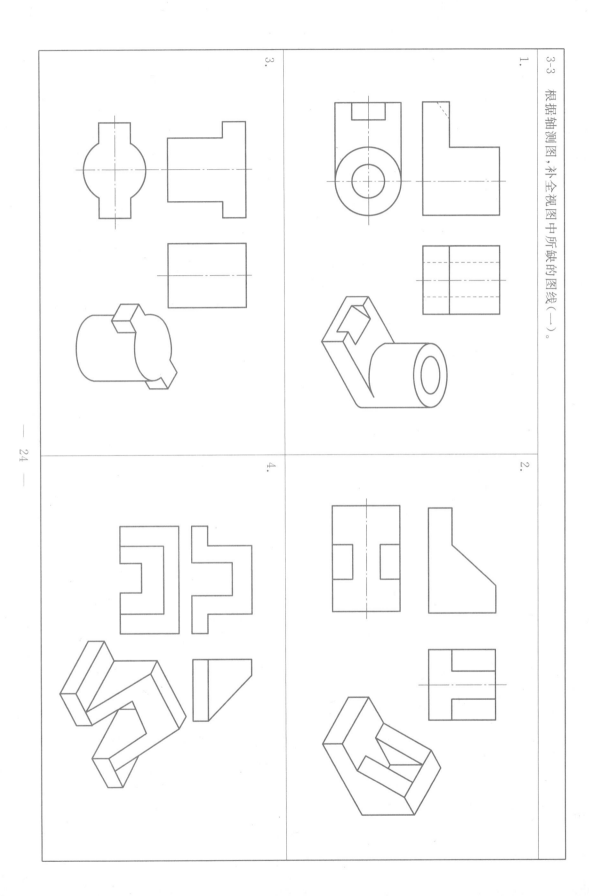

1.

2.

3.

4.

5.

6.

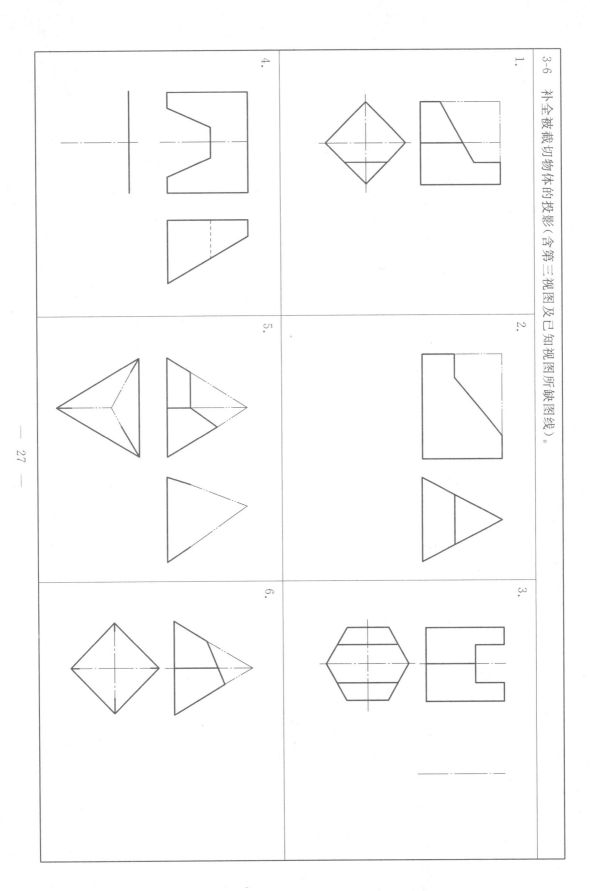

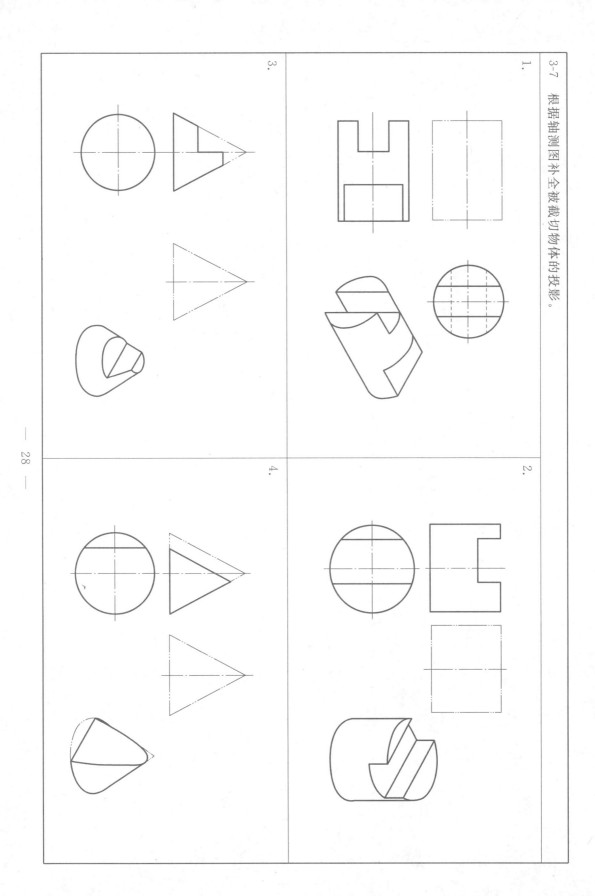

1.

2.

3.

4.

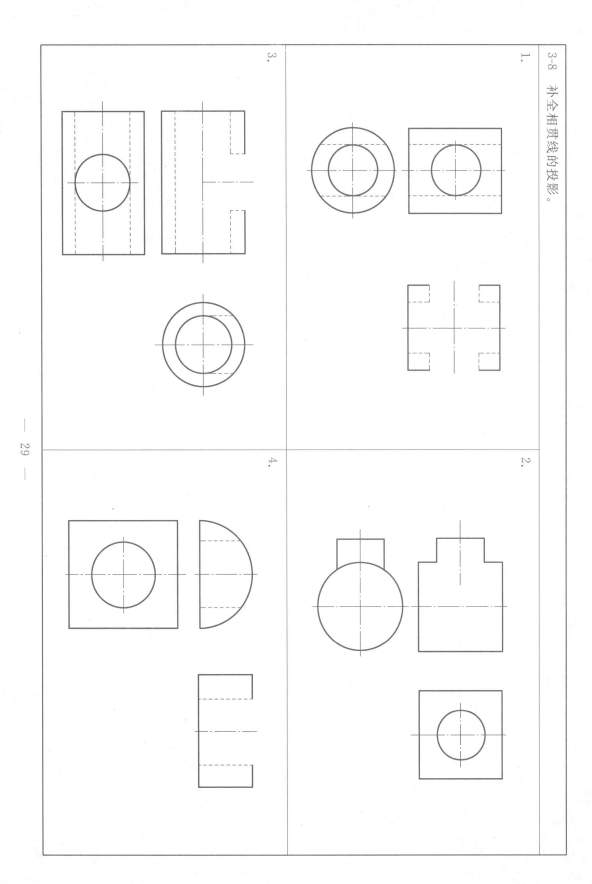

1.

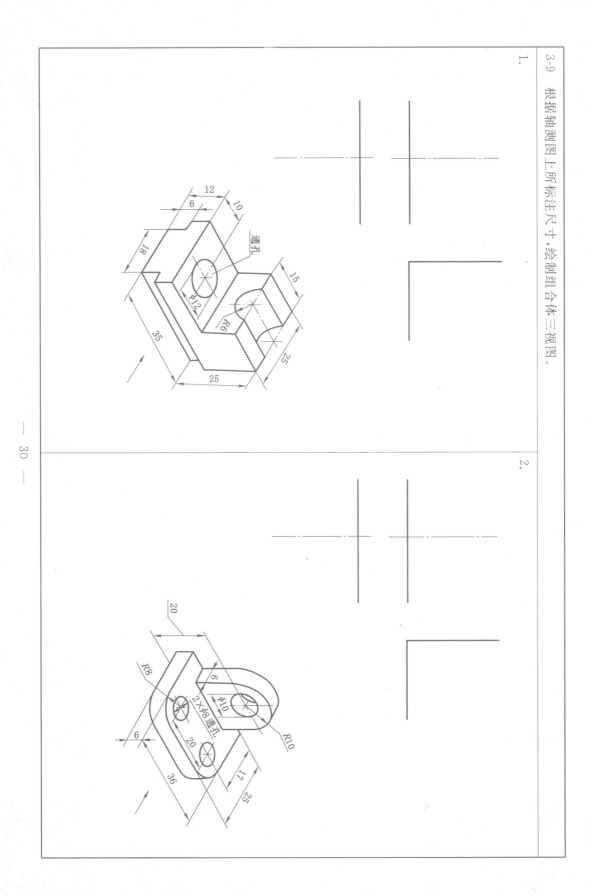

2.

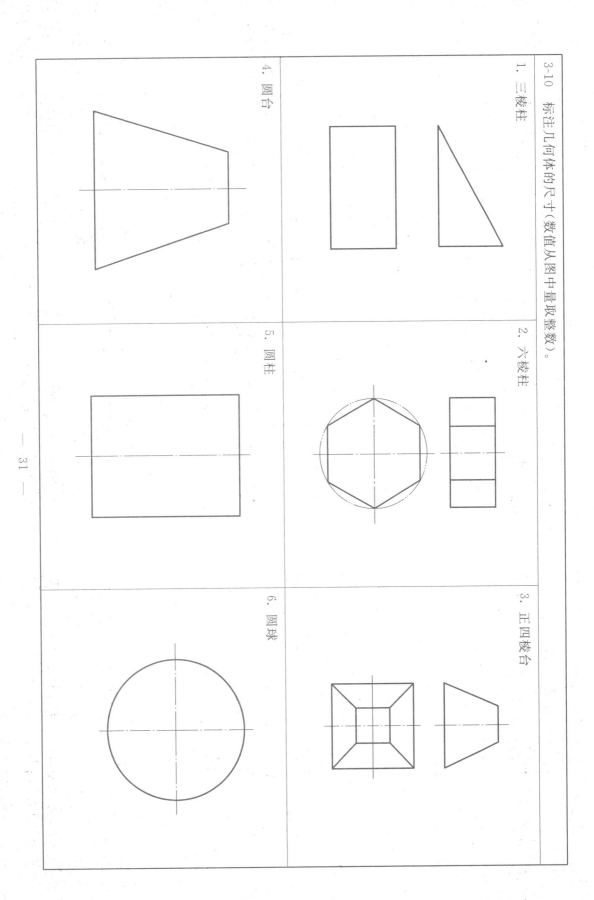

3-10 标注几何体的尺寸（数值从图中量取整数）。

1. 三棱柱

2. 六棱柱

3. 正四棱台

4. 圆台

5. 圆柱

6. 圆球

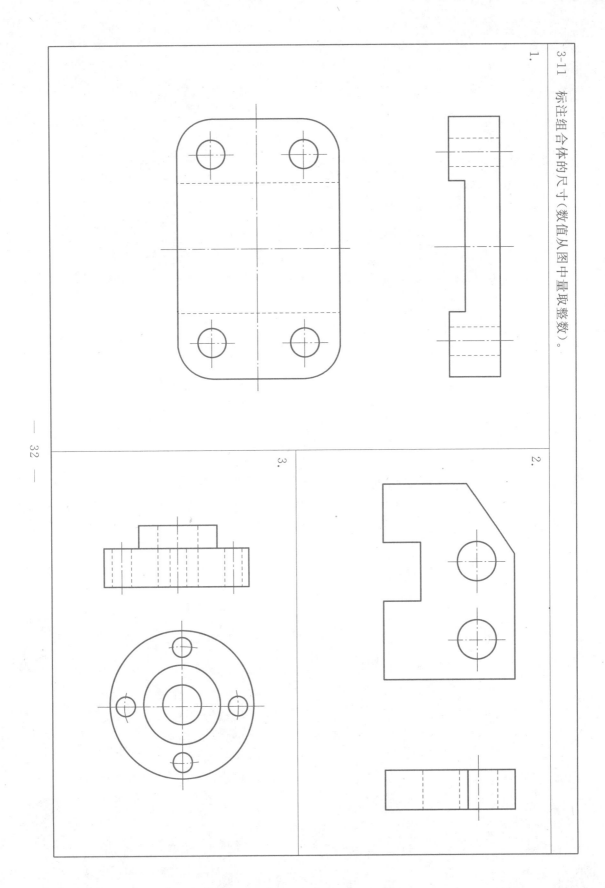

1.

2.

3.

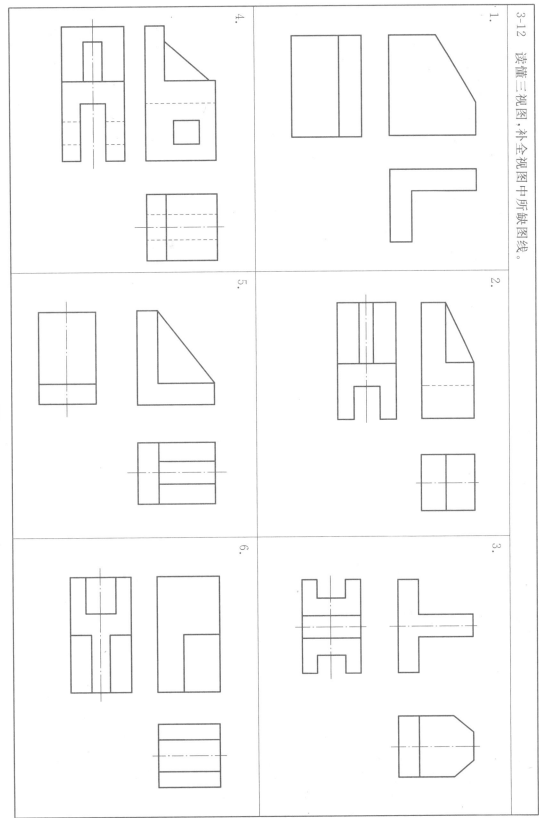

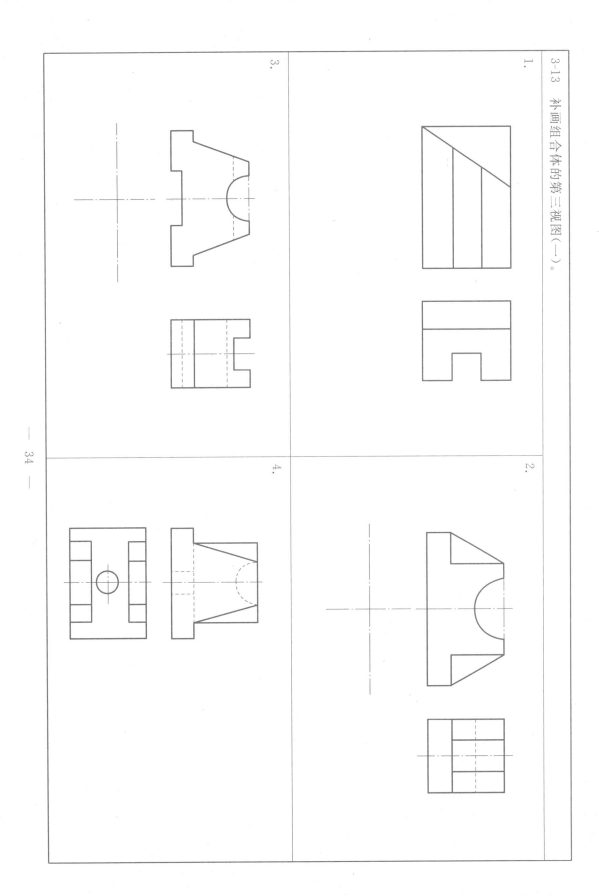

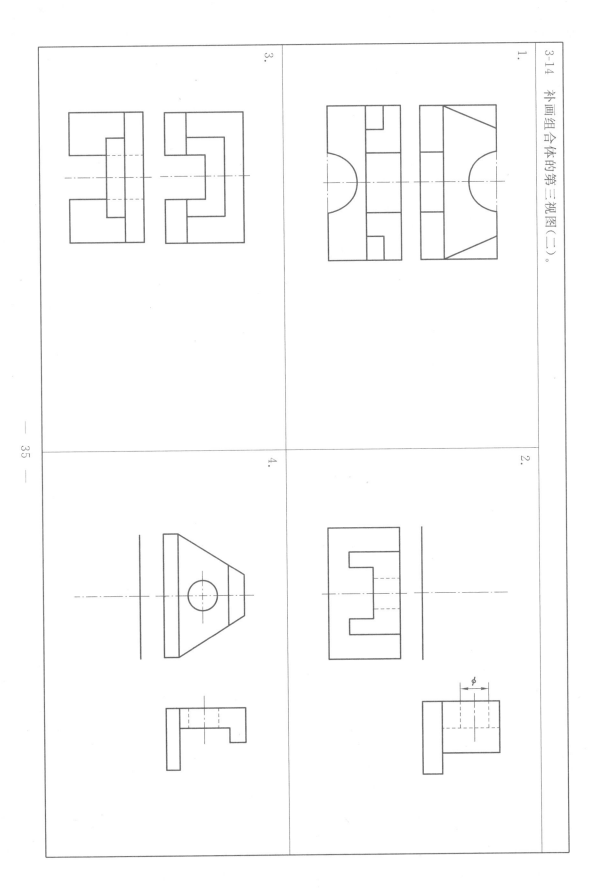

3-15 选择合适的图幅，绘制图框线和标题栏（作业用），采用 1：1 的比例绘制以下轴测图的三视图，并进行尺寸标注。

1.

2.

4-1　根据已知视图绘制正等轴测图（一），尺寸从视图中按 1 : 1 量取。

1.　　　　2.　　　　3.

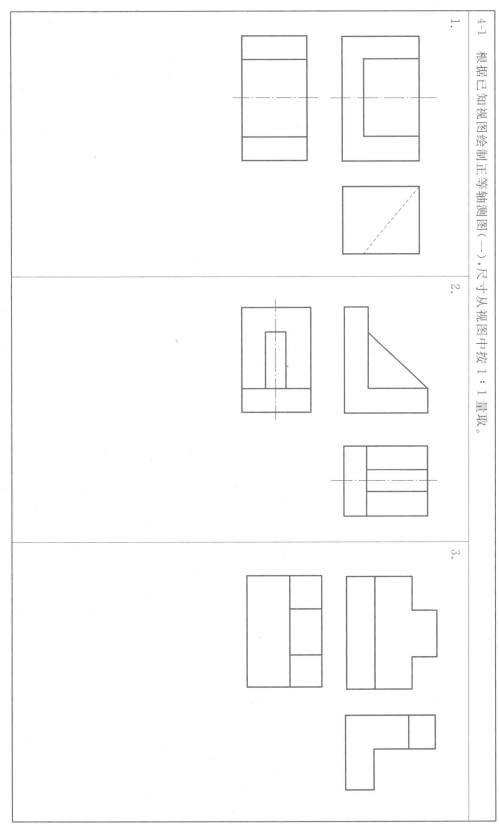

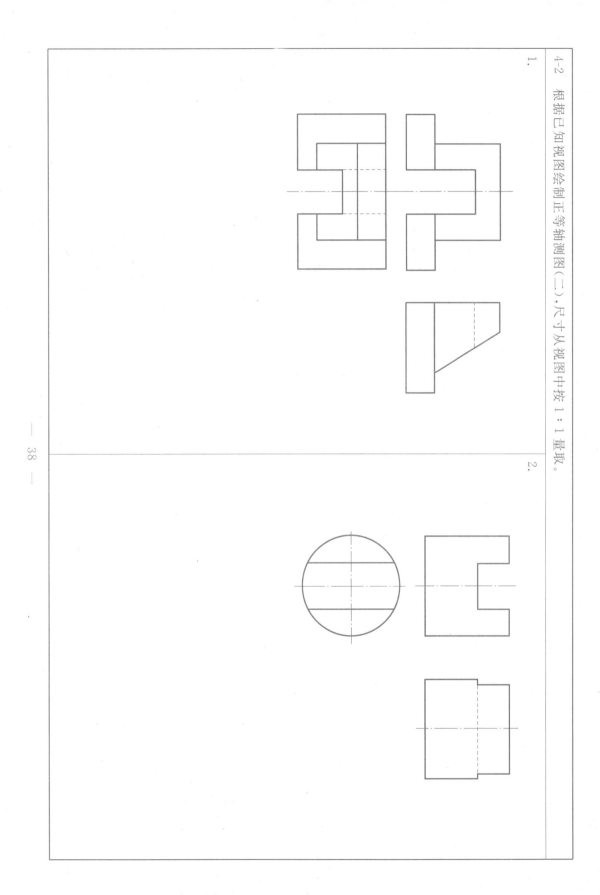

1.

2.

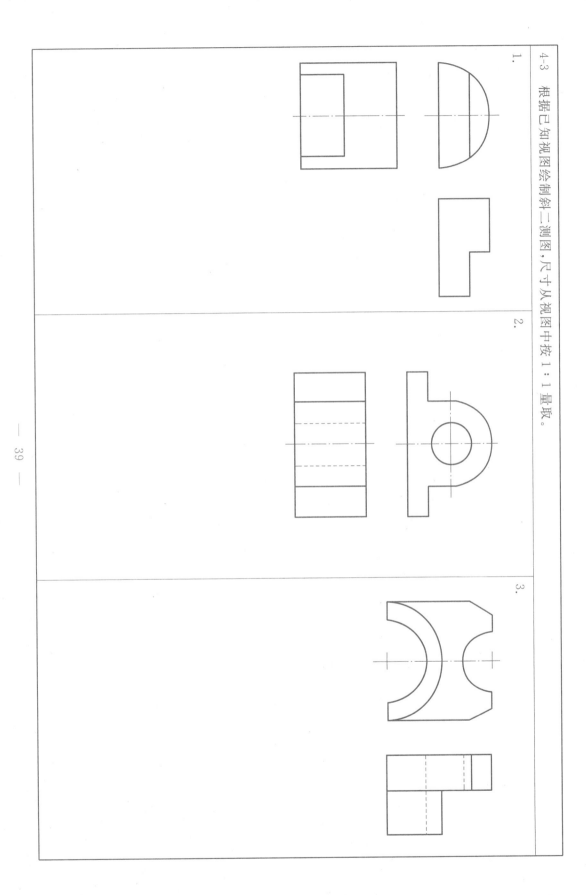

4-3　根据已知视图绘制斜二测图，尺寸从视图中按 1：1 量取。

1.

2.

3.

5-1 根据主、俯、左视图，补画组合体的右、后、仰视图。

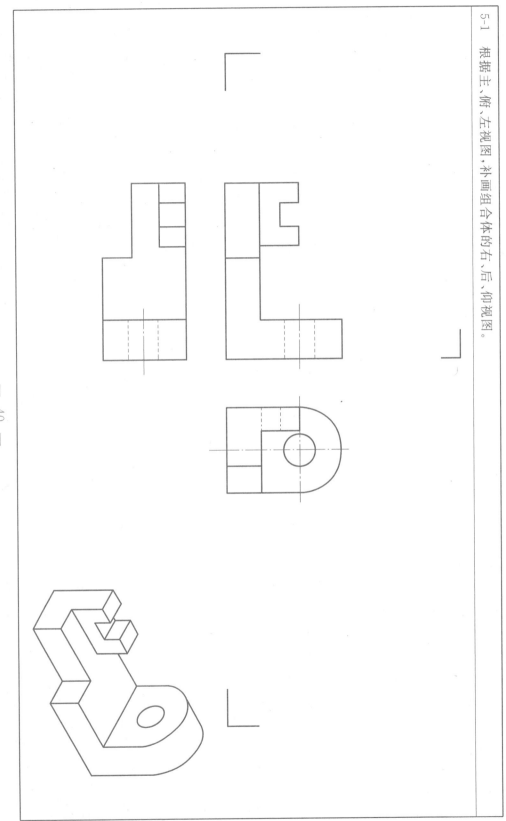

5-2 向视图练习。

1. 找出右、后、仰视图，并正确标注。

2. 根据组合体的主、俯、左视图，补画右、后、仰视图，并正确标注。

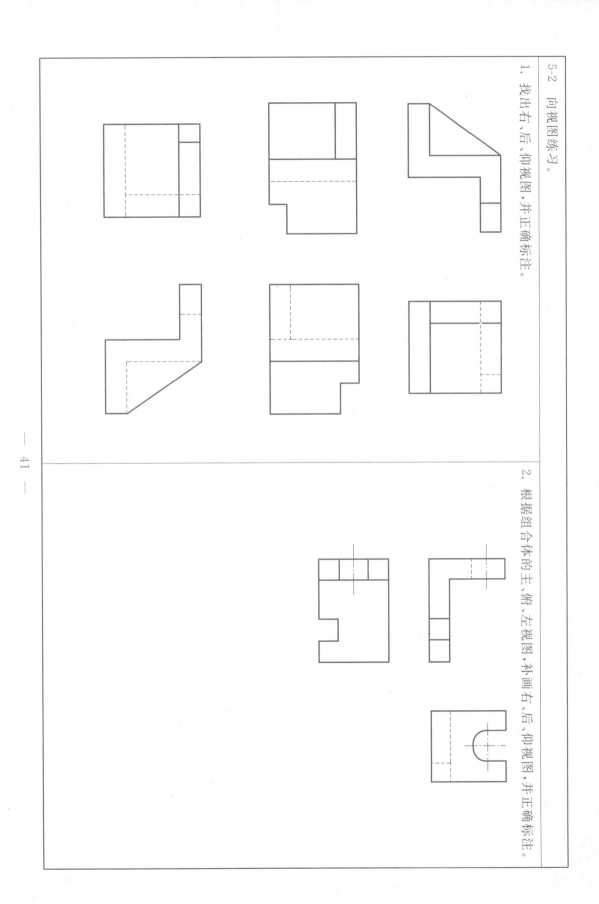

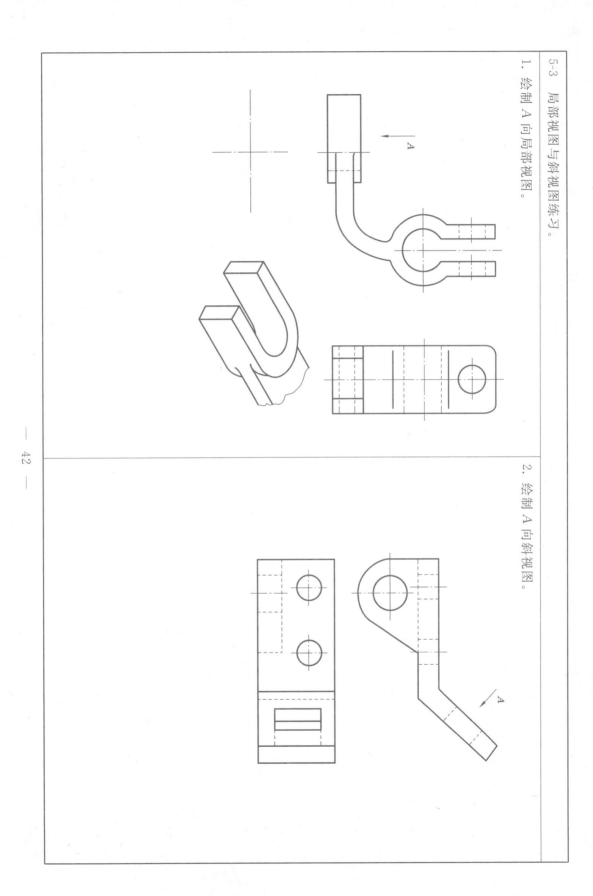

5-3 局部视图与斜视图练习。

1. 绘制 A 向局部视图。

2. 绘制 A 向斜视图。

1.

2.

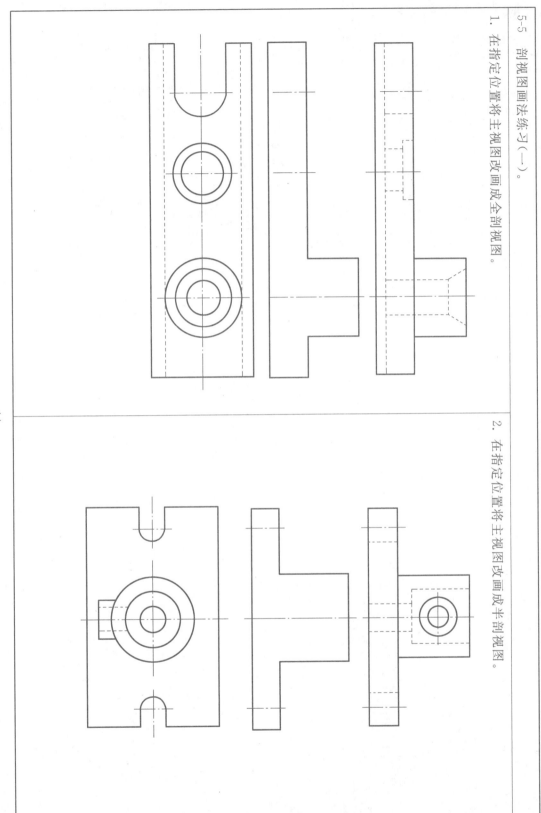

5-5 剖视图画法练习（一）。

1. 在指定位置将主视图改画成全剖视图。

2. 在指定位置将主视图改画成半剖视图。

5-6 剖视图画法练习（二）。

1. 采用阶梯剖，将主视图画成全剖视图。

2. 绘制 A—A 半剖视图和 B—B 全剖视图。

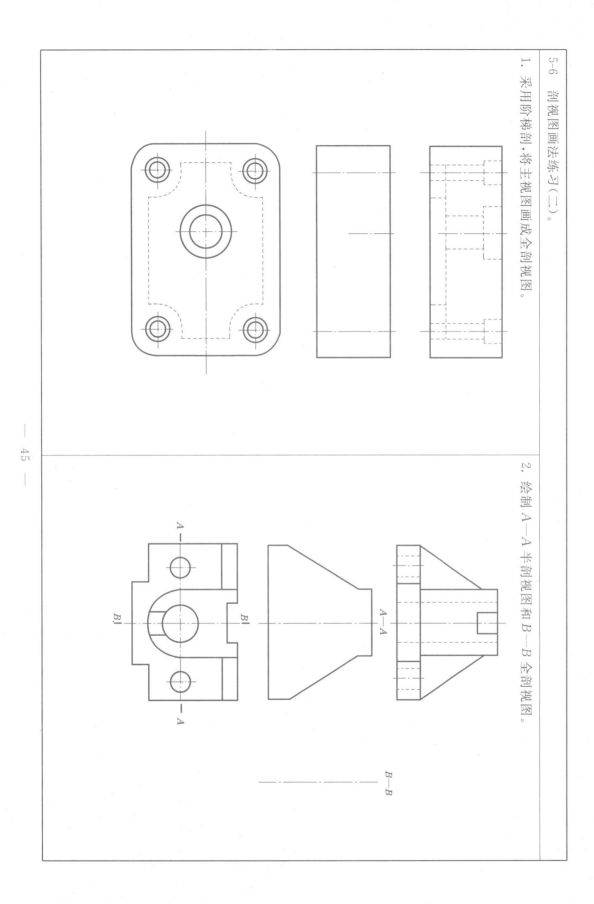

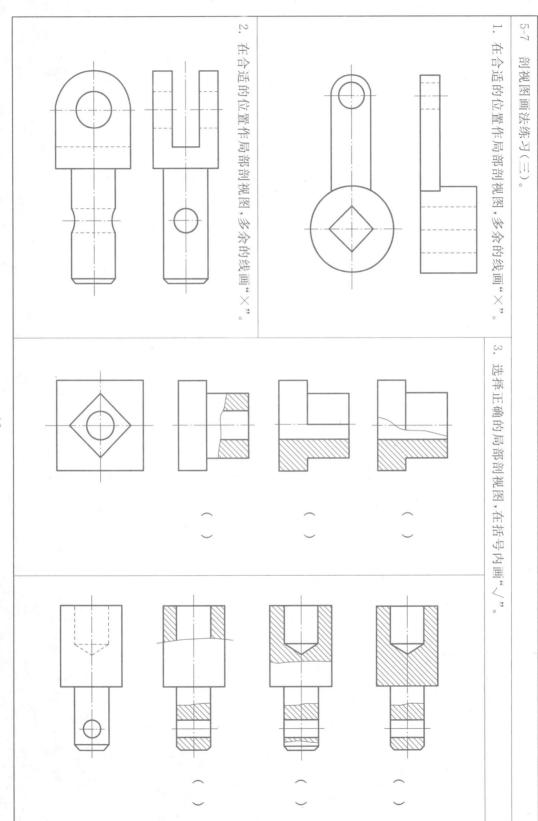

5-7 剖视图画法练习（三）。

1. 在合适的位置作局部剖视图，多余的线画"×"。

2. 在合适的位置作局部剖视图，多余的线画"×"。

3. 选择正确的局部剖视图，在括号内画"√"。

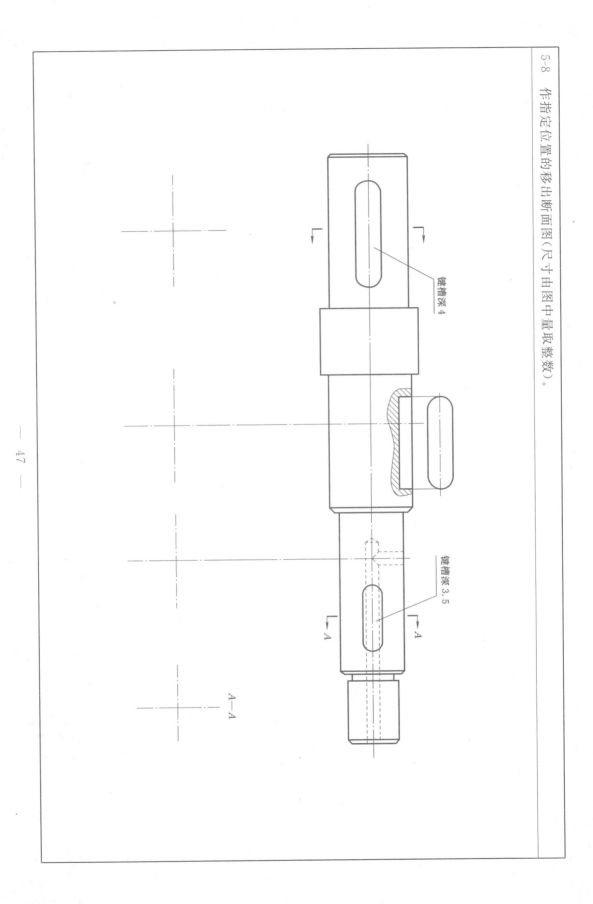

键槽深 4

键槽深 3.5

A—A

6-1　分析螺纹画法中的错误，并在指定位置绘出正确的画法。

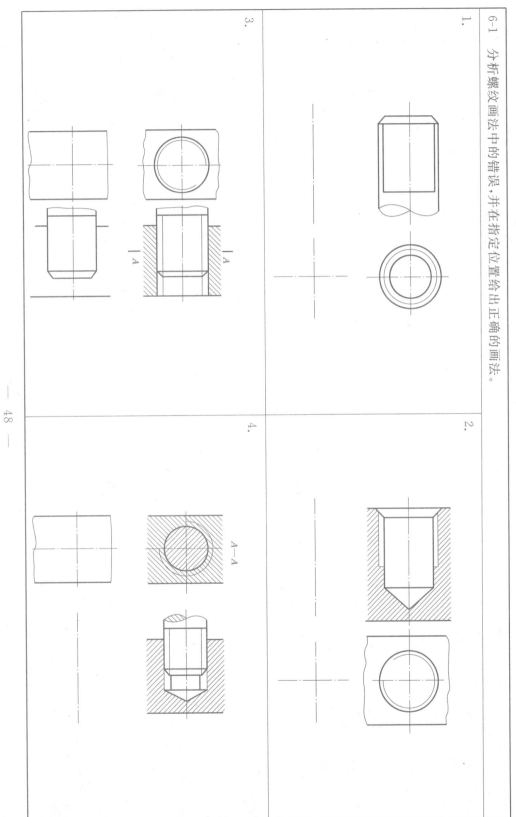

1.

2.

3.

A—A

4.

A—A

6-2 在图上标出下列螺纹的规定标记。

1. 粗牙普通螺纹,大径 20 mm,螺距 2.5 mm,右旋,公差代号 7h6h,长旋合长度。

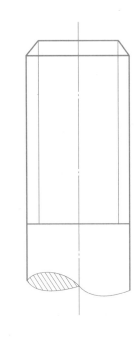

2. 梯形螺纹,大径 24 mm,导程 6 mm,螺距 3 mm,左旋,公差代号 7e,中等旋合长度。

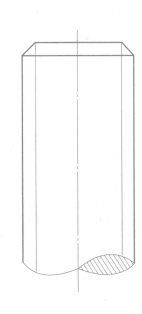

3. 细牙普通螺纹,大径 20 mm,螺距 1.5 mm,左旋,公差代号 7H,中等旋合长度。

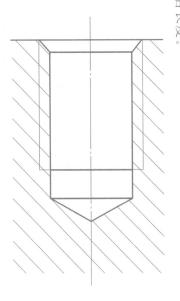

4. 非螺纹密封的管螺纹,尺寸代号 5/8,公差等级 A 级,右旋。

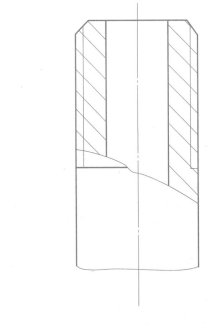

6-3 抄绘图形。

1. 按 2：1 的比例抄绘教材图 6-18（b）。

2. 按 2：1 的比例抄绘教材图 6-26（c）。

6-4　齿轮练习。

1. 列举直齿圆柱齿轮轮齿的各部分名称及代号，解释其含义。

2. 按 2 : 1 的比例抄绘教材图 6-32(a)、(b)。

7-1　判断下列零件图的尺寸标注是否正确，在标注正确的下面括号内画"√"。

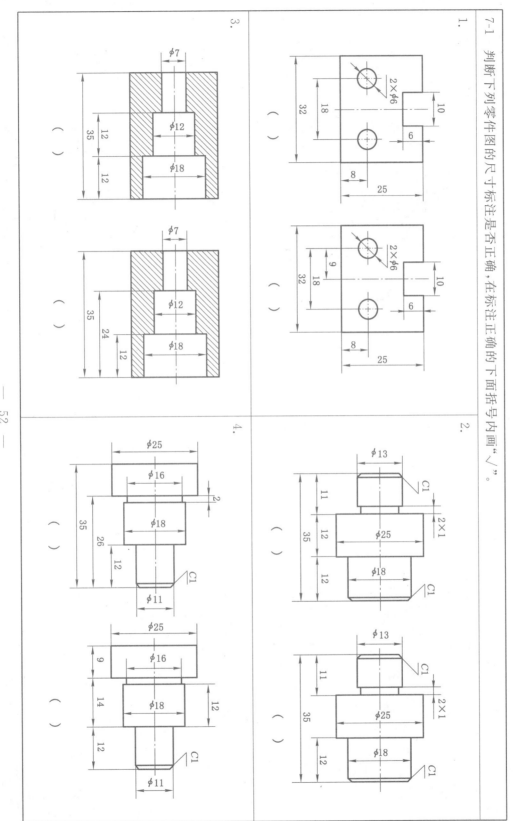

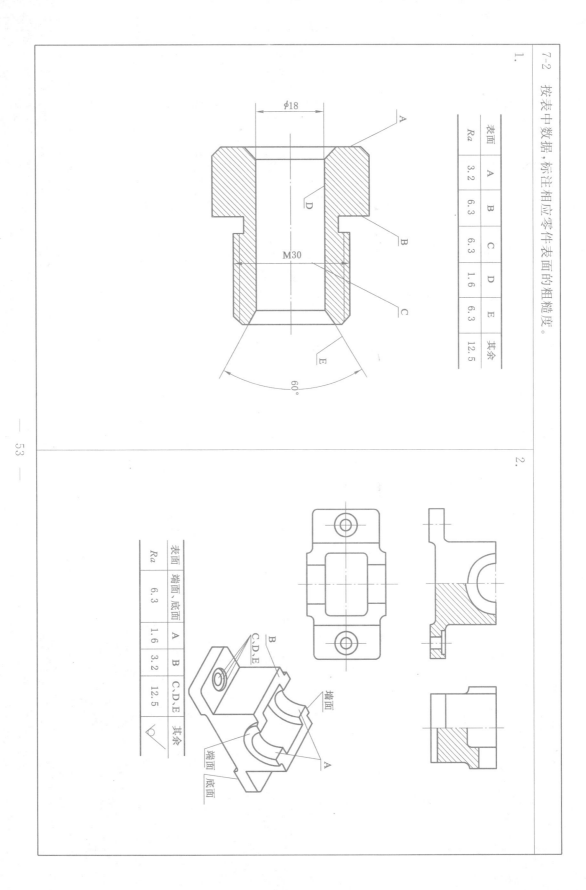

7-2 按表中数据，标注相应零件表面的粗糙度。

1.

表面	A	B	C	D	E	其余
Ra	3.2	6.3	6.3	1.6	6.3	12.5

φ18

M30

60°

A
D
B
C
E

2.

表面	端面、底面	A	B	C、D、E	其余
Ra	6.3	1.6	3.2	12.5	

墙面
端面
底面
A
B
C、D、E

1.

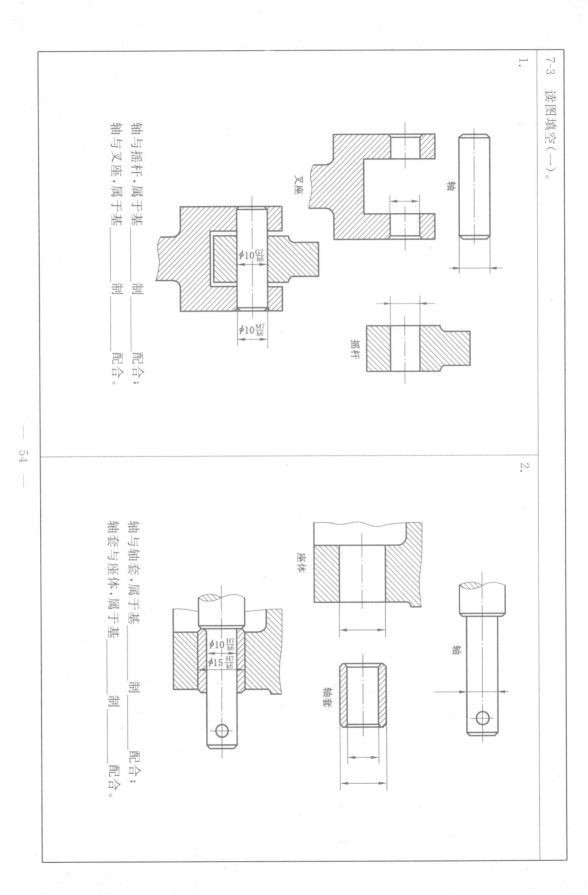

叉座

轴

摇杆

$\phi 10\frac{G7}{h6}$

$\phi 10\frac{M7}{h6}$

轴与摇杆，属于基____制____配合；
轴与叉座，属于基____制____配合。

2.

座体

轴

轴套

$\phi 10\frac{H7}{h6}$
$\phi 15\frac{H7}{k6}$

轴与轴套，属于基____制____配合；
轴套与座体，属于基____制____配合。

1.

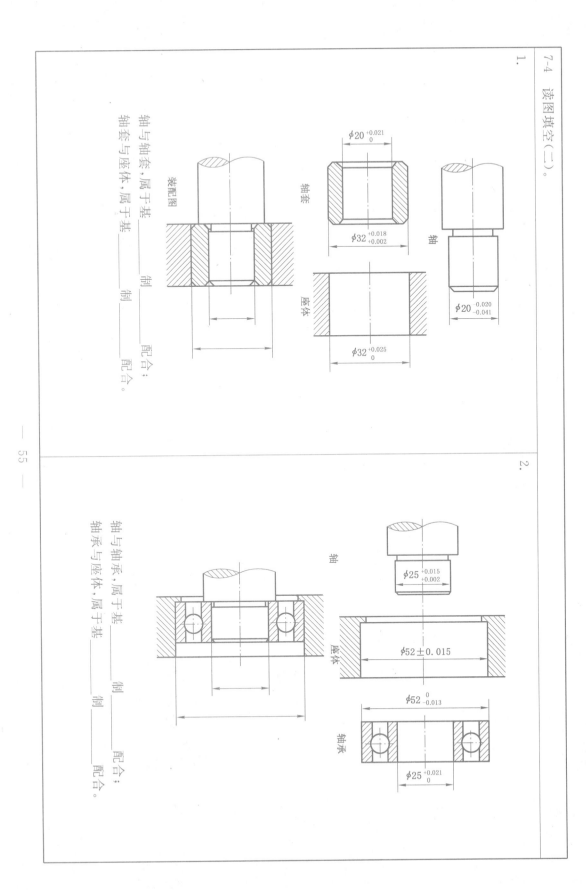

轴套

$\phi 20^{+0.021}_{0}$

$\phi 32^{+0.018}_{+0.002}$

轴

$\phi 20^{-0.020}_{-0.041}$

座体

$\phi 32^{+0.025}_{0}$

装配图

轴与轴套，属于基＿＿制＿＿配合；

轴套与座体，属于基＿＿制＿＿配合。

2.

轴

$\phi 25^{+0.015}_{+0.002}$

座体

$\phi 52 \pm 0.015$

$\phi 52^{0}_{-0.013}$

轴承

$\phi 25^{+0.021}_{0}$

轴与轴承，属于基＿＿制＿＿配合；

轴承与座体，属于基＿＿制＿＿配合。

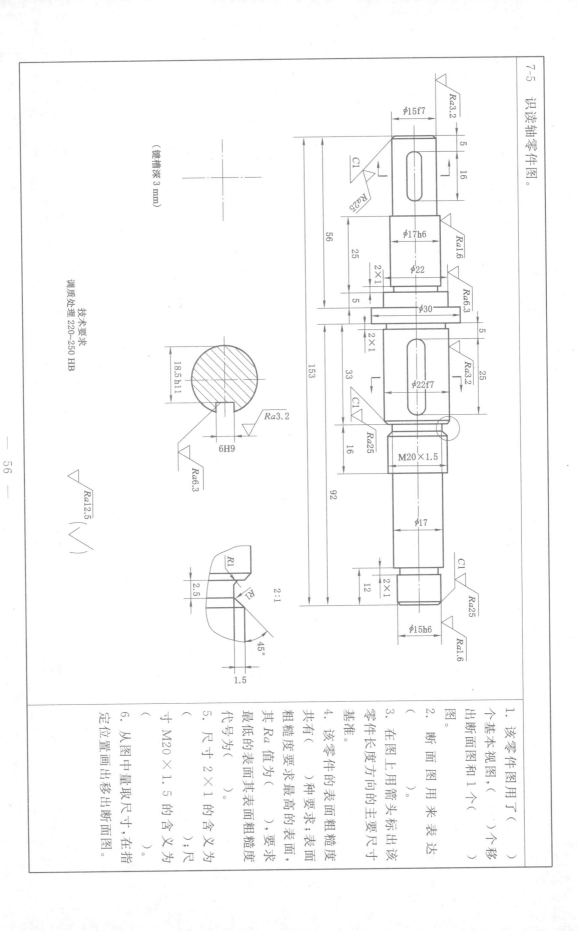

7-5 识读轴零件图。

（键槽深 3 mm）

技术要求

调质处理 220~250 HB

2:1

$Ra3.2$

$Ra6.3$

$Ra12.5$（√）

1. 该零件图用了（　　）个基本视图，（　　）个移出断面图和 1 个（　　）图。

2. 断面图用来表达（　　）。

3. 在图上用箭头标出该零件长度方向的主要尺寸基准。

4. 该零件的表面粗糙度共有（　　）种要求；表面粗糙度要求最高的表面，其 Ra 值为（　　），要求最低的表面其表面粗糙度代号为（　　）。

5. 尺寸 2×1 的含义为（　　）；尺寸 M20×1.5 的含义为（　　）。

6. 从图中量取键尺寸，在指定位置画出移出断面图。

8-1 根据装配图的识读方法和步骤，读懂铣刀头装配图，并写出读图体会。

读图体会：

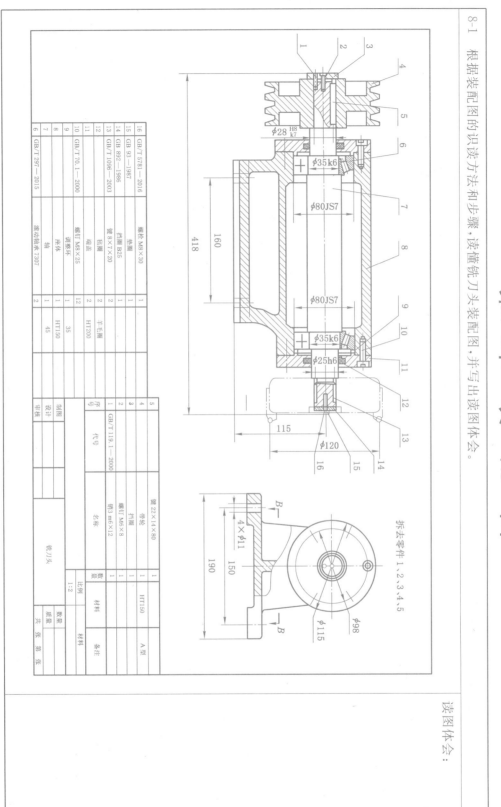

拆去零件 1、2、3、4、5

16	GB/T 5781—2016		螺栓 M8×30	1		
15	GB 93—1987		垫圈	1		
14	GB 892—1986		挡圈 B25	1		
13	GB/T 1096—2003		键 8×7×20	2		
12			毡圈	2	半毛毡	
11			端盖	2	HT200	
10	GB/T 70.1—2000		螺钉 M8×25	12		
9			调整环	1	35	
8			座体	1	HT150	
7			轴	1	45	
6	GB/T 297—2015		滚动轴承 7307	2		
5			键 22×14×80	1		
4			带轮	1	HT150	
3			挡圈	1		A型
2			螺钉 M6×8	1		
1	GB/T 119.1—2000		销3 m6×12	1		
序号	代号		名称	数量	材料	备注

		比例 1:2	数量	共 张 第 张
制图		铣刀头		
设计				
审核		材料	质量	

根据装配图的识读方法和步骤，读懂机用虎钳装配图，并写出读图体会。

读图体会：

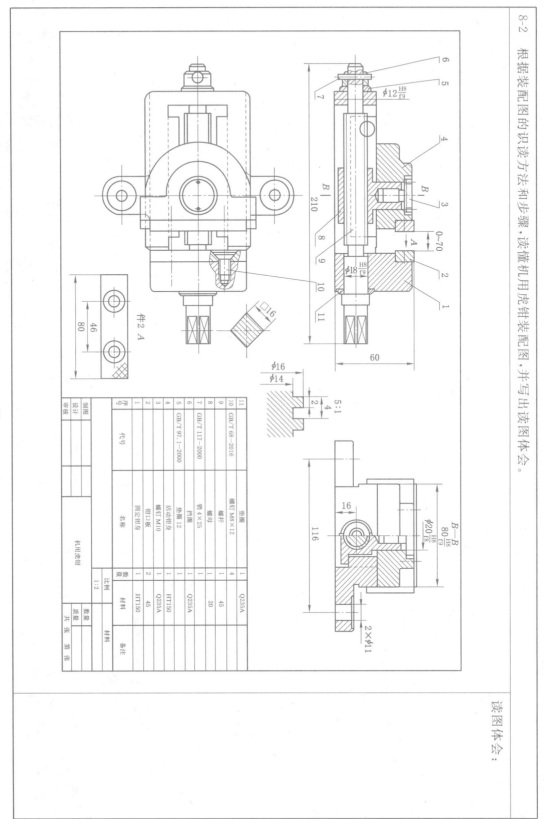

序号	代号	名称	数量	材料	备注
11		垫圈	1	Q235A	
10	GB/T 68-2016	螺钉 M8×12	4	45	
9		螺杆	1	45	
8		螺母	1	20	
7	GB/T 117-2000	销 4×25	1	Q235A	
6		挡圈	1	Q235A	
5	GB/T 97.1—2000	垫圈 12	1		
4		活动钳身	1	HT150	
3		螺钉 M10	2	45	
2		钳口板	2	45	
1		固定钳身	1	HT150	

制图		比例 1:2	数量	材料
设计				
审核		机用虎钳	共 张 第 张	

件2 A

5:1

□16

—— 58 ——

9-1 读懂某学校新建实验楼总平面图,并写出读图体会。

读图体会:

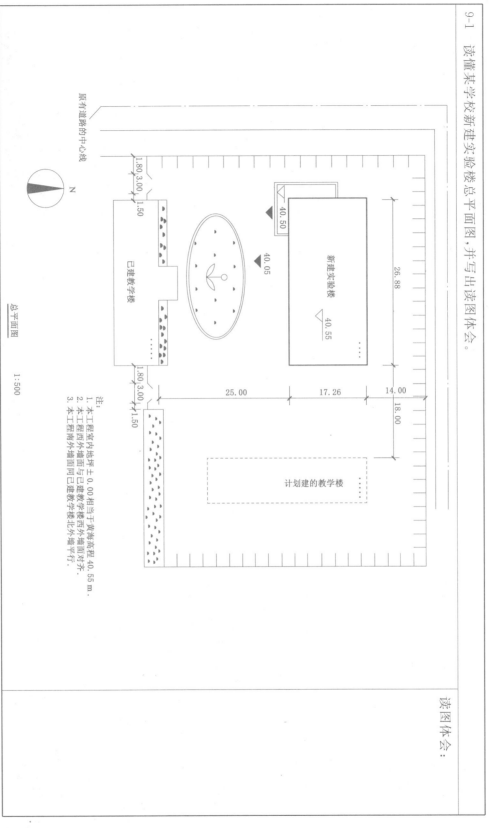

N

原有道路的中心线

1.80 3.00 1.50

已建教学楼

新建实验楼

40.50

40.05

40.55

26.88

1.80 3.00 1.50

计划建的教学楼

25.00

17.26

14.00

18.00

总平面图　　1:500

注:
1. 本工程室内地坪±0.00相当于黄海高程40.55 m.
2. 本工程西外墙面与已建教学楼西外墙面对齐.
3. 本工程南外墙面同已建教学楼北外墙平行.

9-2 按要求完成建筑平面图。

1. 根据有关规定，加深右图中的相关图线；
2. 填写轴线的标号；
3. 按有关规定，补全所缺尺寸；
4. 注写门、窗的编号。

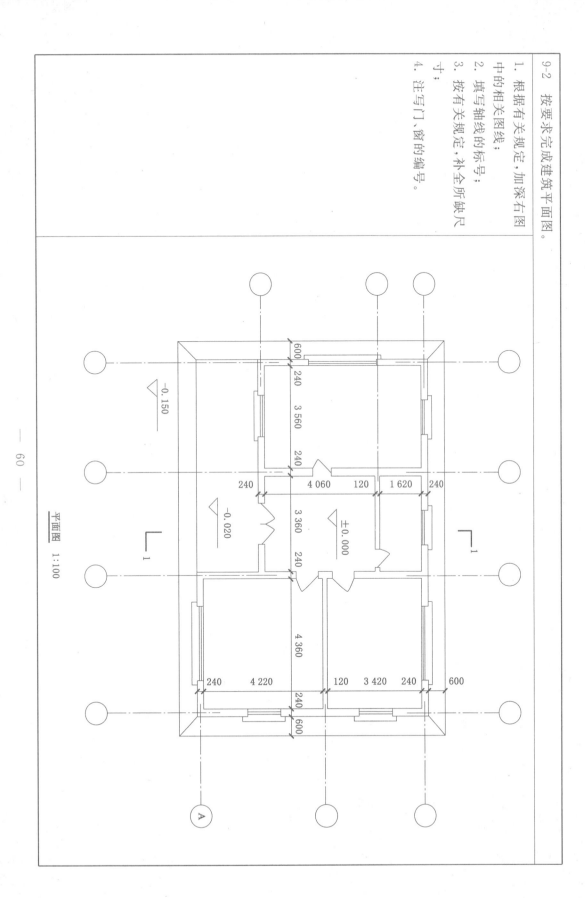

平面图 1:100

4 330

130 930 1 500 1 450 200
120

南立面图　1:100

西立面图　1:100

1—1 剖面图　1:100

A

要求
1. 根据建筑制图标准的规定，加深南立面图和西立面图中的图线。
2. 注写轴线编号。
3. 注写标高尺寸。

第十章 道路工程图

10-1 标出图中相关符号的含义。

1.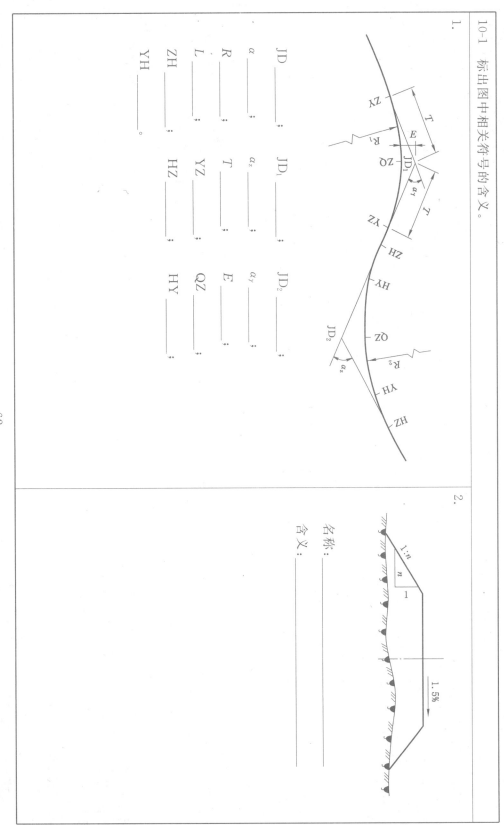

JD _____； JD₁ _____； JD₂ _____；

α _____； αₐ _____； αᵧ _____；

R _____； T _____； E _____；

L _____； YZ _____； QZ _____；

ZH _____； HZ _____； HY _____；

YH _____。

2.

名称： _____

含义： _____

比例尺：0 1 2 3 4 5 6 7 8

$R=10\ 000$ $T=33.125$ $E=0.055$

0+160 / 3.36

现状地面线

地质概况：黏土

桩号	路中填挖高	设计高程	地面高程	竖曲线
K0+000	0.766	4.420	3.654	
K0+020	1.262	4.288	3.026	
K0+040	1.729	4.155	2.426	
K0+060	1.533	4.023	2.490	
K0+080	0.972	3.890	2.918	
K0+100	0.844	3.758	2.914	
K0+120	0.941	3.625	2.684	
K0+126.875	0.870	3.579	2.710	3.579
K0+140	0.742	3.493	2.759	3.501
K0+150	0.698	3.426	2.755	3.453
K0+160	0.664	3.360	2.751	3.415
K0+170	0.612	3.360	2.775	3.387
K0+180	0.570	3.360	2.799	3.369
K0+193.125	0.564	3.360	2.796	3.360
K0+200	0.565	3.360	2.795	
K0+220	0.611	3.360	2.749	
K0+240	0.665	3.360	2.695	
K0+260	0.916	3.360	2.444	
K0+280	0.869	3.360	2.491	
K0+300	0.931	3.360	2.429	
K0+320	0.604	3.360	2.756	
K0+340	0.304	3.360	3.056	

设计坡度与距离：160.000 0.663%   0.000% 320.000

平曲线

下图为某桥梁横系梁钢筋布置图，请认真读图，并根据钢筋表在视图上标注钢筋编号。

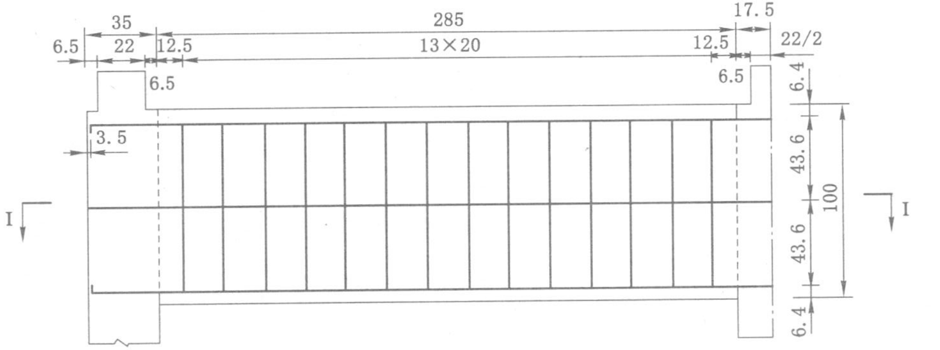

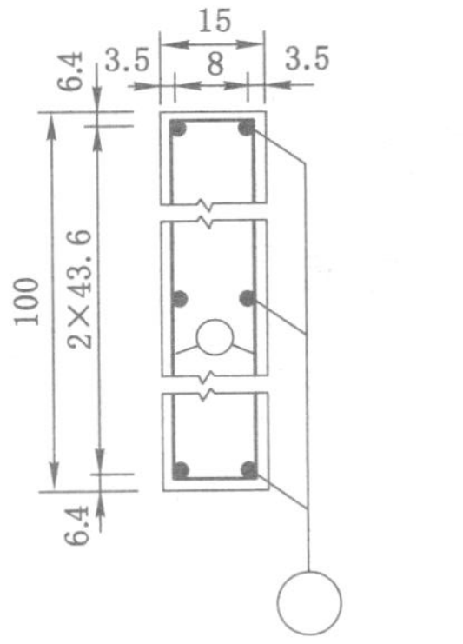

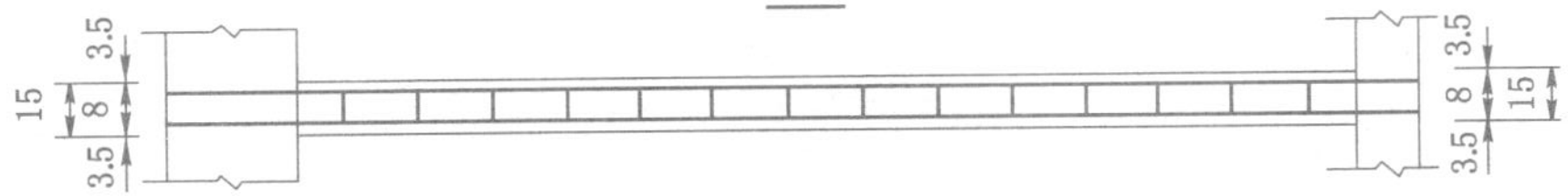

I型横系梁（1:25）

I型横系梁横截面（1:12.5）

1—1

钢筋表

项目	编号	钢筋形式	直径/mm	根数	每根长/cm
I型横系梁	N1	668	Φ12	6	681.6
	N2	10.4 / 89.8 / 5	Φ8	28	210.4

盖板涵立面

盖板涵平面

左洞口侧面

K1+996

路线起点

路线的终点

沉降缝

读图体会：

说明：
1. 图中尺寸除标高以米（m）计外，其余均以厘米（cm）计。
2. 洞身设置沉降缝，缝内填以沥青麻絮或不透水材料。
3. 荷载等级：公路—Ⅱ级。
4. 进出口为排水通畅可作适当开挖。
5. 横披道过涵铺装层调整。
6. 本涵洞共需要盖板11块。
7. 由于基底承载力仍低于0.25 MPa，故对涵洞连基底进行换填处理。
若基底承载力仍低于0.25 MPa，请及时与设计单位联系。

10-5 下图为某暗盖板涵各断面图，请认真读图，并写出读图体会。

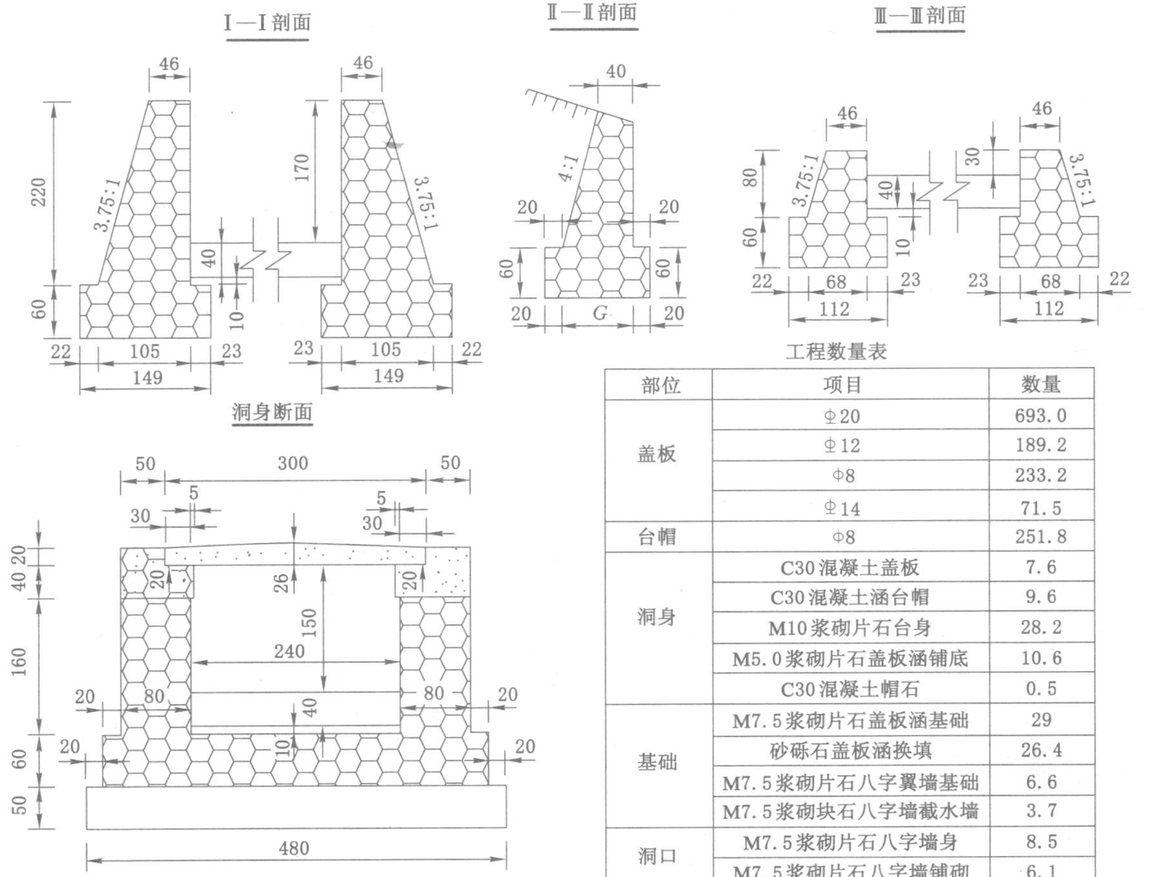

读图体会：

Ⅰ—Ⅰ剖面

洞身断面

Ⅱ—Ⅱ剖面

G.

Ⅲ—Ⅲ剖面

说明：图中尺寸除标高以米（m）计外，其余均以厘米（cm）计。

工程数量表

部位	项目	数量
	Φ20	693.0
盖板	Φ12	189.2
	Φ8	233.2
	Φ14	71.5
	Φ8	251.8
	C30混凝土盖板	7.6
台帽	C30浆砌片石盖板涵台帽	9.6
洞身	M10浆砌片石涵身	28.2
	M5.0浆砌片石盖板涵铺底	10.6
基础	C30混凝土帽石	0.5
	M7.5浆砌片石盖板涵基础	29
	砂砾石盖板涵垫填	26.4
洞口	M7.5浆砌片石八字墙截水墙	6.6
	M7.5浆砌头石八字墙截水墙	3.7
	M7.5浆砌片石八字墙墙身	8.5
	M7.5浆砌片石八字墙铺砌	6.1

单位：钢筋——kg，其他——m³。

第十一章 环境工程图

11-1 指北针如何绘制？风向频率玫瑰图有什么作用？

11-2 绘制设备布置图时对各设备位置、设备之间的距离及设备与墙体的距离有些什么要求？

11-3 识读某水厂高程布置图，回答问题：(1) 各构筑物的水面高程是多少？(2) 各相邻构筑物的进、出水管的高差是多少？

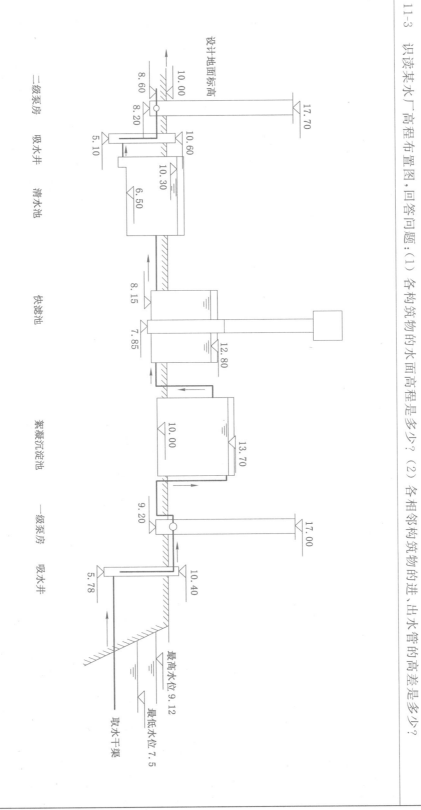

11-4 识读并抄绘某室外排水管道的纵断面图。

原始地面标高	设计地面标高	设计管内底标高	坡度（管径）	编号	平面距离	管道基础
96.70	98.30		1.0%	P-1	42.00	
			d300	P-2	28.00	
96.28	97.80					
96.00	97.60	95.95 / 97.56	1.3%	HC	7.00	
			d400	P-3	27.00	混凝土带形基础
95.60	97.10		1.5%			
			d400	P-4	65.00	
93.72	96.40		d1200			
92.73	95.60			P-5	66.00	

标高刻度：92 93 94 95 96 97 99 98

97.00 DN100 J 7.00
DN100 96.68 J 2.00
Y J DN400 96.28 d400 96.10 6.00 6.00
DN350 94.49 d400 94.30 J Y 6.00

11-5 识读工艺管道及设备布置图,回答问题:(1)各设备之间的距离是多少?(2)设备中心与墙的距离是多少?(3)看平面图和剖面图,叙述在不同标高层面上设备的布置情况。(4)图中标出各设备( )的尺寸,来确定该设备在厂房中的布置情况。在 A—A 剖面图中可以看出设备在( )方向上的情况。

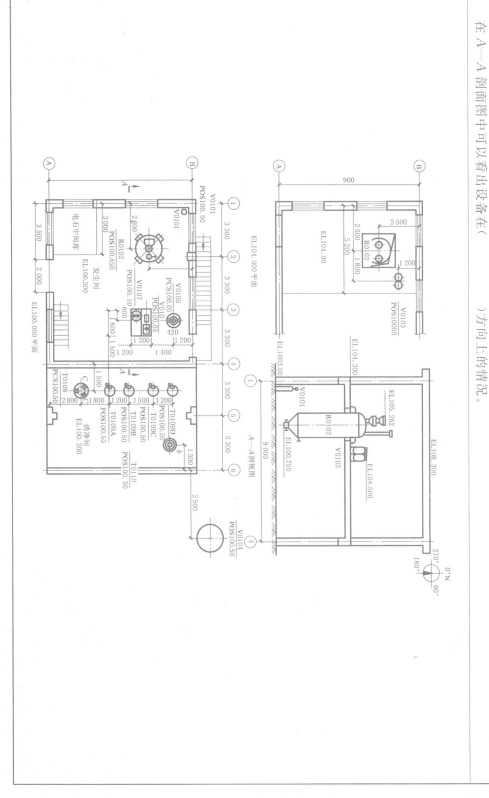

11-6 识读工艺管道及设备流程图，回答问题：(1) 图中各设备用哪种线型表示？其他部分用哪种线型表示？(2) 叙述物料在管道中的流向及工艺过程。(3) 了解设备的位号。

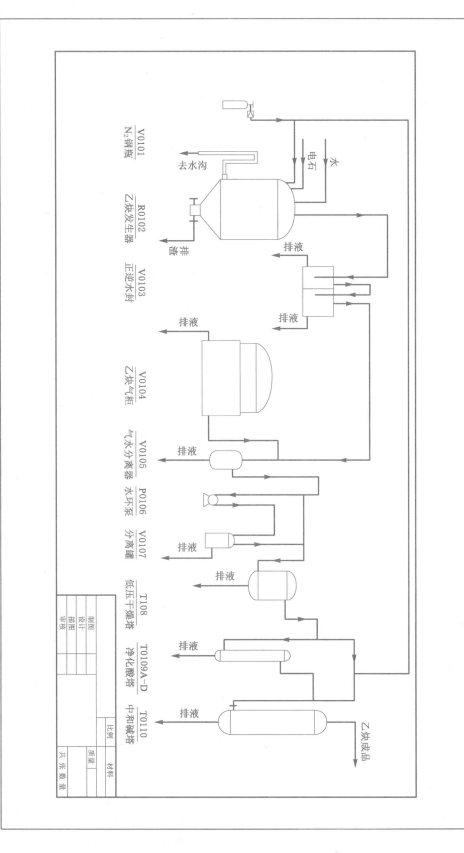

V0101	R0102	V0103	V0104	V0105	P0106	V0107	T108	T0109A–D	T0110
N_2钢瓶	乙炔发生器	正逆水封	乙炔气柜	气水分离器	水环泵	分离罐	低压干燥塔	净化酸塔	中和碱塔

去水沟
电石
水
排渣
排液
乙炔成品

制图		材料	
设计			
描图		质量	
审核			
	比例	共 张 第 张	数量

12-1 按下图抄绘盐水冷冻系统工艺流程图。

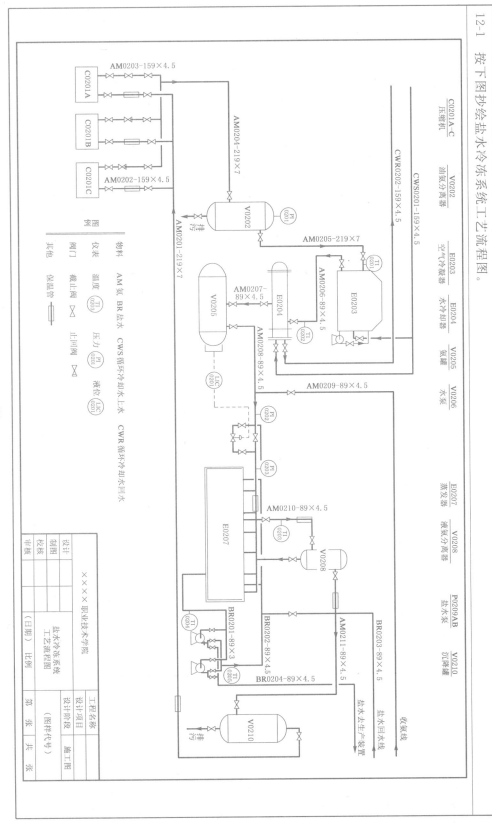

12-2 按下图抄绘空压站工艺流程图。

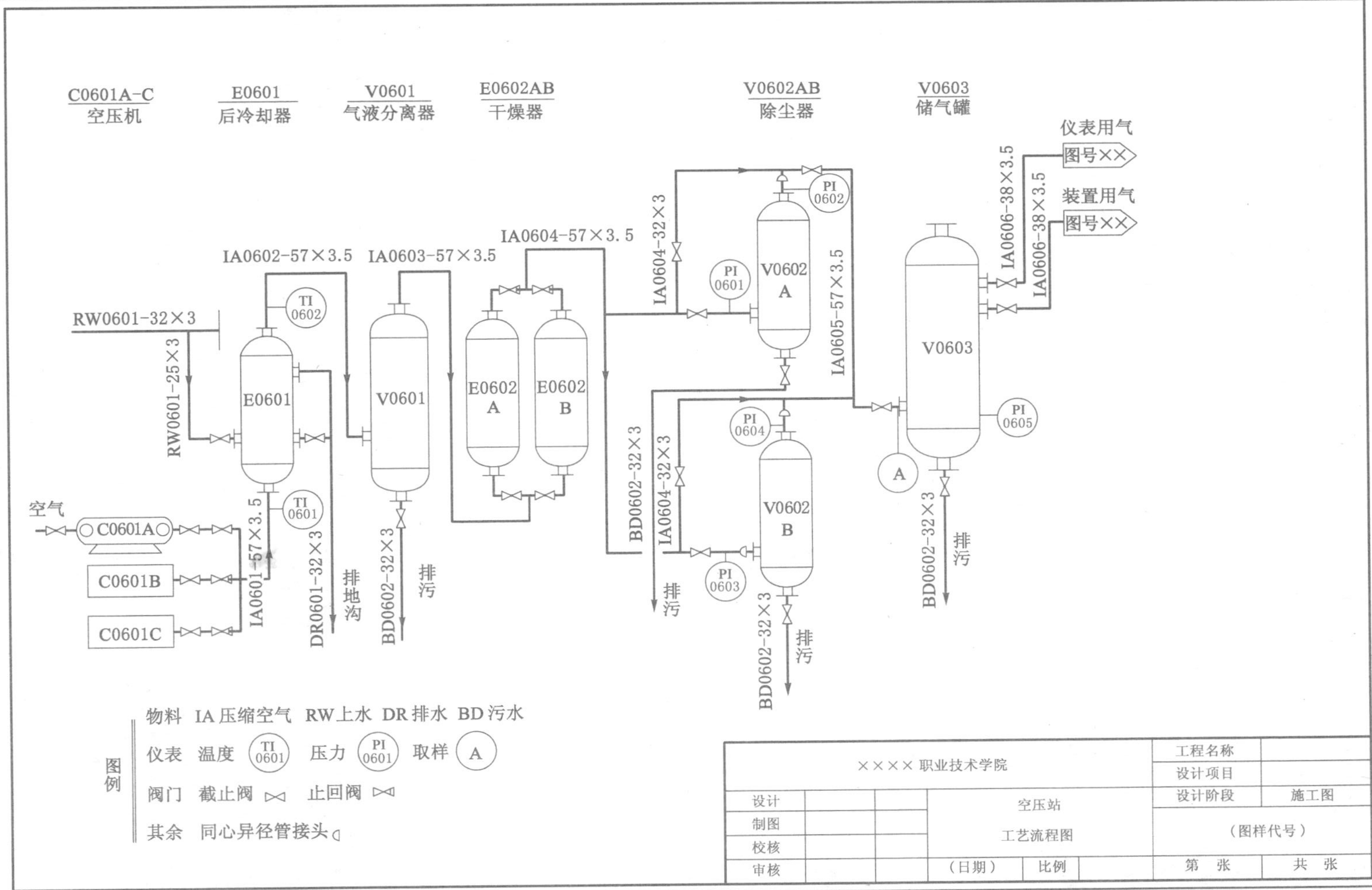